电网企业班组建设典型经验集萃

国网河北省电力有限公司　编

中国水利水电出版社
www.waterpub.com.cn
·北京·

内 容 提 要

本书根据电网企业班组建设的工作特点，从“创建先进班组，争当工人先锋号”活动中选取优秀典型经验72篇，并根据班组建设8个方面，分为班组基础建设，班组安全建设，班组技能建设，班组创新建设，班组民主、思想及文化建设、班组长队伍建设及其他六类，每类选录典型经验12篇。

本书适合电网企业工会干部、相关管理人员和一般社会读者阅读参考。

图书在版编目（CIP）数据

电网企业班组建设典型经验集萃 / 国网河北省电力有限公司编. -- 北京 : 中国水利水电出版社, 2017.11
ISBN 978-7-5170-6055-0(2023.11重印)

Ⅰ. ①电… Ⅱ. ①国… Ⅲ. ①电力工业－工业企业管理－班组管理－经验－中国 Ⅳ. ①F426.61

中国版本图书馆CIP数据核字(2017)第285802号

书　名	**电网企业班组建设典型经验集萃** DIANWANG QIYE BANZU JIANSHE DIANXING JINGYAN JICUI
作　者	国网河北省电力有限公司　编
出版发行	中国水利水电出版社 （北京市海淀区玉渊潭南路1号D座　100038） 网址：www. waterpub. com. cn E-mail：sales@mwr. gov. cn 电话：(010) 68545888（营销中心）
经　售	北京科水图书销售有限公司） 电话：(010) 68545874、63202643 全国各地新华书店和相关出版物销售网点
排　版	中国水利水电出版社微机排版中心
印　刷	清淞永业（天津）印刷有限公司
规　格	190mm×250mm　16开本　21印张　396千字
版　次	2017年11月第1版　2023年11月第2次印刷
印　数	4001—5000册
定　价	**88.00**元

编委会

前 言

宏伟的事业需要坚实的基础，坚实的基础要靠劳动去创造。近年来，国网河北省电力有限公司按照国网公司深化“两个转变”，加快建设“一强三优”现代公司的战略全局要求，高度重视班组建设：明确班组建设的总体要求，创新工作思路，扎实加强基础、基层、基本功建设，班组建设管理机制不断完善，班组基础管理明显加强，职工队伍素质显著提升，创新能力不断提高，公司班组建设取得丰硕成果，为公司安全发展、创新发展、科学发展发挥了重要的支撑和推动作用。

加强班组建设是一项事关公司发展全局性、基础性、根本性的工作，是一项长期的战略任务。“班组强则企业强。”“十三五”期间公司发展面临着重要机遇，也面临着新的挑战，其重要任务之一就是推动构建全球能源互联网、加快建设我国能源互联网，主动适应经济发展新常态、能源发展新格局、创新发展新趋势。班组建设必须要坚持“以人为本、规范高效、创新发展、整体推进”的工作理念，更重视基层基础，更明晰责任分工，更强调专业管理，更努力补齐短板，更促进全面发展，以“班组建设再提升，建功建家创一流”为主题，大力推进标准化作业、制度化管理、规范化服务、信息化建设，利用新思维、新理论，不断研究班组建设的新情况、新问题，积极探索加快建设我国能源互联网下的班组建设新模式，不断提高班组管理水平。

加强班组建设是工会融入中心、服务大局的重要举措和有效手段，是工会组织履职尽责、激发职工劳动热情和创造活力的主阵地。公司各级工会要从推动全心全意依靠职工办企业、提高职工队伍整体素质、维护职工根本利益、实现职工与企业共同发展的高度认识班组建设的重要意义，不断探索和实践班组建设的新方法和新路子，把“尊重人、依靠人、发展人、为了人”贯穿到工作的各个环节，把握交汇点、强化创新点、突出主基调，把广大职工的积极性、主动性和创新性调动好、保护好、发挥好，充分发挥职工的主观能动性，打造卓越执行的“细胞群”，激发活力四射的“生命体”，近年来，国网河北省电力公司为总结、推广班组建设典型经验，促进公司系统班组相互交流、共同提高，组织开展了班组建设典型经验征集评审活动。公司各单位高度重视、积极组织，共推荐上报各类优秀经验1173条，经公司评审，其中300条被评为获奖经验，并在全省公司范围推广。现将2015年度和2016年度获奖经验出版成书，希望各单位继续总结提炼典型经验，学习推广获奖典型经验，推动班组建设活动持续深入开展，不断提升队伍素质能力，促进企业与职工共同发展，为加快建成“一强三优”现代公司，实现“两个一流”奋斗目标奠定坚实基础。

作　者

2017年9月

目　录

前言

第一篇　班组基础建设

第二篇　班组安全建设

第三篇　班组技能建设

第四篇　班组创新建设

第五篇　班组民主、思想及文化建设

第六篇　班组长队伍建设及其他

第一篇 班组基础建设

精心谋划、全面排查、分类治理、长效机制——主站端监控信息优化治理十六字方针

班组：国网邢台供电公司电力调度控制中心监控班

一、产生背景

地区监控班作为大运行体系建设的重要组成单元，担负着邢台地区电网26座220kV、102座110kV变电站的监视、控制任务。监控信息是反映设备运行状况的最主要手段，监控信息的正确性、可靠性是电网安全稳定运行的基础。

新一代智能电网调度控制系统（D5000）的建设虽然大大提高了调控业务水平，但是监控信息的频发、描述不规范、信息冗余、信息缺失等问题一直是影响监控业务高质量开展的重要因素，给电网和设备的安全运行造成了一定的风险，同时给监控值班员增加了不必要的负担，导致监控效率低下和监控质量不高。如何解决监控值班员在工作中既要保证监控工作的实时性、有效性，又要确保各项工作的质量，给监控班提出了新课题。

二、主要做法

（一）精心谋划，厚积薄发

结合河北省电力调度通信中心（以下简称“省调中心”）年度重点工作，监控班将变电站设备监控信息优化治理工作列入监控班重点工作，成立专项治理小组，部署推进变电站集中监控信息优化治理总体工作，审查工作方案，研究决策重大事项，协调解决重大问题。

根据国家电力调度通信中心（以下简称“国调中心”）和省调中心《调控集中监控告警信息相关缺陷分类标准（试行）》《调控机构设备监控安全风险辨识防范手册》

《220kV 变电站典型监控信息释义及处置预案》等规程制度对监控信息的要求，编制《变电站监控信息优化治理实施方案》，明确以调控中心牵头、各部门（变电运维室、变电检修室、自动化室、保护室、设计院）配合的变电站集中监控信息优化治理小组。保证变电站集中监控信息治理横向协同、纵向集约。进一步明确监控信息优化治理的流程、方法，目的是减少因缺陷造成的监控信息频发，确保反映设备异常或故障的有效信息可靠上传，提高监控信息缺陷的处置效率和质量。

（二）全面排查，专业分析

根据《变电站监控信息优化治理实施方案》，结合监控信息“回头看”专项活动成果，组织监控员对邢台地区所辖调控变电站设备监控信息存在的问题开展全面排查，分类统计并有针对性地采取措施。利用 D5000 系统数据库排查常亮监控信息的正确性、合理性；主站端遥测限值的定义，保护信号的告警延时、告警分级，遥测、遥信的责任区定义等；依据变电站设备异常及缺陷记录，全面梳理频发监控信息、误发监控信息、主站端与变电站端监控信息不一致的问题。

（三）分类治理、专项整治

根据全面排查出的问题，治理小组对问题按照性质进行分类，针对专项问题开展专项整治。具体操作如下：

（1）实时告警窗信号上传的治理。部分伴生、有延时过程的监控信息上传实时告警窗与 D5000 系统数据库内遥信、遥测信号的告警延时、告警分级、责任区 ID 设置有着必要的联系，通过查阅书籍、请教专家、组织讨论，结合相关规程、技术规范的要求，做到以下几点：

第一，对数据库内保护信号表的保护信号按要求进行告警延时的设置，如“通信中断”类信号加 10s 延时以躲过通信中断短时动作、复归；“弹簧未储能”类信号加 25s 延时以躲过开关合闸时弹簧储能的固有时间（大概 15s 左右）；“过负荷”类信号加 28s 延时以躲过间歇性过负荷现象等。

第二，除了规范遥信表里的告警分级，对某些特殊信号进行特定分级，如电容器开关正常分合闸、刀闸变位等信号划入“5 类告知”，这样既可以减少上传实时告警窗的信号，又能方便监控员更好地识别开关是否正常变位。

第三，按照“大运行”总体要求，依据县域 6 ~ 35kV 设备监控权移交要求，细分遥测、遥信信号的责任区 ID，确保上传各责任区的信息满足要求，避免不相关信号的干扰。

（2）冗余监控信息的治理。对D5000数据库内的冗余保护信号进行梳理，治理小组依据运维、保护、自动化等专业对异常监控信息反馈的意见，分析是否对电网和设备有影响，除需要现场配合处理的暂缓治理或列入检修计划处理外，监控员根据国调中心《监控信息技术规范》的要求，结合工作实际将表示设备正常状态、冗余信息等进行筛选，由自动化专业人员进行删除（“交直流充电机浮充/均充、充电/放电”，“××保护启动、主变保护复压启动”类信号，保护信号表里的“小车开关位置”类信号，“主变ONAF状态”等）；将监控专业认为不必要的监控信息进行筛选，由各专业确认，确认无用的信息由监控提供给自动化明细，由自动化专业人员进行删除（如消谐动作、谐波高告警、带电显示装置故障及有电无电指示、缺陷记录中已确认无用的信息等）。

（3）常亮光字信息的治理。对D5000数据库内的常亮光字牌进行治理，采取将常亮的光字通过规范命名暂时先从主站端进行“置反”操作使光字信息复归；刀闸或接地刀闸控制切至就地位置信号（经现场核实刀闸控制确在就地位置）改为“刀闸控制切至远方位置”并进行“置反”操作；将常亮的刀闸控制电源消失改为“刀闸控制电源投入”并进行“置反”操作。

（4）描述不准确监控信息的治理。监控专业将描述不清晰或存在疑问的监控信息进行筛选，由变电检修室对其进行核实，并提供核实情况对应表，监控根据核实后的情况和监控信息管理要求，规范信息名称，提交自动化专业人员进行修改。

（5）频发及异常监控信息的治理。监控根据监控系统信息频发情况和周计划督促变电检修室开展缺陷的消除工作，变电站检修时应充分利用现场工作的机会，根据变电站缺陷情况合理安排人员进行缺陷的消除工作，提高缺陷消除的效率。变电站运维室应及时对缺陷消除情况进行验收并向调控中心反馈验收情况，实现异常监控信息的闭环管理。

（6）新建、扩建设备监控信息的治理。严格要求各部门和单位落实国调中心《国家电网公司变电站设备监控信息管理规定（试行）》《调控机构设备监控信息表管理规定（试行）》和《监控信息技术规范》等文件要求，做好监控信息表的编制和审核工作，确保新建工程监控信息正确、完整。为完善监控信息表的管理流程，调控中心结合建设部各项基建工程超前管理，在工程初设阶段提出明确的管理要求，督促各部门、各单位和各专业按职责分工完成各阶段工作，确保监控信息管理流程顺畅、高效。

（四）完善体制，长效机制

“大运行”建设使设备监控模式发生了巨大变化，由于历史原因，智能电网调度控制系统监控信息接入缺乏相应管理的后果突显，监控班根据在运变电站监控信息现状积极地进行监控信息治理工作，并与各兄弟单位进行有效沟通、交流学习在监控信息治理方面的经验，既借鉴了其他单位的先进做法，也创造性地积累了一些经验。我们要利用设备改造、大修技改等各种机会推动此项工作，使在运变电站的监控信息日趋完善。

监控信息优化治理促使监控信息管理体制的完善，包括《典型监控信息点表》、监控信息缺陷处置流程和计划、监控信息点表的变更及发布等体制的完善。

强化监控信息的源头管控。依据上级文件新要求和设备新技术，持续完善典型监控信息点表，并督促设计单位按要求设计，加强源端管控，保证监控信息的一致性、正确性和可靠性。

实现监控信息优化治理长效机制。监控按照年度检修计划、月度检修计划和周检修计划，梳理监控信息存在的异常情况，参加电网运行分析平衡会，提出专业建议，确保监控信息优化治理形成良性循环。

（1）监控每周筛选出频发情况较严重的监控信息，并根据周检修计划统计出相应变电站的异常监控信息，将明细提供给变电检修室，变电检修室将监控提供的频发信息和设备缺陷列入次周的工作计划，合理安排工作人员，减少了车辆和人员的出动次数，提高了缺陷处置效率。

（2）变电运维室及时按照监控通知进行异常监控信息巡视检查、复归确认或报缺。

三、实施效果

（一）保障监控信息监视安全

通过对部分缺失的监控信息（小电流系统接地告警信号）采取越限设置等技术手段对异常情况进行辅助判断，丰富了监视手段，有利于及时发现电网和设备异常；对部分描述不清楚的监控信息进行名称规范，使监控信息更加直观、简洁地反映异常现象，有利于监控员对异常或故障的分析判断；对频发、误发信号的治理，使上传实时告警窗的信号量减少（从日均上传实时告警窗十几万条到现在日均三四万条），同时保证监控员对信号的实时掌握；对常亮光字信息的治理（复归常亮光字信息 726 多条次），提高了监控员在巡视中的巡视效率和质量，减轻了监控员的负担；已删除冗余信息 2143 条次。

（二）监控人员素质明显提升

通过开展监控信息优化治理工作，使监控员对变电站设备的熟悉程度有了进一步提高，特别是通过对智能变电站 SCD 文件的学习和应用，结合公司开展的智能变电站相关培训，使监控员对智能站有了进一步的认识，对监控信息的含义有了更加深入的了解，提高了监控员分析判断电网异常及故障的能力，提高了电网应急处置能力，提高了监控运行人员技术水平和监控管理人员的组织能力，为今后监控业务的顺利开展夯实了基础。

（三）实现监控信息的源头管控

依据国调中心 35 ～ 750kV 变电站典型监控信息表《国调中心关于增补智能变电站设备监控典型信息的通知》（调监〔2014〕82 号）等文件要求，紧密结合 D5000 系统建设运行工作，编制完成了《邢台供电分公司变电站集中监控信息排查工作方案》和《县域 35kV 变电站集中监控信息排查工作方案》，明确了调控机构、施工管理单位、设计单位的管理职责，增强了监控信息的源头管理。

（四）增强专业协同管理

自监控信息优化治理开展以来，各部门、各专业通过此专项工作形成一个整体，沟通协调规范化，监控信息异常及缺陷处理流程更顺畅，为电网和设备的正常运行提供了健康的环境，全面夯实了监控业务基础，进一步提升了电网安全保障能力。

创新“365 培训模式”搞好班组安全生产建设

班组：国网沧州供电公司二次检修二班

一、产生背景

为营造良好的学习氛围，积极构建学习型班组、打造复合型人才。班组面临人员层次不一、管辖设备新旧陈杂、智能设备更新飞快等问题，认真制定并实施学习培训计划，充分利用工区培训基地资源，加强对班组成员的培训，完善教育培训组织管理体系，健全激励约束机制，加强对教育培训工作的质量评估和监督考核；改进教育培训的内容和手段，增强教育培训的针对性、实效性和前瞻性；认真实施专业技术人员岗位培训制度和岗位技能评定制度。

二、主要做法

（一）缜密的计划制定

（1）首先是制定班组年度培训计划，根据本年度的重点工作项目及技术要点、反措（反事故措施）要点并结合上年度典型工作中的特点来制定本班组的年度培训计划。

（2）其次是结合班组当月的工作计划制定班组月度培训计划，针对班组专业特点相对集中的典型工作现场，合理制定班组月度培训计划，充分利用工作现场，将班组的技能培训、现场技术比武、开放式课堂进行有机的结合。

（3）综合个人具体培训需求制定个人培训计划，班组充分考虑员工个人的因素，并结合个人的特长及兴趣来制定个人培训计划，并结合到班组的大环境下实施。

各计划间的相互关系见图 1。

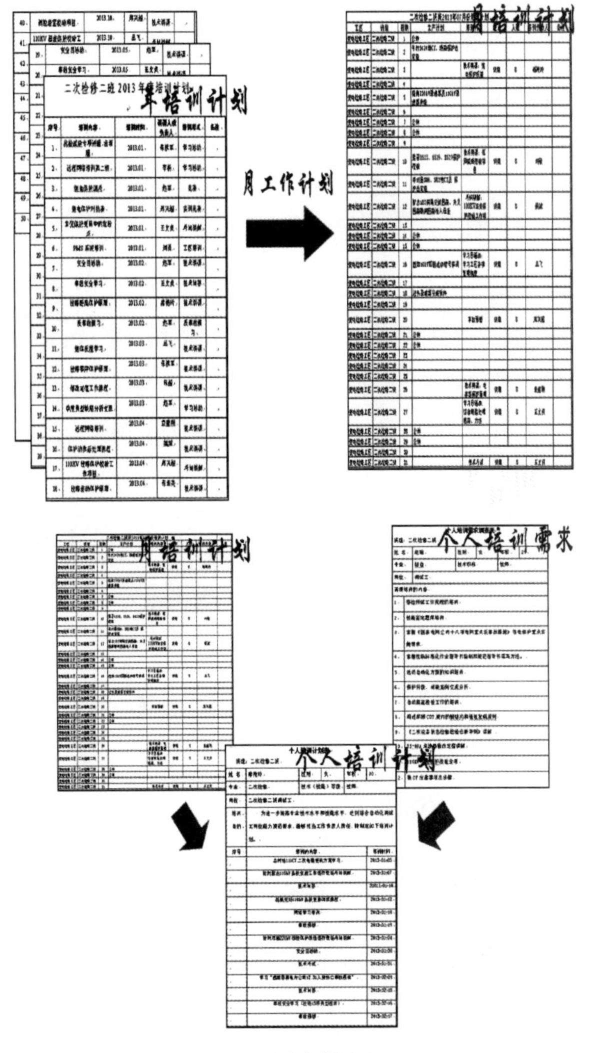

图1　计划制定

（二）严格的监督执行

（1）培训计划结合现场工作由班组技术骨干（班长、技术员）监督执行；并对每次的培训效果进行总结点评。

（2）大力开展现场技术培训及技能竞赛，以赛促学，充分利用现场资源，提升人员业务技能。利用现场的有利条件，进行有针对性的技能培训，包括二次接线、回路消缺、装置调试等多种工作的培训考核，或进行小组式的技能竞赛，从而给现场工作注入了活力，也大大提升了班组人员的技术水平。

（3）加大激励约束机制，对技术技能中反映出的优异情况进行激励，不足的地方进行改进，在下一次的技能考核中予以检查，实现了 P-D-C-A 式的循环上升并收到了很好的效果。

（三）纷呈的培训形式

班组全面挖掘各种资源，以“五充分”为前提，开展“六式”培训（图 2），即：充分响应现场工作的需要，充分考虑班组成员个人的培训需求，充分与工作特色完美结合，充分利用工作现场的实践机会，充分利用一切培训平台来拓宽培训层次为前提，大力开展课题式培训、竞技式培训、开放式培训、量身式培训、贴身式培训、研讨式培训，以多彩纷呈的培训形式进行全方位的培训学习。

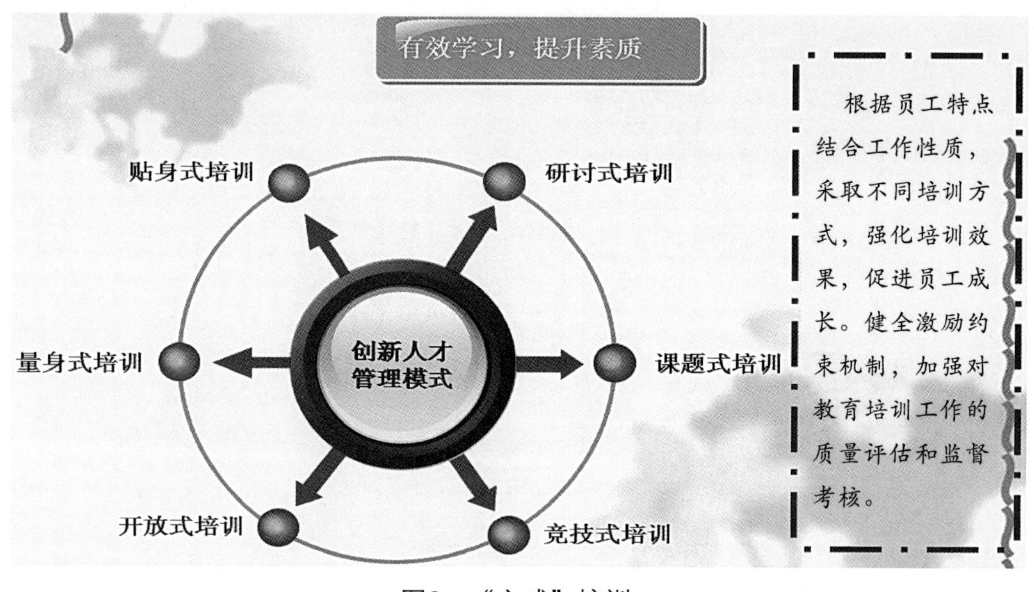

图2　“六式”培训

（1）课题式培训（图 3）。周周有“全员专题培训师”活动，每月 4 次的“全员专题培训师”活动使每个人都有机会作为培训师，给班组其他员工讲解自己在工作中的经验、注意事项等，加强员工间的沟通。

（2）竞技式培训（图 4）。开展“师徒帮教”，定期举办技能比武、竞赛，将检验培训效果纳入绩效考核，评选出“金牌师徒”“最美师徒”等并予以奖励。

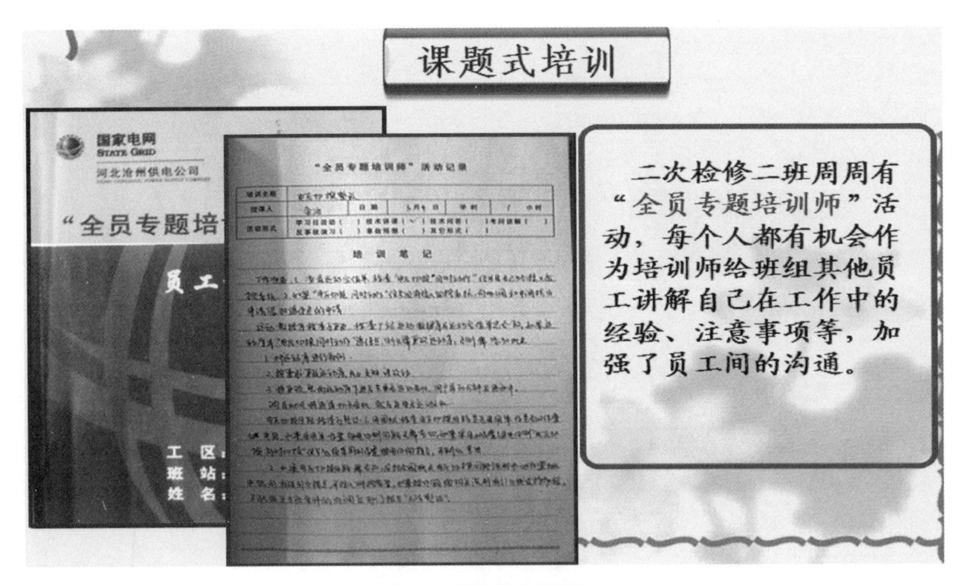

图3　课题式培训

图4　竞技式培训

（3）开放式培训（图 5）。利用现场工作进行技术培训及实际操作，并及时予以点评，对培训效果进行深入巩固，解决现场技术难题。

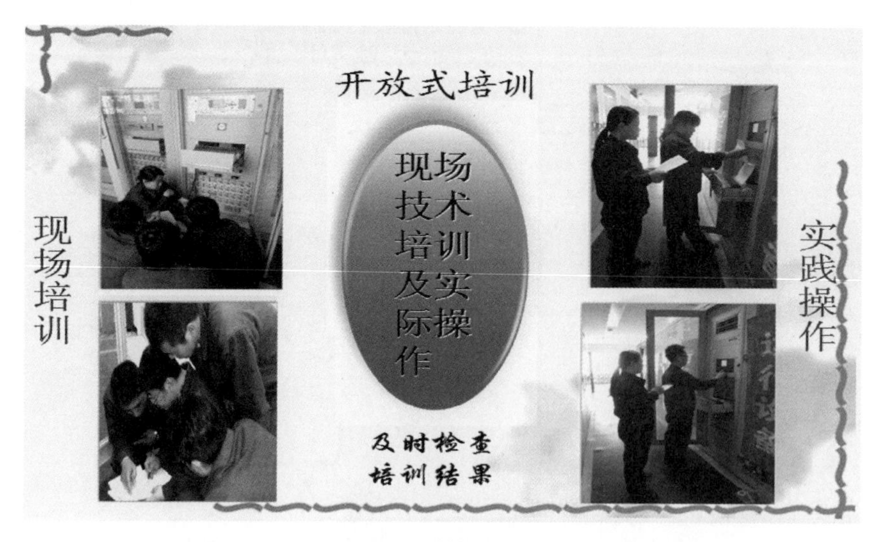

图5　开放式培训

（4）量身式培训（图 6）。对员工个人能力进行评价，量身进行培训并结合工作岗位有目的地提升专业技能，使每个人清晰地看到自身的不足，有针对性地强化学习。

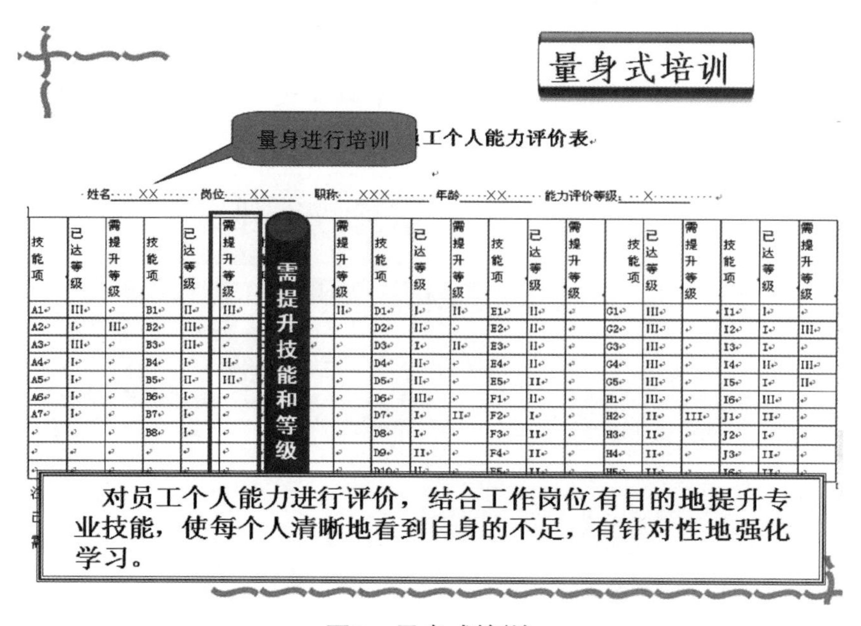

图6　量身式培训

（5）贴身式培训（图 7）。开通班组微信学习平台，利用互联网随时随地学习，彻底将培训学习融入生活工作中，使得培训无微不至。

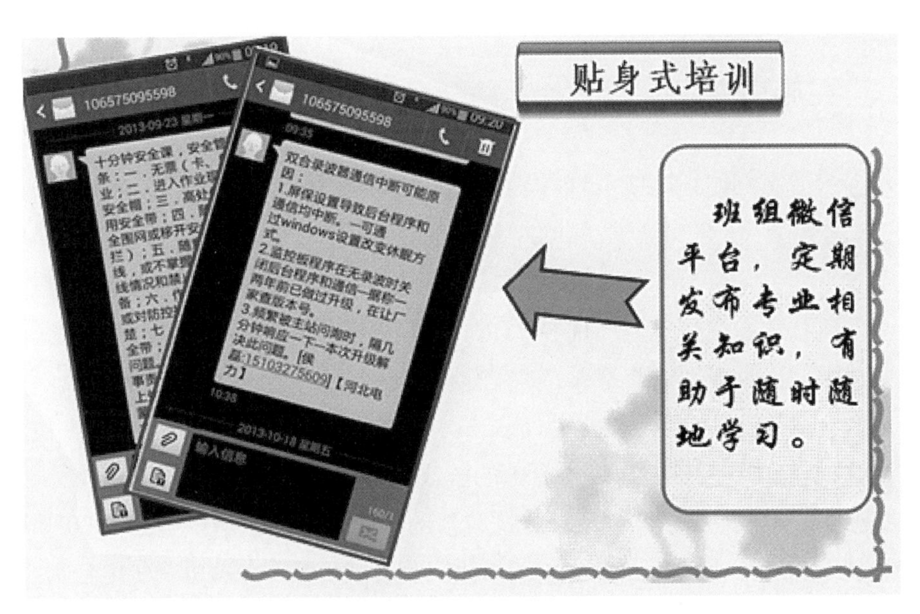

图7　贴身式培训

（6）研讨式培训（图 8）。在开展培训教材编写竞赛的基础上，通过大家研讨，总结班组典型工作经验，评选出优秀教材。对于技术难题的研讨，往往最为体现班组智慧的结晶，诸多的问题经过研讨提炼，汇集成坚实的技术盾牌，为安全生产切实提高了技术保障。

图8　研讨式培训

三、实施效果

班组通过“365 培训模式”，取得了良好的培训效果。近年来，班组完成了 2 名高级技师、5 名技师、5 名高级工、4 名中级工的技能提升，多次在专业技能竞赛中取得优异成绩。

班组的科技创新工作也成绩优异。QC“提高冬季制作电缆头的效率”荣获河北省科技质量成果奖，创新“提前筹谋，多元化实习”获得省公司 2012 年职工技术创新一等奖，创新“在备投保护屏后门空白处贴二次回路图”获得沧州供电公司职工技术创新二等奖，QC 创新“互感器二次端子盒盖的整改——提高系统安全效益”获得沧州供电公司 QC 创新二等奖，创新“微型综合试验仪的研制”荣获沧州供电公司 2012 年优秀 QC 小组成果一等奖，创新“研制保护屏运用安装套装工具”荣获沧州供电公司 2012 年优秀 QC 小组成果三等奖，创新“CT 二次拆接专用工具”荣获沧州供电公司 2012 年二季度职工技术创新成果奖。

此外，还精心编制了《技能操作手册》《故障分析汇编》等技术文献（图 9 和图 10），达 50 余万字，既方便工作间隙进行翻阅查询，也作为教材进行推广，从而提高全体人员的技能水平。

图9　优异成果

鼓励全员编写论文，记录工作中的技术精华，汇集成《班组论文集》。其中部分经典论文在国内优秀核心期刊发表，受到好评。此外，还编制了《消缺经验交流手册》，方便快速地解决类似缺陷，提高了工作效率。

图10　图书成果

十项措施加强停电计划管理
提高优质服务水平

班组：国网元氏县供电公司调度控制分中心

一、产生背景

随着社会经济的发展和人民生活水平的提高，人们对电能的依赖越来越深，对供电可靠性的需求日益增长。作为供电企业，从优质服务与提高效益的角度出发，向供电客户提供良好的服务质量，避免各类性质停电事件的发生，是我们义不容辞的职责。

在现阶段电网运行中，影响供电可靠性的主要是故障停电和计划停电两个方面。随着电网逐步改造和设备健康水平的提高，故障停电的几率就会大大减少，因此减少计划停电的次数和时间，便成为影响供电可靠性指标的主要因素。

但另一方面，为了保证电网设备安全运行，避免各类性质的突发故障，又必须有计划地提前对设备进行必要的检修维护；为了满足新增供电客户的用电需求，必须进行必要的业扩报装停电工作；为了实现坚强电网，把电网建设成可靠、灵活的电网，必须投入大量的资金来完善网架结构，安排大规模的基建、大修施工；为了满足社会的发展，满足城镇、乡村建设需要，必须对线路进行必要的新建、改造、迁移等工作。这些工作都必须安排计划停电，因此供电企业不可能保证对所有供电客户在所有的时间都提供不间断供电，停电不可避免。

近年来计划停电和优质服务、可靠供电之间的矛盾日益突出，频繁停电是客户投诉的重点，2014 年河北公司频繁停电、停送电类投诉在整个国网系统居前列，元氏县供电公司全年共发生 37 起频繁停电、停送电类投诉，占运检投诉的 38%。2015 年元氏县供电公司多措并举以平衡好两者之间的矛盾，切实履行服务承诺，通过采取“四大要素”多、少、短、小：多渠道发布停电信息、减少停电次数、缩短停电时间、缩小停电范围。“十项措施”一停多用综合检修、控制临时停电、推广带电作业、检修运维零衔接、停电全过程管控、零点工程峰谷检修、优化电网结构、加强线路柱上开关管理、提前停电信息公示、大客户协商制度。全面提升停电计划精益化管理标准，直面和解决频繁停电引起的投诉，取得了良好的效果。

二、主要做法

国网元氏县供电公司调控分中心不断深化“刚性管理停电计划，精细管控工作过程，科学安排电网方式”的管理理念，通过努力做好四个方面的工作进行停电计划精益化管理，确保不断提高优质服务水平。首先要减少停电次数；其次要缩短停电时间；第三要缩小停电范围，第四提前发布停电信息。

（一）要减少停电次数

（1）全面开展综合计划检修，杜绝重复停电。公司各单位统筹考虑停电计划，采取多单位合作检修，杜绝设备单一检修，实现一停多用，集中力量全面完成停电范围内的基建、大修、业扩、检修、缺陷处理等工作，力争达到各类设备全年最多停电两次的目标。

调控分中心会同运检部、营销部、发建部、供电所、集体企业编制年度综合停电计划，把全年的检修预试计划、基建计划、大修技改计划、业扩报装需求等汇总，合并后统筹安排停电计划，按照年内每条线路不超过2次停电的标准执行，讨论通过后网上发布。公司每季、每月定期组织相关部室、班组召开停电计划协调会，滚动补充修订年度综合停电计划，统筹安排次月停电计划。

调控分中心解决了原来底数不全且想合并同一停电线路的不同专业停电需求却无从着手的局面，解决了各部门只顾眼前、工作计划性差的问题，避免了月计划刚发布，马上申报临时停电或重复停电的乱象。通过综合计划检修加强了专业部门间的工作协同，建立了内部跨专业、外部跨部门的高效停电作业协同机制，减少了线路的重复性停电，提高了供电可靠性。

（2）加强停电计划刚性管理，严格控制临时停电。在严格执行上级停电计划管理规定的基础上，调控分中心修订了计划内部考核管理规定，加强停电计划刚性管理，严格停电计划指标考核，实现“控制计划停电，杜绝临时停电，减少故障停电”的目标，杜绝无计划作业。开展停电计划后评估工作，对电网计划执行情况开展“周通报、月点评”，每月统计、分析、点评、通报、考核停电计划执行情况。

（3）扩大带电作业的项目，提高带电作业操作人员的能力。随着科技进步发展，带电作业在县级供电企业逐步开展起来，特别在10kV配电线路接火、线路消缺等工作中运用，对减少客户停电、提高县级供电企业的供电可靠率有很大的积极意义。元氏公司积极开展带电作业相关工作，联合市公司带电作业室在元氏开展县域带电作业试点，积极培养带电作业人才，争取能够带电作业的工作一律进行带电作业。

（二）要缩短停电时间

（1）提高操作及检修效率，缩短停电时间。合理安排，精心组织准备，实现停送电操作和检修工作的零衔接，杜绝检修工作前后的等待时间。

一是明确检修工作申请停电开工、竣工时间为电网设备停电、送电时间，包含运维人员操作时间；二是重点对变电站、线路检修工作优化调度操作指令，提前下达命令，运维人员提前填写操作票，尽量缩短停电时间，确保向客户按时送电；三是严格执行预报竣工制度，运行操作单位必须提前到达操作地点，确保调度令按时下达。

（2）"抓执行、抓过程、抓细节"，完善停电方案，做好停电工作的全过程控制。各施工作业单位提前做好现场勘查并逐条制定详细的停电施工方案，内容具体到施工人数、停电范围、所需时间及工程量，做到停电工作各环节全面管控、杜绝。

为了尽可能地减少停电时间，在进行具体的停电工作之前，要做好停电前的一切准备工作，能在停电前完成的工作，决不推迟到停电时间中去；在工作过程中，要严格控制工作节奏，在保证人员安全及施工质量的前提下，确保最佳工程进度。

（3）积极开展"零点工程"，开展"低谷检修"。开展负荷低谷检修，确保高峰用电。为保障居民和企业的正常生活生产用电，科学预测高峰用电负荷时段，对设备消缺、业扩接火、伐树等具备条件的工作采取低谷检修，夏季5时提早进行施工，12时、19时前提前完工，减少电量损失，提高优质服务水平。

积极开展"零点工程"，一些工作量小的、时间短的、不影响安全的作业，尽量安排在后半夜负荷低时工作，既满足了优质服务的需要，又增加了供电量，提高了企业效益，确保了县域电网安全、稳定、经济地运行。

（三）要缩小停电范围

（1）完善运行向规划、建设部门的反馈机制。调控分中心通过日常运行实践，对电网运行方式进行分析，找出电网薄弱点，提出电网补强措施，促进规划、建设部分工程立项，项目投产后优化电网结构，反过来作用于调控运行，能够更加游刃有余地调整方式。

如调控分中心通过分析变电站主变压器负载、间隔出线，针对主变压器负载不均衡的现状，提出出线调整建议，优化运行方式。针对主变压器、线路过负荷，开放容量不足的现状，提出了加强站间联络线路建设，加强负荷转带能力，充分利用110kV站容量和间隔充裕的优势，解决35kV站过负荷问题。通过站间负荷灵活、方便地转带，实现科学的安排电网运行方式，缩小停电范围。

（2）加强线路柱上开关管理，减小停电范围。调控分中心针对10kV线路柱上开关管理混乱的现状，编制柱上开关运行管理办法，明确柱上开关操作纳入调控范围。通过整理柱上开关台账及明确操作规定、命名原则等手段，理顺了流程，摸清了底数，充分利用柱上开关、拉手线路减小了停电范围。

（四）提前发布停电信息

（1）加强停电告知环节管理，提前七天告知客户，避免造成用户投诉或出现不良影响，提高优质服务水平。调控中心变被动服务为主动服务，完善服务流程，充分利用短信群、微博、微信、电视等多种手段增强供电企业与客户之间的联系和沟通，积极构建方便快捷的停电信息服务网络，定期发布月、周停电信息及有序用电宣传等信息，构建供电企业和客户之间的交流平台，形成良性互动。

（2）实行计划停电与大客户协商制度，力求供电设备检修预试与企业生产设备检修同步，通过调查走访、召开客户代表座谈会等方式，征求企业客户对春检工作的意见建议，合理安排春季检修工作，最大限度地减少停电时间，尽可能减少停电给客户造成的损失。

三、实施效果

停电计划的执行情况不仅直接关系到供电企业的经济效益，更代表着供电企业的服务水平，代表着企业的整体形象，是体现一个县级供电企业生产运行、优质服务、管理水平的综合性指标。近年来计划停电和优质服务、可靠供电之间的矛盾日益突出，频繁停电是客户投诉的重点，2014年河北省电力有限公司频繁停电、停送电类投诉在整个国网系统居前列，国网元氏县供电公司全年共发生37起频繁停电、停送电类投诉，占运检投诉的38%。

国网元氏县供电公司通过“刚性管理停电计划，精细管控工作过程，科学安排电网方式”的理念，多措并举加强停电计划管理，取得了显著的效果。2015年上半年未发生停电信息报送不及时类及未按停电计划停送电类投诉，同时停电计划执行率由去年的78% 提高到 100%，实现了计划停电和优质服务之间的平衡，得到了良好的经济效益和社会效益。

“大数据”实现设备精细化管理

班组：国网隆尧县供电公司变电运维班

一、产生背景

设备运维水平的高低直接影响电网设备的安全运行以及公司的经济效益。国网隆尧县供电公司变电运维班担负着全县 17 座 35kV 变电站的设备巡视维护工作任务。为了提高设备安全运行水平，根据要求及时落实、开展了设备全面巡视、专业巡视、特殊巡视，由于设备巡视数据、测温数据、遥视数据、运行数据、检修数据以及出厂试验报告等数据的局限性，致使设备的一些隐性缺陷未能被及时发现。针对这种情况，运维班认真听取班组员工的合理化建议，提出充分利用设备“大数据”开展设备运行分析，找出设备上那些轻微的隐性缺陷，及时采取应对措施，同时通过设备“大数据”分析为设备状态检修提供了可靠依据。

二、主要做法

（一）理解概念

（1）“大数据”分析。是指通过设备巡视数据、测温数据、遥视数据、运行数据、检修数据以及出厂试验报告等开展有针对性的设备运行分析。

（2）设备巡视。是变电运维工作最基本的一种手段，通过各种巡视手段可以发现设备的外观、异常声响等缺陷，对于一些隐性缺陷还存在着不足。

（3）设备测温。通过设备测温，可以掌握设备实时运行接点温度，为运行人员提供第一手设备实时健康状况数据（图 1）。

（4）遥视数据。运行人员通过各变电站遥视系统对各站设备开展遥视巡视，遥视只是作为一种辅助手段，为运行人员提供过去的、现在的、事故前、事故后的变电站现场状况。

（5）运行数据。通过运行数据，运行人员即可实时掌握电网运行整体状况以及设备运行负荷、电压、电流、无功潮流等运行参数。

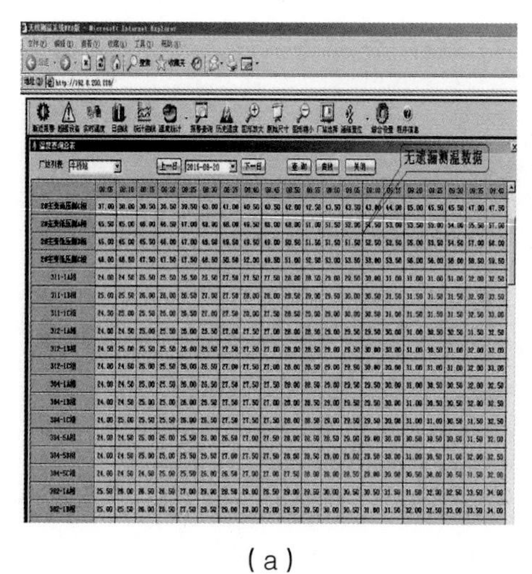

（a）

隆尧县供电公司变电运维班
远红外测温报告

站名：35kV北楼变电站　天气：晴　环境温度：17℃　全站功率：3330kW　日期：2015年11月10日10：10

序号	间隔单元	设备类别	具体部位	测试温度（A）℃	测试温度（B）℃	测试温度（C）℃	设备状态	缺陷性质	备注
1	371	主设备	371-5刀闸线侧	18.3	19	20.5	运行	无异常	
			371-5刀闸开关侧	19.5	18.5	18.2	运行	无异常	
			371-5刀闸口	18.2	19.5	19.5	运行	无异常	
			371开关-5刀闸侧	19	20.5	20.5	运行	无异常	
			371开关-1刀闸侧	19	19.5	18.2	运行	无异常	
			371-1刀闸母线侧	18.5	20.5	18.6	运行	无异常	
			371-1刀闸开关侧	19.5	18.2	20.5	运行	无异常	
			371-1刀闸口	20.5	19.5	18.2	运行	无异常	
			371-1刀闸母线线夹	18.2	20.5	18.6	运行	无异常	
2	378	主设备	378-5刀闸线侧	18.6	18.2	19.5	运行	无异常	
			378-5刀闸开关侧	19.5	18.6	19.8	运行	无异常	
			378-5刀闸口	19.8	19.5	19.5	运行	无异常	
			378开关-5刀闸侧	19.5	19.8	20.5	运行	无异常	
			378开关-1刀闸侧	19.6	19.5	19.5	运行	无异常	
			378-1刀闸母线侧	19.8	20.5	20.5	运行	无异常	
			378-1刀闸开关侧	19.6	19.5	18.2	运行	无异常	
			378-1刀闸口	19.6	20.5	19.5	运行	无异常	
			378-1刀闸母线线夹	18.6	18.2	20.5	运行	无异常	
[illegible]	35kV避雷器	主设备	31-8刀闸母线线夹	19.5	19.5	18.2	运行	无异常	
			31-8刀闸避雷器侧	19.6	20.5	18.6	运行	无异常	
			31-8刀闸口	19.8	18.2	18	运行	无异常	
			避雷器线夹	19	20	19	运行	无异常	

测试人员：白晓辉　李彦亮

（b）

图1　测温数据

（6）检修数据和出厂试验报告。通过它可以了解设备技术参数，以及设备遗留问题，为运行人员分析设备状态时提供历史依据。

（二）开展设备“大数据”分析

开展设备“大数据”分析就是利用设备实时巡视数据结合实时和历史测温数据、运行数据以及检修数据并参照当前季节、供电负荷等对每个设备开展相对的设备运行分析，实现各种数据的互补，从中查找存在异常的设备，及时发现那些隐性缺陷，提前采取防范措施，将缺陷消灭在萌芽状态，提高电网安全运行水平（图2）。

三、实施效果

（1）开展设备“大数据”分析是“精细化”管理的一种具体体现，是提高电网安全防患于未然的一种有效措施，它有效地帮助运行人员提前发现隐性缺陷，及时消除，使变电运维工作在管理上又上了一个新台阶。自2015年8月至2016年3月，运维班共发现了隐性缺陷7处，并及时采取了防范措施，避免了事故的发生。如2016年2月26日，35kV白寨变电站012–2刀闸与012开关间连接铜排温度出现波动，根据季节和现有运行负荷以及设备相关数据分析，连接铜排有轻微接触不良，通过继续观察最后得出一般缺陷结论，并及时采取了防范措施，从而保障了电网设备的安全稳定运行。

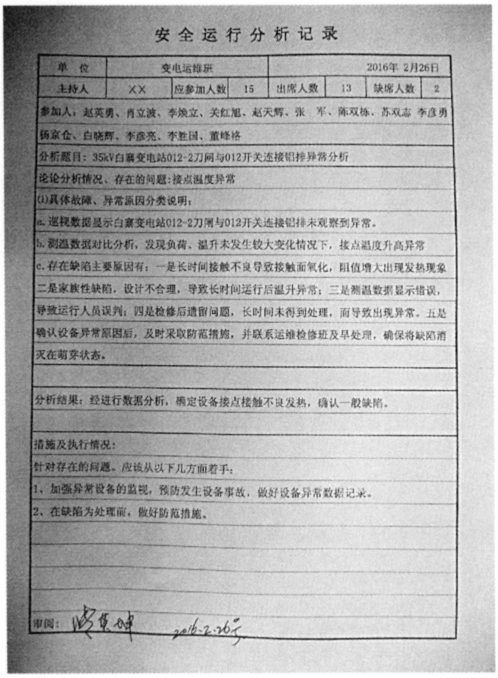

安 全 运 行 分 析 记 录

单　位	变电运维班			2016年 2月26日			
主持人	XX	应参加人数	15	出席人数	13	缺席人数	2

参加人：赵英勇、肖立波、李焕立、关红旭、赵天辉、张　军、陈双栋、苏双志 李彦勇

杨京仓、白晓辉、李彦亮、李胜国、董峰格

分析题目：35kV白寨变电站012-2刀闸与012开关连接铝排异常分析

论论分析情况、存在的问题:接点温度异常

(1)具体故障、异常原因分类说明：

a. 巡视数据显示白寨变电站012-2刀闸与012开关连接铝排未观察到异常。

b. 测温数据对比分析，发现负荷、温升未发生较大变化情况下，接点温度升高异常

c. 存在缺陷主要原因有：一是长时间接触不良导致接触面氧化，阻值增大出现发热现象二是家族性缺陷，设计不合理，导致长时间运行后温升异常；三是测温数据显示错误，导致运行人员误判；四是检修后遗留问题，长时间未得到处理，而导致出现异常。五是确认设备异常原因后，及时采取防范措施，并联系运维检修班及早处理，确保将缺陷消灭在萌芽状态。

分析结果：经进行数据分析，确定设备接点接触不良发热，确认一般缺陷。

措施及执行情况：

针对存在的问题。应该从以下几方面着手：

1、加强异常设备的监视，预防发生设备事故，做好设备异常数据记录。

2、在缺陷为处理前，做好防范措施。

审阅：

图2　运行分析记录

（2）开展设备“大数据”分析填补了设备各种数据的不足，实现了各种数据应用的互补，使设备运维当中隐性缺陷的管理更加有效。运维班规定每半月开展一次定期分析，发现设备异常开展专题分析，天气异常、高峰负荷期间开展异常分析，并将此规定加入《隆尧县供电公司变电运维工作管理规定》中。

以“心、新、向、容”为抓手打造欣欣向荣班组

班组：国网保定供电公司变电运维室花庄运维班

一、产生背景

花庄运维班的班组任务由班长给各值，再由各值值长分配工作，这样不能对目标任务逐项研究和分解，实施方案不合理，造成完成任务超员或少员、时限性也不能保障，因此采取了强有力措施狠抓任务的落实，整合系统资源，减少重复性工作。

二、主要做法

经过长期的实践和总结，主要就是从“心、新、向、容”四个方面来入手。

（一）“心”就是从心所欲不逾矩

花庄运维班积极落实“理念措施化、任务具体化、工作载体化”的要求，对目标任务逐项研究、分解指标、量化任务，制定出科学合理的实施方案。定人员、定责任、定标准、定时限，以强有力的措施狠抓任务的落实。

（1）细化任务。将公司开展的专项工作、班组生产任务、科技创新成果等工作量化，并进行了细致分工，将变电站运行工作化繁为简，化难为易。针对例行工作和操作任务，将巡视维护细节化，将大操作分解为小流程，每项细化的任务都有实际经验丰富的专人进行督查。建了“六大员三小组”体系，即安全员、技术员、材料工具员、经济核算员、民主宣传员和生活委员，成立资料管理、工器具管理、创新成果管理3个工作组，形成“任务到岗、各司其责、和谐发展”的工作机制。

（2）责任到人。为每人制定一项专项工作，人人都有工作重点和分管事务，各尽其能，术业必精工。从要我做什么，转变为我要做什么，从之前呼来唤去乱抓人，到现在每个人都知道自己的任务，当遇有类似工作时积极主动，不仅增强了每个班组成员的

主人翁意识，而且提高了日常工作效率，如果工作中出现问题，也可以及时、便捷地找到责任人。

（二）“新”就是苟日新，日日新，又日新

班组成员是创新的主体，岗位是创新的起点，班组是创新的平台。

（1）管理模式的不断创新。根据班组“八大建设”要求，对班组成员进行了详细分工，责任明确落实到人，形成了“人人有任务、个个有责任”的工作格局。

（2）培训模式的不断创新。采取“既为师、又是生，下班带问题回家、上班就解答”的方式，提高班组成员的主动学习性。

运维班注重科技创新，每个人都设立了自己的创新小目标，为现场解决实际问题出谋划策。为配合检修工作，开关柜内必须装设接地线，然而厂家不同、型号不同，导致了在开关柜内外布置安全措施时，运维人员需要携带大量、多种安全工器具。基于此，班组成员设计制作了“多功能安措扳手”，不仅能减轻运维人员的劳动强度，减少其负重，而且有效地缩短了布置安全措施的时间。变电站内的设备因鸟类等小动物袭扰，极易造成故障，影响系统的可靠运行。运维班依托变电运维室邹捷创新工作室，研制出“变电站小动物驱离预警装置”，有效地消除了因小动物造成的输变电设备故障及停电消缺次数。

（三）“向”就是人心齐，泰山移

（1）“人面笑春风”的EAP计划。开展了“小家”班组建设，以“家文化”为核心，以“家人·关怀、家事·分担、家庭·共建”三大乐章六大基调为主线，全力打造和谐“小家”班组，充分凝聚班组成员的亲情、友情，提高全员的归属感和向心力。

（2）将“小家”建设与“互联网+”相结合。运维班充分利用微信、微博等平台，开设专属运维班的公众号，公众号内置“花庄电子书屋”，创新了读书分享方式；“闲趣小室”里竞技趣味浓厚，利于班组成员劳累工作后的放松；“直播室”里有能工巧匠们分享生活心得、技巧。

通过这些手段，班组营造出一个和谐、活泼、积极向上的氛围，班组成员对班组的归属感更强，班组的凝聚力和向心力也更强。

（四）“容”就是凡为甲，必先为容

运维班建立考量体系，通过开展班组的团队合作，充分发挥班组成员的特长。运用

“三评估”的运作模式，即接班评估、当值评估、交班评估。

（1）接班评估。接班工作前，接班值长和安全员对现场安全措施、设备运行状况进行评估。

（2）当值评估。值长对本值人员的工作进行监督，及时纠正和制止违章或不规范的作业行为。

（3）交班评估。交班后，值长对每位当班的工作状况及行为进行全面评估，填写“花庄班组安全评估表”。

这样优化工作流程，强化过程控制，达到了“整体大于个体总和”的目的。

三、实施效果

通过一段时间的实施，班组安全、生产、培训、创新的各项管理工作都有了明显提升。

（1）通过操作流程的分解和组装，每个人的操作能力在实践中不断提高。2016年，运维班未发生任何误操作和违章行为，操作票的执行正确率达到了100%，为各项工作开展提供了安全依据。

（2）班组文化建设提高了班组成员的心理剖析、问题分析的相关技能，团结班组成员融入日常工作，激励班组成员在提升效益中发挥生力军和突击队作用。

（3）2016年度运维班获得“河北省优秀企业班组”等称号。

"四个抓手"开展班组建设 "四个提升"激发班组活力

班组：国网保定供电分公司变电运维室花庄运维班

一、产生背景

花庄运维班自组建以来，班组周例会总是由班长或指定专人对安全活动文件进行通读，由班长将参加工区周例会的最新精神进行传达、布置，不能形成闭环管理。通过班组例会形成督导平台后，各值长、安全员、培训员及所有成员行动起来。根据班长的布置在班组周例会上将上周完成的情况、工作难点及发现的问题等填写好，以便班长有的放矢地对上周各项工作的开展情况进行点评。

二、主要做法

1．以精益运维为抓手，提升团队创新能力

班组始终贯彻"安全生产"是所有工作的重中之重，坚持工作过程中一切为安全让路的工作理念。首次提出的"日比对、周分析、月总结、年评估"运维法，极大地提高了设备精益化运维管理水平。工作现场实施"六小"活动，严格执行"一票、一书、一表"及现场"四清楚"措施，确保现场工作安全管控"四到位"，即人员到位、措施到位、执行到位、监督到位，将安全建设落到实处。最大限度地减少运维人员的工作量，从而使基础管理水平得到大幅提升。例如，开展了班组管理项目填报和各值项目填报，班组管理项目填报一是让班组管理在下达任务的同时，列出任务完成的方式、方法及任务要求的存放路径，便于班组成员及时掌握；二是强化了班组管理的督导、检查作用，班组管理要想在周例会大家的监督下完成对各项任务的点评，就必须到现场进行检查和督导。要求各值每周四完成本周工作点评并下达下周工作任务。各值项目填报一是分解、落实专业要求，责任到人；二是强化班组责任人的自主意识，让任务执行人意识到所辖项目不能有效地完成将会在班组周例会中曝光于全班人员的面前，所以在任务执行过程中也会及时和班组管理沟通，以保证正确、及时地完成各项任务。要求各值每周五完成本周工作点评，并对应班组管理下达的周工作任务及周期性工作计划明确本值项目负责人及完成时间。每周一例会时现场点评安全生产中暴露的问题，以管理点评并辅以培训、当事人表态发言、绩效兑现等形式，深刻剖析问题，警钟长鸣，以培养员工的安全习惯，提高整体管控能力。

2．以技能培训为抓手，提升团队学习能力

运维班注重引导员工树立终身学习的理念，针对高科技含量的运行设备，为员工岗位成才搭建平台，提高员工学习的热情。不断创新培训模式，开展差异化培训，充分利用停电检修、设备验收、异常和事故处理等机会开展现场培训，达到“干中学、学中干”的目的。

3．以民主管理为抓手，提升团队执行力

按照班组建设工作要求，梳理整合民主管理相关制度，结合思想建设和文化建设，抓民主建设，减轻一线生产人员的班组建设负担。坚持“公平、公正、公开”的管理理念，倡导全员参与班组建设，民主决策、绩效考核、岗位定级、评先选优等重大事项，充分利用宣传展板、局域网、公示栏等平台进行班务公开。收集提炼典型经验、亮点做法、科技成果，利用网络平台、展板、画册等形式多方位展示班组的精神风貌。

4．以文化建设为抓手，提升团队凝聚力

班组文化是班组生存和发展的动力，以“创新工作室”和“职工小家”建设为载体，结合班组工作实际，以“家和业兴”为建家宗旨，以“立足生产，专业引领让电网更安全”为创新使命，以“安心成就安全”为班组愿景，将“责任和使命高于一切”的班组精神作为班组成员共同的价值观，形成具有自身特色的文化体系。

三、实施效果

通过一段时间的实施，班务会时间减少到 1h，安全、生产、培训、创新的各项管理工作都有了明显提升。

（1）截至 2016 年 3 月底，本班总计申报风险隐患 204 条，车间控制 187 条，职能部室控制 12 条。风险管控绩效工区排名第二。

（2）顺利完成了防误闭锁隐患排查、变电站周围树障隐患排查、防汛重点隐患排查等 15 项专项检查。对所辖 15 座变电站的站容站貌进行综合治理，对隐患排查出的问题列入大修计划（涉及五防、照明、变电站综合治理、基础设施维修、电缆沟大修等项目）。

（3）顺利完成运维一体化项目前期培训，运维一体化项目应实现 99 项运维业务，已实现 94 项，其余 5 项进入过渡试运行阶段。班组初步掌握主变换硅胶、CT 取油样等相对复杂的运维项目，全班人员一次通过运维一体项目作业资质认证。

（4）2014 年度我班组获得公司“安全生产，先进集体”称号。

从人员、流程、工具多方面入手 着力提升信息资产基础管理水平

班组：国网河北省电力公司信息通信分公司运检二班

一、产生背景

电力信息通信是实现企业管理现代化和电网调度自动化的重要技术手段，承担着生产经营等多方面业务的信息传递与交换。随着信息运行水平的逐步提高，在资源管理过程中仍存在设备台账不完整、不准确，设备台账与设备卡片不对应，资源管理流程不规范等问题，影响了运行服务能力的优化提升。为确保设备台账的规范化填写，管理流程的标准化操作，理清信息设备所有权和管理权之间的关系，实现设备产权清晰、管理到位、监控有效，确保信息资源管理常态化和精细化，实现信息设备的全生命周期管理，为信息设备的全面管控和后续实时动态监管奠定坚实基础，规范信息通信类设备资产管理工作，持续推进信息通信运行检修精益化管理，保障信息通信系统安全稳定运行，为智能电网建设运行和公司运营管理提供有力的支撑。

二、主要做法

1．明确台账管理的人员与流程

明确专人负责收集设备台账变更需求、专人管理，避免过去的多人录入台账容易导致的重复录入、漏录等问题。定义了不同人员的工作职责和要求，制定了固定流程和台账新增、更新需求表，信息系统各专业管理员在需要时及时向台账负责人提供台账数据维护需求，实行台账录入收口管理。

2．梳理和规范台账数据字典

随着信息化项目建设的不断深化，信息设备新品牌、新型号不断涌现，系统中原定义的数据字典已不能很好地适应。组织主机、存储、备份等专业工程师系统梳理了公司环境的设备类型与型号，参考国网有关规定及厂家建议，规范应纳入台账管理的数据字

段及填写要求。相继新增了浪潮、曙光等主机型号和地理位置等字段信息，并对信息系统综合管理系统台账模块中原有的363种设备规格、17种CPU品牌和225种CPU型号进行了逐一甄别，去除重复项，规范命名及拼写要求，最终整合成了77种设备规格、3种CPU品牌和45种CPU型号作为设备入账的标准。

3. 深入开展信息资产数据普查

制定工作计划，组织2015届新员工经培训后分别到现场并登录系统，分批核查软硬件资产与台账记录数据、资产标签的一致性和准确性，及时修正错误之处，班组长定期进行抽查。这样，既保障了台账数据管理工作的持续开展和数据准确性，又提高了新员工对现场环境的熟悉程度和信息专业知识与技能的掌握。

台账普查工作本着精益化、常态化、精确性的原则，对在普查期间的设备新增、变更操作严格把控，及时更新，动态完善ITMIS台账。

4. 通过技术创新助力数据管理

为提升台账数据收集和管理的效率及准确性，组织班组工程师开展技术研究与攻关，分别编写了主机、存储等设备配置信息收集脚本，经测试验证后投入运行，远程登录Windows、Linux等系统及存储设备批量收集指定的台账字段信息，输出到统一的格式文件中。通过脚本巡检一台主机只需15s，比人工方式大大提高了工作效率和准确性。

5. 优化台账管理系统并固化流程

"工欲善其事，必先利其器。"目前台账管理使用的信息系统综合管理系统（ITMIS）有部分功能还不太完善。如：存储台账保存时报错，部分内容无法输入汉字，只能先输入到其他文字编辑器中再粘贴到系统中；部分流程不完善，使得设备管理员不能及时登录并维护台账数据；ITMIS系统前台没有删除权限，致使存在相当一部分过期台账记录；部分必填字段重复冗余，如院落、楼栋、楼层等，增加无谓的工作量。

通过与系统开发人员直接沟通，推动逐条解决信息系统综合管理系统中的不完善、不适用之处，持续优化该平台的功能，有利于后续台账的管理工作。

三、实施效果

本套方法实施以来，取得了以下显著效果：

（1）完成运软硬件台账的全面梳理工作（图1）。涉及的台账数据包括：110台小型机、728台PC机服务器、189台刀片服务器、656台虚拟机、26套存储设备、77台存储光纤交换机、127套数据库、156套中间件、178套备份台账，并同步更新和完善

ITMIS 台账管理数据，确保台账与实物一致。

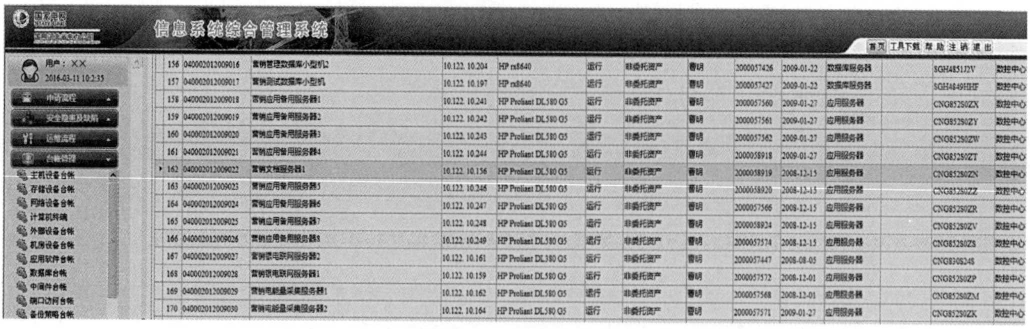

信息系统综合管理系统

首页 工具下载 帮助 注销 退出

用户：XX
2016-03-11 10:2:35

主机设备台帐
存储设备台帐
网络设备台帐
计算机终端
外部设备台帐
机房设备台帐
应用软件台帐
数据库台帐
中间件台帐
端口访问台帐
备份策略台帐

156	040002012009016	营销管理数据库小型机2	10.122.10.204	HP rx8640	运行	非委托资产	曹明	2000057426	2009-01-22	数据库服务器		SGH4851J2V	数控中心
157	040002012009017	营销测试数据库小型机	10.122.10.197	HP rx8640	运行	非委托资产	曹明	2000057427	2009-01-22	数据库服务器		SGH4849HHF	数控中心
158	040002012009018	营销应用备用服务器1	10.122.10.241	HP Proliant DL580 G5	运行	非委托资产	曹明	2000057560	2009-01-27	应用服务器		CNG852S0ZX	数控中心
159	040002012009019	营销应用备用服务器2	10.122.10.242	HP Proliant DL580 G5	运行	非委托资产	曹明	2000057561	2009-01-27	应用服务器		CNG852S0ZY	数控中心
160	040002012009020	营销应用备用服务器3	10.122.10.243	HP Proliant DL580 G5	运行	非委托资产	曹明	2000057562	2009-01-27	应用服务器		CNG852S0ZW	数控中心
161	040002012009021	营销应用备用服务器4	10.122.10.244	HP Proliant DL580 G5	运行	非委托资产	曹明	2000058918	2009-01-27	应用服务器		CNG852S0ZT	数控中心
162	040002012009022	营销文档服务器1	10.122.10.156	HP Proliant DL580 G5	运行	非委托资产	曹明	2000058919	2008-12-15	应用服务器		CNG852S0ZN	数控中心
163	040002012009023	营销应用备用服务器5	10.122.10.246	HP Proliant DL580 G5	运行	非委托资产	曹明	2000058920	2008-12-15	应用服务器		CNG852S0ZZ	数控中心
164	040002012009024	营销应用备用服务器6	10.122.10.247	HP Proliant DL580 G5	运行	非委托资产	曹明	2000057566	2008-12-15	应用服务器		CNG852S0ZR	数控中心
165	040002012009025	营销应用备用服务器7	10.122.10.248	HP Proliant DL580 G5	运行	非委托资产	曹明	2000058924	2008-12-15	应用服务器		CNG852S0ZV	数控中心
166	040002012009026	营销应用备用服务器8	10.122.10.249	HP Proliant DL580 G5	运行	非委托资产	曹明	2000057574	2008-12-15	应用服务器		CNG852S0ZS	数控中心
167	040002012009027	营销漂电联网服务器2	10.122.10.161	HP Proliant DL380 G5	运行	非委托资产	曹明	2000057447	2008-08-05	应用服务器		CNG830S24S	数控中心
168	040002012009028	营销漂电联网服务器1	10.122.10.159	HP Proliant DL580 G5	运行	非委托资产	曹明	2000057572	2008-12-01	应用服务器		CNG852S0ZP	数控中心
169	040002012009029	营销电能量采集服务器1	10.122.10.162	HP Proliant DL580 G5	运行	非委托资产	曹明	2000057568	2008-12-01	应用服务器		CNG852S0ZM	数控中心
170	040002012009030	营销电能量采集服务器2	10.122.10.164	HP Proliant DL580 G5	运行	非委托资产	曹明	2000057571	2009-01-27	应用服务器		CNG852S0ZK	数控中心

图1　信息系统综合管理系统的台账管理

（2）资源管理精益化。有效加强了信息资源管理，实现了台账填写规范化、流程操作标准化、设备管控过程化，全面提升了信息设备的精益化管理水平。

（3）资源管理常态化。理清信息设备所有权和管理权之间的关系，做到设备产权清晰、管理到位、监控有效，保证信息资源管理持续常态开展，防止由于运维人员更替带来管理水平的下降。

（4）资源管理唯一性。以信息系统综合管理系统（ITMIS）的台账管理模块为本单位信息设备台账管理的唯一平台，确保全部信息设备均能够在系统中得到有效监管，并减少重复录入和修改的工作量。

（5）资源管理准确性。确保信息设备能够准确、全面地录入系统，确保数据及时、有效。对存在误差的设备台账进行及时校对与更正，不断完善设备台账属性，全面提高数据质量。

“四个一建设”促进班组整体提升

班组：国网临漳县供电公司电力调度控制分中心调控班

一、产生背景

自“三集五大”体制改革以来，国网临漳县供电公司调度分中心成立了调控班，主要负责协调指挥临漳电网的电力调控、运行方式、继电保护等工作，保障电网安全、稳定、经济运行，承担着全县14个乡镇、425个自然村的供电任务。调控班组现有员工9人，这个年轻的团队担负着临漳电网指挥、指导和协调工作。随着电网规模的不断扩大、大量新技术在电力系统中的应用，对电力的需求和依赖程度越来越高，调控在电网运行中的地位也显得更加举足轻重。为提高电网调控水平，促进班组整体提升，临漳调控分中心调控班提出了“四个一建设”的工作思路。

二、主要做法

1．狠抓技术创新，完成一项创新成果

调控中心历来重视技术创新工作，为提高职工创新意识，调控班推出了创新奖励制度，成立了创新工作领导小组，由调控分中心主任担任组长，并将创新任务层层分解，落实到人，形成“千斤重担大家挑，人人头上有目标”的创新工作氛围，以鼓励员工在完成日常工作的同时，积极开动脑筋，多出创新成果。正是这些措施的实施，员工们集思广益，充分利用头脑风暴法，完成了多项技术创新成果。王凤梅的“主变压器分头小调整经济又安全”的研发大大减少了并列运行中两台主变压器因分头电压不相同而增加的损耗，“智能操作票严把安全关”为调控员工的安全操作又增加了一份保险，获得了县公司优秀奖，“利用小小亲情卡强化员工安全意识”使员工们在日常生活中潜移默化地学习强化了安全意识，获月创新奖。“电子版调度运行日志，助力调度精细化管理”获公司三等奖，员工贾志芳的五小创新“小装置，保安全”获县公司创新进步奖。一项项成果的研发，解决了多个电网运行中的工作难点，也大大提升了日常科技管理水平。

2．提高团队素质，培养一批业务骨干

调控中心员工秉持着“人讲敬业、事争一流”的工作理念，以“一花独放不是春，百花齐放春满园”为目标，突出技能训练，注重岗位练兵，不断提升员工综合素质。针对年轻调控员理论知识丰富而现场运行经验缺乏的实际，调控班每月至少组织一次新员工下现场熟悉设备。要求他们将现场实际接线与一次主接线图认真核对，并请经验丰富的运行人员现场演练，手把手传授技术。除此之外，中心还安排经验丰富的技术骨干与年轻同志结对子，确立师徒关系，帮助新员工快速适应调控工作。

正是由于这些措施的实施，调控班组涌现了一批业务骨干：①调控分中心副主任郭霞，在调度岗位工作了20余年，有着电力工程师、高级技师等职称，全县电网的运行方式、分布状况已深深地刻在她的脑中，精湛的业务、高超的技能常常令我们惊叹不止，2011年在市公司调度调考中获得个人第二名，2013年在省公司安规调考中获团体第一名，并多次被评为“市公司巾帼先进个人”“市公司巾帼英雄”等荣誉称号。②王凤梅，我们都称之为“技术能手”，工作中的她思考严谨，认真钻研，爱帮助他人，调控班的很多创新成果都是在她的提议下而后集思广益出来的，2013年8月在国网邯郸供电公司“快乐工作、健康生活、幸福邯供”第十三届文化体育艺术节暨调控知识与技能竞赛中荣获县调组个人三等奖、集体二等奖。③贾志芳，2011年6月荣获邯郸供电公司组织的县级调度员技术比武个人第三名。2012年3月获市、县公司“巾帼建功先进个人”及县公司“巾帼建功标兵”荣誉称号。2013年8月在国网邯郸供电公司“快乐工作、健康生活、幸福邯供”第十三届文化体育艺术节暨调控知识与技能竞赛中荣获县调组个人三等奖、集体二等奖。

3．提高技能建设，推出一项团队管理经验

调控班始终将提高技能建设为落脚点。为提升调控人员的知识水平，调控班深入开展“全员培训师”活动；通过人人上讲台争当培训师来挖掘自身潜力，充分调动员工积极性，找准位置，拓宽知识面，通过角色不断转换，使得专业知识与技术技能在潜移默化中取得明显的进步，由过去的被动学习变为主动学习、乐于学习。安排调度人员进行现场调度，一方面可以减轻值班调度员的工作压力，将注意力集中到日常的调度工作中；另一方面对现场中遇到的问题，可以结合实际情况进行解决，缩短停电、送电操作的时间，提高了工作效率。现场调度原则上负责变电站、开闭所内的设备调度，复杂的倒闸操作必须事先编制方案，设备充电投运正常之后，及时将运行方式及注意事项汇报值班调度员，继电保护及自动装置变动情况尽可能做好详尽的技术交底，避免交代不清或遗漏造成电网事故隐患。制定事故预案，强化反事故演习；针对恶劣天气、特殊运行方式、电网薄弱环节等情况，积极进行事故预想，并制定各种事故预案。电力事故的发生往往是突发的，同时伴有许多不正常的工作状态，例如：调度电源消失、电网瓦解等。如果没有良好的反事故应变能力，就可能在处理事故时发生误判断、误操作，将事故扩大。实践证明，反事故演习是提高调度人员事故处理水平行之有效的手段。

此外，还建立飞信群，每周群发知识点，让大家随时可以学习；工作岗位的电脑保护屏的内容每周一换，时刻提醒大家注意平常工作中的小细节等，调控班处处洋溢着浓浓的学习氛围。2013 年市公司调控中心每月随机抽考的员工，临漳县调控班成绩一直是遥遥领先，2013 年 8 月，调控班选派的两名员工在石家庄培训中心参加县调控员调考取得团体第二名的好成绩。调控班高度重视应用新技术、新设备、新工艺和现代化管理方法，通过科技创新，实现临漳电网安全、经济、稳定运行。

4. 开展爱心活动，打造一个温馨和谐的家园

助人为乐、无私捐助是我们中华民族的传统美德，调控班成员积极响应号召，开展各项捐助活动，在献爱心捐书、爱心捐助日、慈善一日捐、爱心献血等活动中慷慨解囊，把关爱和情谊送到需要关心和照顾的人手中，演绎了一幕幕动人的画面，塑造了一个个可亲可敬的电力人的形象（图 1）。调控班的员工工作之余还参加了公司的志愿者服务队，她们走访了敬老院，带去了慰问品，并为老人们打扫卫生，亲切地话着家常，细心地询问他们的身体状况和生活情况，用爱心服务传递正能量，展现了供电企业员工的良好风貌。调控班组深入开展创建“职工小家”活动，把关心员工生活、化解员工困难作为建设和谐之家的重点工作，强化班组民主管理，注重员工思想动态分析，深入细致解难释惑，做到工作上多沟通，生活上多关心，及时解决员工在工作、生活中的实际困难，班组员工之间精诚团结，互助关爱，营造和谐友爱的工作环境，使全体员工感受到职工小家的温馨，增强了员工的企业归属感，有效提升了班组的凝聚力和战斗力。

三、实施效果

经过多年的精细化管理，调控运行班在班组建设的各个方面已经形成了一套行之有效的经验和做法，调控班组从学习型、管理型班组入手，通过“四个一建设”，提高素质，夯实基础，严抓严管，全体员工学先进、赶先进，学文化、学业务、学技术蔚然成风，执行力凝聚力战斗力显著提升，争先意识、责任意识，大局意识明显增强，员工士气高昂，勇于创新，攻坚克难，敢于负责，乐于奉献，班组整体素质得到提升。已连续多年被评为邯郸供电公司“先进集体”，获得临漳供电公司“先进班组”［图 2（a）］“文

明单位”等称号，2015 年被市公司评为“优秀班组”［图 2（b）］、县公司“先进班组”等，2013 年在邯郸供电公司县调技能竞赛中获得“团体二等奖”……现在调控班已成为临漳县供电公司班组建设中的一支标杆班组。

图1　开展爱心活动

（a）

（b）

图2　荣誉

健康食堂建设助力后勤保障能力提升

班组：国网石家庄供电公司机关食堂

一、产生背景

石家庄供电公司党委高度关注职工健康，把为职工创建健康食堂作为一项重点工作来抓。机关食堂基础设备设施参差不齐，管理人员服务意识和从业人员专业技能水平较低，食堂管理已不能满足广大职工日益增长的餐饮需求。面对食品行业严峻的安全形势，机关食堂开展健康食堂创建工作对改善职工营养状况、实施饮食预防、控制各种慢性病和保证广大员工餐饮健康安全具有十分重要的现实意义。

基于上述原因，机关食堂构建健康食堂标准体系，深入开展健康食堂创建是落实公司党委关爱员工最具体、最直接的体现，符合公司各级员工对美好生活、健康生活的期待，并且可以增强企业的凝聚力、向心力，是进一步完善管理机制，创新管理方式的有效形式，是全面落实食品安全责任制，提升公司系统后勤保障能力的重要举措。

二、主要做法

机关食堂以推进“健康食堂”建设为抓手，以“服务优质、保障有力”为目标，以“健康、舒适、绿色、文化”为主题，大力开展班组建设工作，全力提升后勤服务保障工作水平。

（一）标准化管理，加强全过程管控

1. 规范经营，率先执行各项新规

为积极应对政府监管部门变化和集体企业改革改制带来的影响，在公司系统率先完成餐饮服务许可证、营业执照等各类证照的申报变更工作。按专业划分，机关食堂人员均取得餐饮行业“健康证”，人员持证上岗率100%。按照《中华人民共和国环保法》要求，主动整改完善，取得“建设项目竣工环境保护验收检测报告”（图1），率先完成环保备案工作。

2．规范管理，完善各项规章制度

将健康食堂创建与班组建设工作密切结合，不断完善制度体系，在省公司制定的健康食堂验收标准的基础上，以《中华人民共和国食品安全法》及餐饮相关法律法规，先后修订完善《食品留样管理办法》《健康证管理办法》等18项办法和标准。在此基础上，食堂将各岗位工作职责编辑成册（图2），明确职责、统一标准、优化流程、规范行为，切实做到“凡事有标准可查，凡事有标准可依，凡事有人负责”，不断完善食堂基础管理水平。

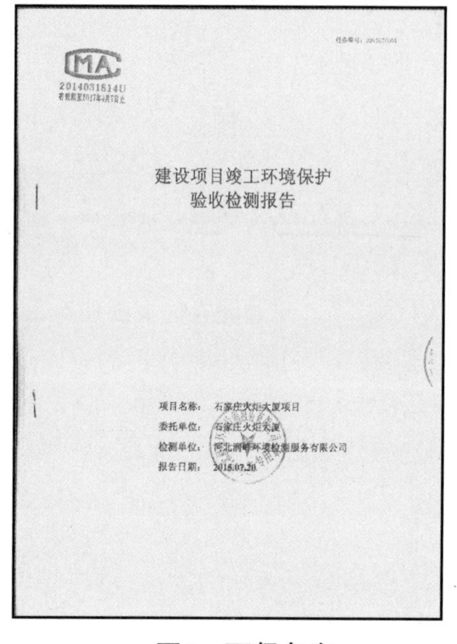
CMA
2014031814U

建设项目竣工环境保护
验收检测报告

项目名称：石家庄火炬大厦项目
委托单位：石家庄火炬大厦
检测单位：河北润峰环境检测服务有限公司
报告日期：2015.07.20

图1 环保备案

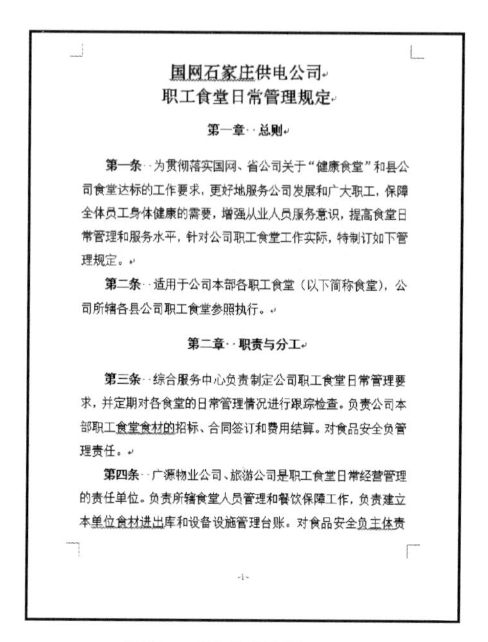
国网石家庄供电公司
职工食堂日常管理规定

第一章 总则

第一条 为贯彻落实国网、省公司关于“健康食堂”和县公司食堂达标的工作要求，更好地服务公司发展和广大职工，保障全体员工身体健康的需要，增强从业人员服务意识，提高食堂日常管理和服务水平，针对公司职工食堂工作实际，特制订如下管理规定。

第二条 适用于公司本部各职工食堂（以下简称食堂），公司所辖各县公司职工食堂参照执行。

第二章 职责与分工

第三条 综合服务中心负责制定公司职工食堂日常管理要求，并定期对各食堂的日常管理情况进行跟踪检查。负责公司本部职工食堂食材的招标、合同签订和费用结算。对食品安全负管理责任。

第四条 广源物业公司、旅游公司是职工食堂日常经营管理的责任单位。负责所辖食堂人员管理和餐饮保障工作，负责建立本单位食材进出库和设备设施管理台账。对食品安全负主体责

-1-

图2 规范管理

3．整齐划一，严格执行定置管理

依据“健康食堂”检查标准，结合标准化建设6S管理要求，加强食堂定置定位管理，绘制详细定置图，规定物品存放位置，并按实际情况及时更新完善，确保定置图的真实准确（图3）。统一食堂各类标识，按颜色、用途进行区分，张贴标签、分别存放，落实专人负责，明确责任。后厨按要求对职能区域进行划分，凉菜间独立分开，设立二次更衣间、消毒间，在各种设施设备上张贴温馨提示和操作规程，提高标准性和规范性。

4．闭环管理，保证食品安全

在工作中渗透标准化的理念和方法，从采购、验收、保管、加工、制作、输出等各个操作环节，层层把关，全程监控，闭环管理，有效杜绝食品卫生安全隐患。严把原材

料采购入库关，加强对供货商的管理，与供货商签订供货质量责任书，严格执行索证索票制度，核查供货商资质，执行入库检验制度和出库二次验货制度，杜绝“三无”产品，从源头上把好原材料采购保管关。在食品加工、销售的各个环节，严格按照操作规范进行，所有从业人员持健康证上岗，个人卫生做到“四勤四净”，食品加工做到生进熟出，餐具、用具确保“一洗、二刷、三消毒”，按规定开展有害生物消杀工作，做到加工区、就餐区无有害生物，杜绝有害生物对食品的二次污染。落实各项卫生管理制度《24 小时留样制度》及《蔬菜农药残留检测制度》等规章制度，确实保障食品卫生安全。严格控制进入后厨操作间的人员，进一步严格“非操作人员禁止入内”，对后厨操作人员进行安全防范教育，确保食品卫生安全。

图3　整齐划一

5. 持续改进，提升优质服务水平

“主动服务、畅通渠道”是机关食堂带班管理人员的职责所在，机关食堂在早（午）餐期间，执行管理人员带班制度，公司经理、书记和各主管、领班定点到岗服务，进行菜品介绍、健康宣传、意见咨询等活动，听取员工意见建议，解决员工问题，取得员工的理解和支持，并有针对性地改进提高各项工作水平。为规范员工行为，修订完善行为规范、卫生标准，每周开展“服务点评与整改”，坚持春风、清风、和风的“三风”行动，做到“微笑多一点，嘴巴甜一点，业务精一点，效率高一点”。

（二）实现“明厨亮灶”，不断加强安全管理工作

认真贯彻落实上级安全工作要求，从食品安全、治安、消防、低压用电等八个方面入手，制定实施安全检查标准，全面推行安全专业管理。修订实施食品留样、持证上岗、

柴油液化气酒精采购使用等管理办法，强化过程管控。更新老旧设备、改造配电设施、强化定置管理，提升安全运行可靠性；增设视频监控设施（图 4）、更新消防监控系统，全方位实时监控，实现“明厨亮灶”，以技术手段推进安全管理工作。

图4　实时监控

（三）多措并举，不断美化就餐环境

机关食堂自 2015 年改建为自助餐后，克服环境制约因素，因地制宜，合理摆放桌椅，最大化利用空间，解决就餐人数多的问题。积极筹措资金，增加花卉绿植，配置有线电视、电子屏，更换空调，结合节日特点进行装饰布置，为广大职工创造优雅舒适的就餐条件（图 5）。2016 年，机关食堂积极向员工征求勤俭节约、餐饮文化等方面的书法、字画、摄影作品，装裱悬挂，营造和谐文化氛围，推进企业文化建设。

（四）积极主动，发挥职工营养干预职能

开展营养科学教育，提高服务人员选菜、配菜和营养指导能力，把餐厅作为科学膳食宣教窗口，做好员工营养指导和咨询。多形式多渠道广泛开展健康饮食宣传，在窗口、走廊等位置，张贴“控油控盐”“营养搭配”等宣传资料，宣传健康理念；按季节在餐桌摆放宣传桌牌，宣传健康饮食；结合“二十四节气”，每日在电子屏播放古典诗词、

当日菜品、养生知识等内容，提示节气变化，宣传传统文化；装裱悬挂员工饮食文化、健康养生的书法字画作品，吸引员工关注，引导健康养生。同时，每年保证食堂管理人员和工作人员累计接受6h以上的科学膳食知识培训和食品安全知识培训，组织开展膳食知识问答等活动，不断提高员工对健康饮食的深入理解与认识。

图5　优雅的就餐条件

积极与医务所联系，及时掌握职工健康情况，合理改善菜品品种，实行健康综合干预。在工作中，坚持做到控油控盐，厨师熟练掌握制作低盐少油菜肴的技能，并在食品、菜品搭配上下工夫，使菜肴、主食品种齐全，满足不同需求。打造特色职工食堂，引入各地风味菜品，陕西风味的凉皮、羊肉泡馍、牛肉罩饼，河北特色的缸炉烧饼、饸烙面等，结合季节特点，适时推出冷饮、热饮及时令水果，菜品按照膳食营养搭配，荤素搭配合理，营养均衡，深受广大职工的好评。

（五）服务主业，做好各项后勤保障工作

优化完善餐饮服务，增设外卖窗口，强化节假日慰问及值班送餐工作（图6），解决员工后顾之忧，提供优质后勤服务保障。结合季节特点，密切关注、服务主业及石家庄思凯电力建设有限公司中心工作、重点工作，主动沟通联系，在迎峰度夏、防汛、中超比赛保电等重点时期，为生产经营工作提供了有效后勤服务保障。积极学习引进，结合季节特点不断更新菜品，坚持每天供应一种特色面食、地方小吃，努力打造“石家庄

特色餐饮”食堂。

图6　值班送餐

（六）教育培训，不断加强员工队伍建设

结合健康食堂的创建，外聘营养专家进行健康饮食培训，提升员工健康饮食意识和营养搭配技能水平。积极组织参加公司本部系统厨师技能比赛，切磋技艺、交流技术，有效激发员工学技术、练本领的热情。以“检验水平、发现差距、提升技能、培养队伍”为目标，按年度组织员工技能比赛（图7），为员工切磋技艺、交流技术、展示技能搭建平台，采取“编制标准、日常培训、全员参与”的方式，以赛促学、以赛促练，目前，已完成面点、砧板、灶台、摆台等技能竞赛，有效地提升了员工的技能水平。积极“走出去、请进来”，定期与兄弟单位、餐饮同行进行交流学习，与时俱进、取长补短，有效地提升了员工队伍的整体素质。发挥专业标杆优势，积极服务大后勤体系，一年来，兄弟单位、各县公司共10余人次来我单位在岗交流学习，并积极参与县公司“健康食堂”创建工作，达到了交流指导、共同提高的目的。

三、实施效果

通过开展班组建设活动，机关食堂的管理水平得到了有效提高。健康食堂的创建活动，使食堂整体管理水平及服务质量得到了更系统的完善，各项制度、工作流程行之有效，就餐环境得到了明显改善，工作效率大大提高。机关食堂获得省公司“健康食堂”称号（图 8），2016 年荣获省公司先进班组荣誉称号。先后荣获石家庄供电公司技术创新成果一等奖 1 项、三等奖 3 项，厨师长郭贞获得“中国烹饪名师”称号，具备高级烹调技师资质，并荣获省公司后勤“服务之星”荣誉称号。

图7　后厨技能颁奖仪式

紧紧依托“健康食堂创建”，机关食堂实现了标准、制度体系建设和流程优化再造，食堂管理建立了“五位一体”新的管理办法和管理模式，餐饮保障机制常态运行，餐饮各项工作流程更加畅通，就餐环境得到明显改善，职工食堂面貌焕然一新，工作效率大大提升，饮食服务保障实现了新突破和新提升，餐饮管理的探索创新为促进公司“三集五大”体系建设和公司“两个转变”提供坚强的后勤保障。

图8　荣誉

依托综合协调平台　促供电管理提升

班组：国网衡水市桃城区供电公司乡镇供电所管理部

一、产生背景

“三集五大”体系建设组织机构调整以来，县公司由以前的条块化管理转变为专业管理，国网公司通用制度和流程在县公司和供电所的落实对县公司专业管理提出了更高的要求，专业之间、岗位之间的协同成为制约县公司管理提升及供电所管理提升的主要瓶颈。国网衡水市桃城区供电公司乡管部以综合协调为抓手，建立了四项工作机制，强化过程管控，以班组精益化管控为手段，以岗位职责规范化、流程规范化为基础，确保专业管理“横向协同高效、纵向贯通顺畅”，促进供电所管理水平持续提升。

二、主要做法

（一）建机制、抓管理，夯实供电所管理提升基础

1．建立综合协调例会机制

一是坚持周例会制度，每周一召开班子成员、各专业部室和供电所长参加的综合协调例会，由部室通报供电所当前重点工作进度，指出供电所存在的问题和需要加强的工作；由供电所汇报工作中遇到的问题，需要部室协调解决的内容，共同谋划解决措施。二是定期召开月度例会，在桃城公司每月月度工作例会上，由乡管部传达市公司关于供电所管理的最新要求，提出供电所管理过程中需要部室加强的工作，对供电所落后的专业指标发布预警，督促专业部室和供电所落实整改。通过综合协调例会及时解决工作推进过程中跨专业、跨部门的工作，解决供电所日常工作中出现的问题，有效保证了专业管理纵向延伸到位。

2．建立评价考核机制

完善供电所同业对标体系，每月开展一次对标，并依据对标结果，在乡管部与供电所整体对标相挂钩的基础上，建立供电所指标排名、日常考核与相关部室“两连带”的

考核机制。一是对标业绩连带（表1），供电所单项专业指标整体在市公司排名前三名时，给予专业责任部室绩效奖励，同时，针对单项指标落后的供电所个数给部室相应扣分，督促专业部室指导每一个供电所提升每一项专业指标；二是日常考核连带，强化部室对供电所管理责任的绩效考核，在省、市公司相关部门或领导对供电所进行综合检查、明察、暗访中发现的问题，连带考核到专业部室。同时，对供电所指导、落实不力或供电所落后专项指标持续得不到改善的责任部室，利用综合平台提出考核意见，落实对专业部室的绩效考核。

表1　　2016年10月市公司供电所同业对标专业部室连带考核得分情况

<table>
<tr><th>序号</th><th>指标名称</th><th>责任部室</th><th>单项指标在市公司排名</th><th>得分</th><th>75名以后供电所个数</th><th>得分</th><th>奖惩合计</th></tr>
<tr><td>1</td><td>0.4kV线损率</td><td rowspan="4">营销部</td><td>3</td><td>0.6</td><td>1</td><td>−0.2</td><td rowspan="4">−0.8</td></tr>
<tr><td>2</td><td>10kV线损率</td><td>3</td><td>0.6</td><td>0</td><td>0</td></tr>
<tr><td>3</td><td>采集成功率</td><td>10</td><td>−0.8</td><td>4</td><td>−0.8</td></tr>
<tr><td rowspan="2">4</td><td rowspan="2">投诉万户比率</td><td rowspan="2">5</td><td rowspan="2"></td><td>1</td><td>−0.2</td></tr>
<tr><td rowspan="3">运维部</td><td>0</td><td>0</td><td rowspan="3">0.6</td></tr>
<tr><td>5</td><td>报抢修平均修复时长</td><td>1</td><td>1</td><td>0</td><td>0</td></tr>
<tr><td>6</td><td>95598故障报修工单数量比</td><td>8</td><td></td><td>2</td><td>−0.4</td></tr>
</table>

3．建立层级责任落实机制

强化分级管理，层层落实责任，全面提升供电所管理水平。一是乡管部抓综合管理，围绕目标任务落实、全方位、全过程开展供电所诊断分析，解决突出问题，整体推进供电所管理水平；二是专业部室抓专业提升，围绕落实工作部署、重点工作进展、阶段性目标任务完成发现专业管理普遍性、倾向性问题。针对落后供电所、落后指标，有针对性地提出解决方案，指导协助共同落实；三是供电所抓全面落实，供电所主动对接部室，将工作指标明确到岗、细化到人，实现员工“任务目标清楚、落实措施清楚、进度节点清楚”，确保工作质量和成效。

4．建立供电所督导常态机制

建立供电所“三督导”常态机制，推广常态检查管理，动态跟踪提升机制。一是领导包所督导，每月由乡管部将供电所各项指标排名和当前各项重点工作汇总形成领导包所督导单（图 1），公司领导及时能掌握供电所实际情况，给供电所解决实际问题更具有针对性和实效性；二是专业督导（表 2），由专业部室针对供电所管理薄弱环节、重点工作进度、落后专业指标等内容，由专业部室不定期开展督导，促进专业工作有效推进；三是综合督导，由乡管部结合供电所对标和上级公司重点工作，组织专业部门对供电所综合管理、专业管理等方面进行督导，及时发现供电所日常管理中存在的问题和不足，协调专业部门落实解决问题，确保督导成效。

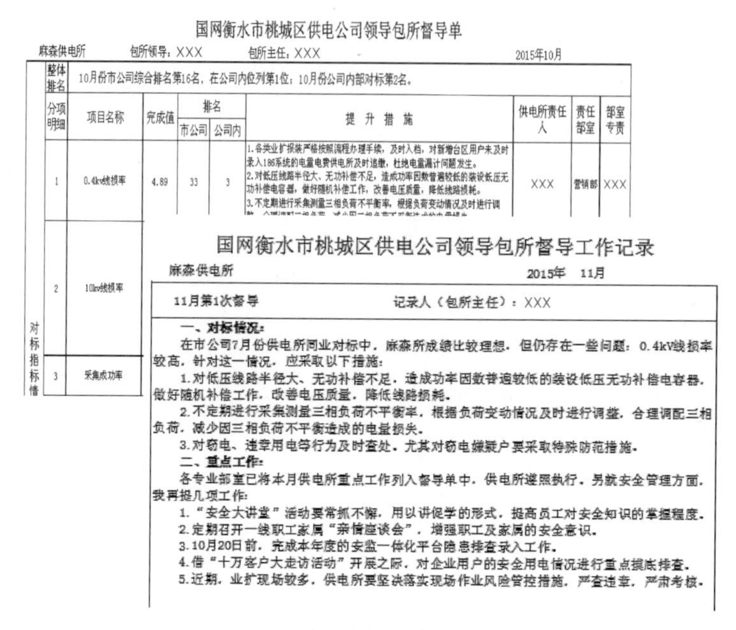
国网衡水市桃城区供电公司领导包所督导单

麻森供电所　包所领导：XXX　包所主任：XXX　2015年10月

	整体排名	10月份市公司综合排名第16名，在公司内位列第1位；10月份公司内部对标第2名。							
	分项明细	项目名称	完成值	排名		提 升 措 施	供电所责任人	责任部室	部室专责
				市公司	公司内				
对标指标情	1	0.4kv线损率	4.89	33	3	1.各类业扩报装严格按照流程办理手续，及时入档，对新增台区用户未及时录入186系统的电量电费供电所及时追缴，杜绝电量漏计问题发生。 2.对低压线路半径大、无功补偿不足，造成功率因数普遍较低的装设低压无功补偿电容器，做好随机补偿工作，改善电压质量，降低线路损耗。 3.不定期进行采集测量三相负荷不平衡率，根据负荷变动情况及时进行调	XXX	营销部	XXX
	2	10kv线损率							
	3	采集成功率							

国网衡水市桃城区供电公司领导包所督导工作记录

麻森供电所　2015年　11月

11月第1次督导　记录人（包所主任）：XXX

一、对标情况：

在市公司7月份供电所同业对标中，麻森所成绩比较理想，但仍存在一些问题：0.4kV线损率较高，针对这一情况，应采取以下措施：

1.对低压线路半径大、无功补偿不足，造成功率因数普遍较低的装设低压无功补偿电容器，做好随机补偿工作，改善电压质量，降低线路损耗。

2.不定期进行采集测量三相负荷不平衡率，根据负荷变动情况及时进行调整，合理调配三相负荷，减少因三相负荷不平衡造成的电量损失。

3.对窃电、违章用电等行为及时查处，尤其对窃电嫌疑户要采取特殊防范措施。

二、重点工作：

各专业部室已将本月供电所重点工作列入督导单中，供电所遵照执行，另就安全管理方面，我再提几项工作：

1.“安全大讲堂”活动要常抓不懈，用以讲促学的形式，提高员工对安全知识的掌握程度。

2.定期召开一线职工家属“亲情座谈会”，增强职工及家属的安全意识。

3.10月20日前，完成本年度的安监一体化平台隐患排查录入工作。

4.借“十万客户大走访活动”开展之际，对企业用户的安全用电情况进行重点摸底排查。

5.近期，业扩现场较多，供电所要坚决落实现场作业风险管控措施，严查违章，严肃考核。

图1　领导包所督导单

表 2　　国网衡水市桃城区供电公司供电所督导单

2015 年 11 月 12 日

督导主题	供电服务督导	供电所	麻森供电所
督导人员	××× ×××		
督导内容	（1）营业厅规范化服务及座席人员着装情况。 （2）供电所环境卫生情况。 （3）供电所公示栏内容是否及时更新。		
存在问题	班组内同业对标分析报告未进行量化分析		
整改建议	供电所同业对标分析报告要针对每项指标进行量化分析，措施具体有效		
整改责任人	××× ×××		

（二）强规范、抓过程，确保供电所管理提升质量

1. 班组职责流程规范化管理

加强供电所班组建设，按照“五位一体”建设要求，统一班组职责和工作范围。加大通用制度在供电所的宣贯落实（表3），以制度流程来约束、规范班组工作；依托供电所职责定位，明确各岗位工作职责，梳理完善乡镇供电所三员、三班长及主要岗位业务工作职责、工作标准和工作流程，明晰工作界面，实现专业管理对上有效承接；组织专业部门梳理供电所相关岗位的日常工作，完善供电所员工岗位手册和责任手册的编写工作，同时，在班组内部强化各岗位责任落实，及时发现工作中的问题，改进纠偏，真正使每项工作深入每个员工的心里，落实到行动中。

表3　　国网衡水市桃城区供电公司2016年11月通用制度宣贯计划表

专业分类	通用制度	适用班组
	名　称	
安全管理	《国家电网公司安全生产反违章工作管理办法》	全体员工
	《国家电网公司安全工作规定》	全体员工
	《国家电网公司安全隐患排查治理管理办法》	全体员工
	《国家电网公司电力安全工器具管理规定》	全体员工
	《国家电网公司应急工作管理规定》	全体员工
优质报务	《国家电网公司供电服务奖惩规定》	全体员工
	《国家电网公司电力客户档案管理规定》	综合班
营销管理	《国家电网公司计量工作管理规定》	营业班
	《国家电网公司电能计量封印管理办法》	营业班
	《国家电网公司业扩报装管理规则》	综合班 营业班
	《国家电网公司供用电合同管理细则》	综合班
生产运维	《国家电网公司电力可靠性工作管理办法》	配电班

2. 班组日常工作标准化管理

强化计划刚性执行，结合月、周工作计划，组织专业部室和供电所人员共同制定供电所岗位“员工责任清单”（表 4），明确各岗位人员每个时间节点“做什么、怎么做、做到什么程度”，并每天记录工作开展情况，实行工作质量自我评价，实现供电所日常管理规范化，确保各项工作都按照节点稳步推进，提升工作效率。同时，规范班组资料，减轻班组人员负担，建立日常工作与资料衔接的常态机制，明确现场工作与资料整理同步开展，有效减少突击整理资料、资料与工作“两张皮”现象发生，将供电所标准化管理落到实处，形成内容完整、信息准确、分析到位的基础资料，保证生产、营销工作每个管理环节能控、可控、在控，实现班组减负目的，确保供电所基础管理水平的持续提升。

表 4　　乡镇供电所员工责任清单（农网营业工）

岗位名称	周期类别	工作项目	完成时间	审核人	指导部室
农网营业工	日	填写《电能表、互感器装（拆）工作单》	随时完成	所长	营销部
农网营业工	日	更新《电能计量装置更换情况统计表》	随时完成	所长	营销部
农网营业工	日	打扫卫生，保持营业厅及营业班环境整洁	每日 8:30 前或 17:30 后	所长	营销部
农网营业工	日	电费收取，完成低压业扩流程	按 SG186 时限完成	所长	营销部
农网营业工	日	检查 95598 系统中的抢修工号，确保 24h 在线	值班时间内	所长	营销部
农网营业工	日	接报修工单，及时将抢修处理情况录入 95598 系统	值班时间内	所长	营销部
农网营业工	日	抢修值班，填写值班记录	值班时间内	所长	营销部
农网营业工	日	参与抢修，填写《抢报修工作记录》	值班时间内	所长	运维检修部
农网营业工	日	开展营业普查，填写《营业普查登记表（高压用户）》《营业普查登记表（低压用户）》	按照工作计划	所长	营销部

3. 班组指标精益化管控

在桃城公司每月供电所同业对标、供电所“三员三班长”对标基础上，将对标进一步延伸，建立以线路、台区为主体，生产运维和营销服务两大类的对标评价体系，形成对线路台区的精益化管控。一是突出指标管理，生产运维方面，由运检部牵头在供电所配电班建立负载率、功率因数、维护成本、故障率等评价指标；由营销部牵头在营业班建立电费电价、智能表采集、线损、稽查、投诉等评价指标。二是加速同业对标向岗位延伸，线路台区的对标是岗位对标的进一步细化、深化，突出了全员、全过程，通过横向、纵向对比，使各项指标管控的周期更短，改进也更及时。三是细化员工考核，在全员绩效考核方面，结合线路台区精益化管控指标，丰富员工二次考核的内容，对员工开展涵盖安全、生产、营销、服务、综合五个方面的全面评价，员工考核更加全面、具体，更有说服力和公正性，形成多劳多得、绩优多得，营造出能干事、干成事的良好氛围。

三、实施效果

一是专业延伸更加彻底。农电综合协调平台的建立，在打破原来各专业间的壁垒、形成工作合力方面，以及在横向协调沟通、纵向管理延伸方面起到很好的推动作用，各部室对供电所管理实现标准化、常态化的管理模式。二是工作效率不断提高。通过资料精简和推进标准化管理，完成了 6 大类 85 种供电所资料的精简工作，对比传统资料，精简率达 70%，提高了乡镇供电所的工作效率。三是专业指标大幅度提升。供电所低压业扩报装平均接电时间缩短 1 个工作日，业扩时限达标率完成 100%，投诉同比下降了 34.3%，线损率同比下降了 0.73 个百分点，百公里跳闸率同比降低 64.2%，采集成功率达到 99% 以上。四是综合管理水平显著提高。通过精益化管理和强化同业对标，供电所管理水平得到较大提升，公司在省公司上半年供电所同业对标中位次提升显著。截至 2016 年 3 月，麻森、河沿供电所在市公司对标排名保持前列，并达到五星级供电所标准，后铺、孙洼达到四星级供电所标准，其余供电所全部达到三星级供电所标准。

基于班组建设再提升工程夯实企业管理基础

班组：国网石家庄市栾城区供电公司

一、产生背景

国网石家庄市栾城区供电公司落实国家电网工会〔2016〕201号《关于“十三五”班组建设再提升工程的指导意见》中深化班组建设各项要求，成立班组建设再提升工程领导小组，多次组织全体中层、班组长及职工代表召开专题研讨会（图1），集思广益，摒弃以往班组建设工作“为了整资料而整资料”“资料多、杂，与标准化、创一流、日常业务等资料交叉跨越”“劳民伤财”的现状，“捞干的”，将一万余字的《班组建设专业标准考评细则》浓缩为一张纸，即《班组建设再提升工程业务指导书》（图2），引导班组长有侧重、讲方法地干工作，减少总结、计划、台账、记录，日常工作“踏雪留痕”，夯实企业管理基础。

二、主要做法

（一）班组基础建设

基础建设以“五位一体”协同机制为主线，以PDCA闭环管理（图3）为手段，抓基层、基础、基本功，提升一线班组履职能力、管理水平和服务质量提升。

扫盲区、破壁垒、消梗阻。编制《专业管控方案汇编》，上下贯通62项专业，梳理指标、流程，明确责任制，做到了人人清楚职责、指标，工作项量化，绩效标准科学、公正，形成了责、权、利“铁三角”，实现了计划、执行、检查、处理流转顺畅无梗塞，管理规范、技术资料台账、综合性记录等资料（图4）齐全、分类管理、有序存放、专人管理。

按照星级供电所标准配置设施，满足全能型供电所业务开展需求。环境实施定置管理，以自查、抽查、通报（图 5）等组织措施，确保班容班貌五净、五齐（图 6）。

不拘形式 强基固本 打造一流班组

公司全面启动班组建设再提升工程

3月11日，公司召开班组建设再提升工程视频会。公司总经理责华民、纪委书记苏培力出席会议；运维部、营销部、电力调控分中心及下属班组负责人，党群部、乡管部负责人在主会场参加会议；9个供电所正副所长、各专责、各班班长在本单位通过视频收听收看会议。

总经理责华民指出：每个班组都是一个真正的、独立跳动的细胞。班组长不是机械地完成任务，而要时刻牢记班组建设八方面这根弦儿，对于每方面干什么、怎么干，了然于心。责总从三方面阐述了新形势下对班组建设的定位，**一是班组建设是一个管理艺术。**是班组长作为兵头将尾，团结、带领、协调每个成员共同完成工作任务的过程。**二是班组建设要摒弃“长官”意识、“官本位”思想，让尊**

图1 班组建设再提升工程视频会

在全能型供电所的基础建设中，该公司以落实客户经理责任，促成营配业务的末端融合。让每个电力客户都有自己的代言人，让每一个台区经理都有自己的“用武之地”。落实网格化管理要求，逐一明确每个客户经理的设备管理责任区域，签订承诺书，深化集农村低压配电运维、设备管理、台区营销管理和客户服务于一体的“客户经理制”。明确了营销主要指标实行全员责任制，员工无论在供电所哪个班组，都对台区的电费、线损指标负责；强调了优质服务事件为绩效管理的否决条件，所有投诉事件对责任人严格考核；提出了当月电费回收率 100% 是实现绩效的必要条件，把电费回收放在兑现绩效奖金的首位；形成了职责清晰、工作项具体、奖惩分明的绩效考核机制，为末端融合提供了载体。

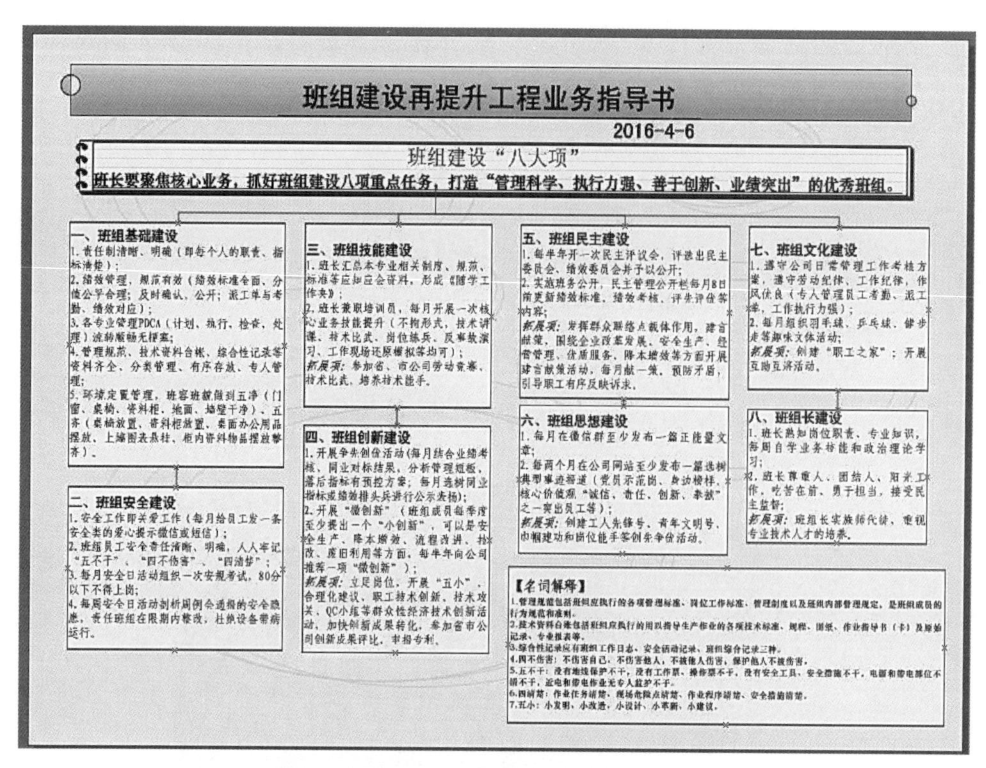

班组建设再提升工程业务指导书

2016-4-6

班组建设“八大项”

班长要聚焦核心业务，抓好班组建设八项重点任务，打造“管理科学、执行力强、善于创新、业绩突出”的优秀班组。

一、班组基础建设

1. 责任制清晰、明确（即每个人的职责、指标清楚）；
2. 绩效管理，规范有效（绩效标准全面、分值公平合理；及时确认、公开；派工单与考勤、绩效对应）；
3. 各专业管理PDCA（计划、执行、检查、处理）流转顺畅无梗塞；
4. 管理规范、技术资料台帐、综合性记录等资料齐全、分类管理、有序存放、专人管理；
5. 环境定置管理，班容班貌做到五净（门窗、桌椅、资料柜、地面、墙壁干净）、五齐（桌椅放置、资料柜放置、桌面办公用品摆放、上墙图表悬挂、柜内资料物品摆放整齐）。

二、班组安全建设

1. 安全工作即关爱工作（每月给员工发一条安全类的爱心提示微信或短信）；
2. 班组员工安全责任清晰、明确，人人牢记“五不干”、“四不伤害”、“四清楚”；
3. 每月安全日活动组织一次安规考试，80分以下不得上岗；
4. 每周安全日活动剖析周例会通报的安全隐患，责任班组在限期内整改，杜绝设备带病运行。

三、班组技能建设

1. 班长汇总本专业相关制度、规范、标准等应知应会资料，形成《随学工作夹》；
2. 班长兼职培训员，每月开展一次核心业务技能提升（不拘形式，技术讲课、技术比武、岗位练兵、反事故演习、工作现场还原模拟等均可）；

*拓展项：*参加省、市公司劳动竞赛、技术比武，培养技术能手。

四、班组创新建设

1. 开展争先创优活动(每月结合业绩考核、同业对标结果，分析管理短板，落后指标有预控方案；每月选树同业指标或绩效排头兵进行公示表扬)；
2. 开展“微创新”（班组成员每季度至少提出一个“小创新”，可以是安全生产、降本增效、流程改进、技改、废旧利用等方面，每半年向公司推荐一项“微创新”）；

*拓展项：*立足岗位，开展“五小”、合理化建议、职工技术创新、技术攻关、QC小组等群众性经济技术创新活动，加快创新成果转化，参加省市公司创新成果评比，申报专利。

五、班组民主建设

1. 每半年开一次民主评议会，评选出民主委员会、绩效委员会并予以公开；
2. 实施班务公开，民主管理公开栏每月8日前更新绩效标准、绩效考核、评先评优等内容；

*拓展项：*发挥群众联络点载体作用，建言献策，围绕企业改革发展、安全生产、经营管理、优质服务、降本增效等方面开展建言献策活动，每月献一策，预防矛盾，引导职工有序反映诉求。

六、班组思想建设

1. 每月在微信群至少发布一篇正能量文章；
2. 每两个月在公司网站至少发布一篇选树典型事迹报道（党员示范岗、身边榜样、核心价值观“诚信、责任、创新、奉献”之一突出员工等）；

*拓展项：*创建工人先锋号、青年文明号、巾帼建功和岗位能手等创先争优活动。

七、班组文化建设

1. 遵守公司日常管理工作考核方案，遵守劳动纪律、工作纪律，作风优良（专人管理员工考勤、派工单，工作执行力强）；
2. 每月组织羽毛球、乒乓球、健步走等趣味文体活动；

*拓展项：*创建“职工之家”；开展互助互济活动。

八、班组长建设

1. 班长熟知岗位职责、专业知识，每周自学业务技能和政治理论学习；
2. 班长尊重人、团结人、阳光工作，吃苦在前、勇于担当，接受民主监督；

*拓展项：*班组长实施师代徒，重视专业技术人才的培养。

【名词解释】

1. 管理规范包括班组应执行的各项管理标准、岗位工作标准、管理制度以及班组内部管理规定，是班组成员的行为规范和准则。
2. 技术资料台账包括班组应执行的用以指导生产作业的各项技术标准、规程、图纸、作业指导书（卡）及原始记录、专业报表等。
3. 综合性记录应有班组工作日志、安全活动记录、班组综合记录三种。
4. 四不伤害：不伤害自己，不伤害他人，不被他人伤害，保护他人不被伤害。
5. 五不干：没有地线保护不干，没有工作票、操作票不干，没有安全工具、安全措施不干，电源和带电部位不清不干，近电和带电作业无专人监护不干。
6. 四清楚：作业任务清楚、现场危险点清楚、作业程序清楚、安全措施清楚。
7. 五小：小发明，小改造，小设计、小革新、小建议。

图2　班组建设再提升工程业务指导书

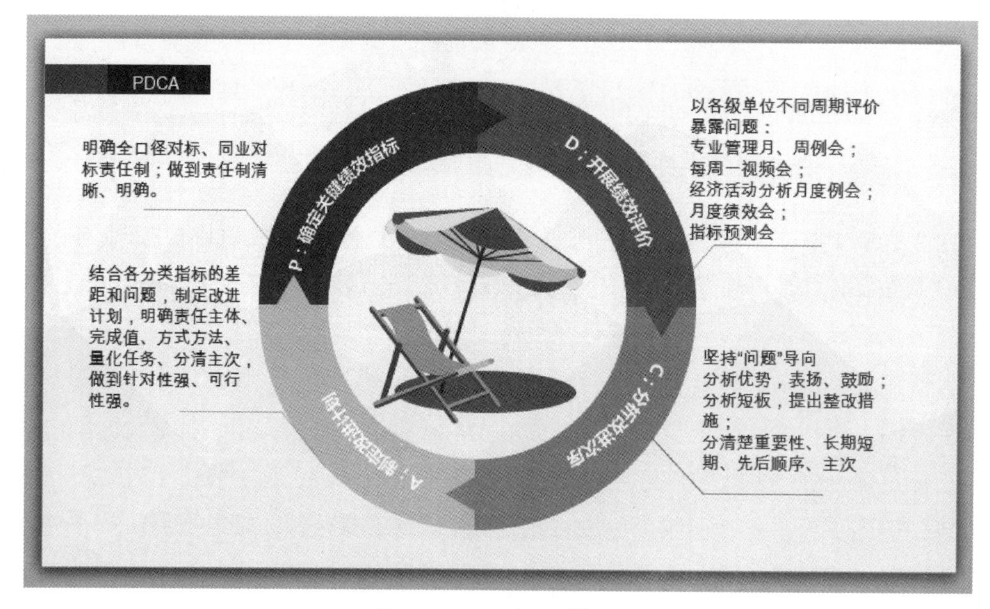

图3　PDCA闭环管理

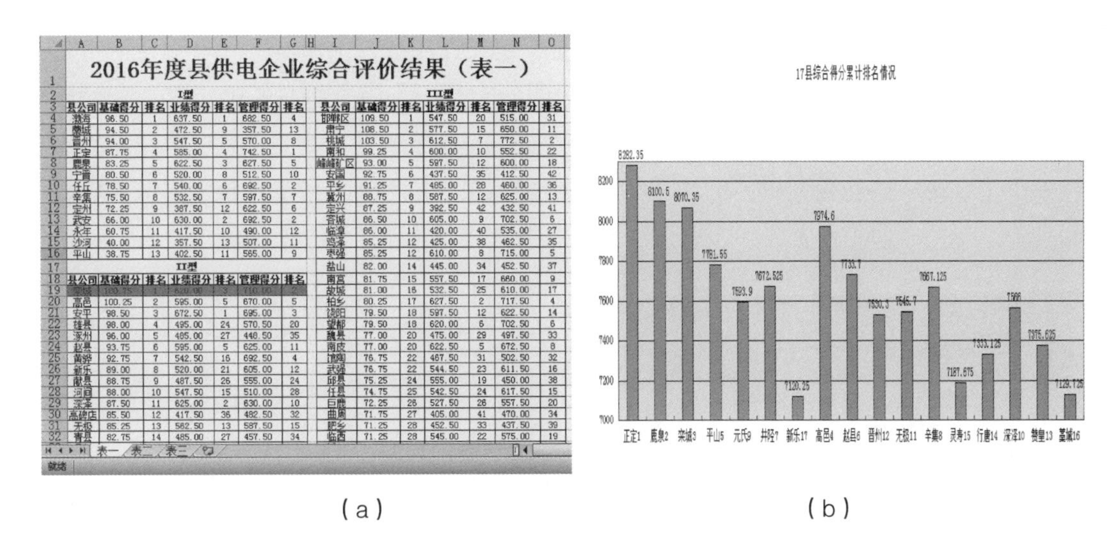

2016年度县供电企业综合评价结果（表一）

I型

县公司	基础得分	排名	业绩得分	排名	管理得分	排名
渤海	96.50	1	637.50	1	682.50	4
藁城	94.50	2	472.50	9	357.50	13
晋州	94.00	3	547.50	5	570.00	8
正定	87.75	4	585.00	4	742.50	1
鹿泉	83.25	5	622.50	3	627.50	5
宁晋	80.50	6	520.00	8	512.50	10
任丘	78.50	7	540.00	6	692.50	2
辛集	75.50	8	532.50	7	597.50	7
定州	72.25	9	387.50	12	622.50	6
武安	66.00	10	630.00	2	692.50	2
永年	60.75	11	417.50	10	490.00	12
沙河	40.00	12	357.50	13	507.00	11
平山	38.75	13	402.50	11	565.00	9

II型

县公司	基础得分	排名	业绩得分	排名	管理得分	排名
[illegible]	100.75	1	620.00	3	710.00	2
高邑	100.25	2	595.00	5	670.00	5
安平	98.50	3	672.50	1	695.00	3
雄县	98.00	4	495.00	24	570.50	20
涿州	96.00	5	485.00	27	448.50	35
赵县	93.75	6	595.00	5	625.00	11
黄骅	92.75	7	542.50	16	692.50	4
新乐	89.00	8	520.00	21	605.00	12
献县	88.75	9	487.50	26	555.00	24
河间	88.00	10	547.50	15	510.00	28
深泽	87.50	11	625.00	2	630.00	10
高碑店	85.50	12	417.50	36	482.50	32
无极	85.25	13	582.50	13	587.50	15
青县	82.75	14	485.00	27	457.50	34

III型

县公司	基础得分	排名	业绩得分	排名	管理得分	排名
邯郸区	109.50	1	547.50	20	515.00	31
肃宁	108.50	2	577.50	15	650.00	11
桃城	103.50	3	612.50	7	772.50	2
南和	99.25	4	600.00	10	552.50	22
峰峰矿区	93.00	5	597.50	12	600.00	18
安国	92.75	6	437.50	35	412.50	42
平乡	91.25	7	485.00	28	460.00	36
冀州	88.75	8	587.50	12	625.00	13
定兴	87.25	9	392.50	42	432.50	41
容城	86.50	10	605.00	9	702.50	6
临漳	86.00	11	420.00	40	535.00	27
鸡泽	85.25	12	425.00	38	462.50	35
枣强	85.25	12	610.00	8	715.00	5
盐山	82.00	14	445.00	34	452.50	37
南宫	81.75	15	557.50	17	680.00	9
故城	81.00	16	532.50	25	610.00	17
柏乡	80.25	17	627.50	2	717.50	4
饶阳	79.50	18	597.50	12	622.50	14
望都	79.50	18	620.00	6	702.50	6
魏县	77.00	20	475.00	29	497.50	33
南皮	77.00	20	622.50	5	672.50	8
馆陶	76.75	22	467.50	31	502.50	32
武强	76.75	22	544.50	23	611.50	16
邱县	75.25	24	555.00	19	450.00	38
任县	74.75	25	542.50	24	617.50	15
巨鹿	72.25	26	527.50	26	557.50	20
曲周	71.75	27	405.00	41	470.00	34
肥乡	71.25	28	452.50	33	437.50	39
临西	71.25	28	545.00	22	575.00	19

(a)　　　　　　　　(b)

图4　综合性技术资料

图5　卫生情况通报

(a) 安全工器具室（全貌）

(b) 施工工器具室（全貌）

图6　班容班貌五净、五齐

(二) 班组安全建设

安全生产实施“保人身、保设备”爱心行动。

（1）“保人身”安全。全员逐一签订安全生产责任状，确保员工安全责任清晰，牢记 “我有保人身、设备安全”的责任；班组安全员、班组长每月给员工发一条安全类的爱心提示微信、短信，员工认识到生产安全的极端重要性，树立“发展决不能以牺牲安全为代价”的红线意识；每月一次安规考试（图 7），80 分以下不得上岗，人人熟知“五不干”“四不伤害”“四清楚”，培养全员“我能保证安全”的能力。

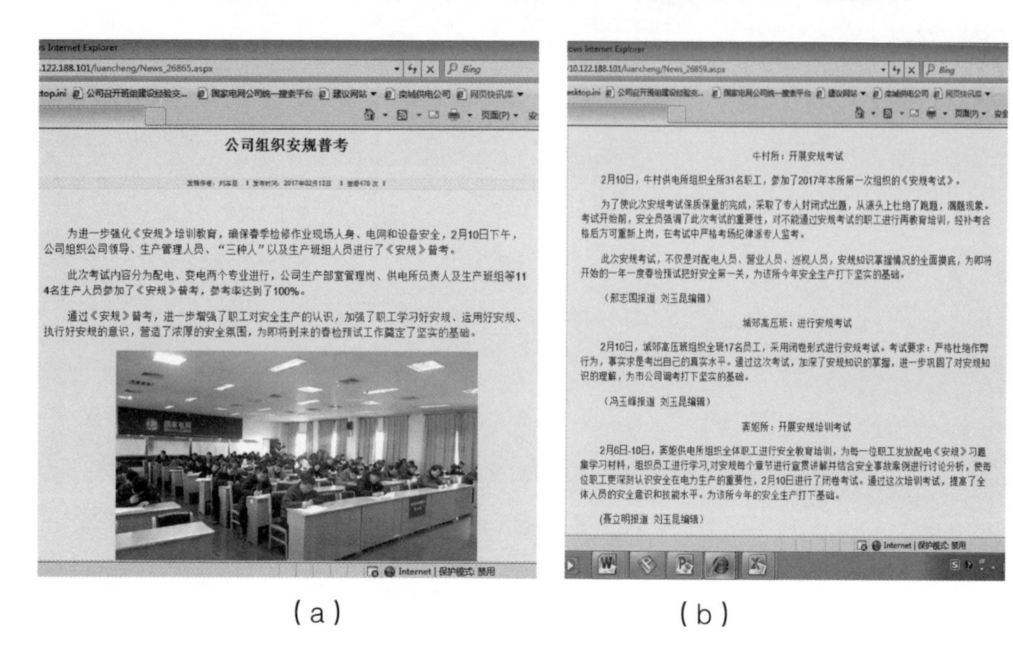

公司组织安规普考

为进一步强化《安规》培训教育，确保春季检修作业现场人身、电网和设备安全，2月10日下午，公司组织公司领导、生产管理人员、“三种人”以及生产班组人员进行了《安规》普考。

此次考试内容分为配电、变电两个专业进行，公司生产部室管理岗、供电所负责人及生产班组等114名生产人员参加了《安规》普考，参考率达到了100%。

通过《安规》普考，进一步增强了职工对安全生产的认识，加强了职工学习好安规、运用好安规、执行好安规的意识，营造了浓厚的安全氛围，为即将到来的春检预试工作奠定了坚实的基础。

牛村所：开展安规考试

2月10日，牛村供电所组织全所31名职工，参加了2017年本所第一次组织的《安规考试》。

为了使此次安规考试保质保量的完成，采取了专人封闭式出题，从源头上杜绝了跑题，漏题现象。考试开始前，安全员强调了此次考试的重要性，对不能通过安规考试的职工进行再教育培训，经补考合格后方可重新上岗，在考试中严格考场纪律派专人监考。

此次安规考试，不仅是对配电人员、营业人员、巡视人员，安规知识掌握情况的全面摸底，为即将开始的一年一度春检预试把好安全第一关，为该所今年安全生产打下坚实的基础。

（邢志国报道 刘玉昆编辑）

城郊高压班：进行安规考试

2月10日，城郊高压班组织全班17名员工，采用闭卷形式进行安规考试。考试要求：严格杜绝作弊行为，事实求是考出自己的真实水平。通过这次考试，加深了安规知识的掌握，进一步巩固了对安规知识的理解，为市公司调考打下坚实的基础。

（冯玉峰报道 刘玉昆编辑）

窦妪所：开展安规培训考试

2月6日-10日，窦妪供电所组织全体职工进行安全教育培训，为每一位职工发放配电《安规》习题集学习材料，组织员工进行学习,对安规每个章节进行宣贯讲解并结合安全事故案例进行讨论分析，使每位职工更深刻认识安全在电力生产的重要性，2月10日进行了闭卷考试。通过这次培训考试，提高了全体人员的安全意识和技能水平。为该所今年的安全生产打下基础。

(聂立明报道 刘玉昆编辑）

（a）　　（b）

图7　安规考试

（2）“保设备”安全。执行安全生产月、周、日例会制度，实施违章隐患曝光。安监部每周对施工现场巡查的照片、视频和“两票”违章隐患进行剖析（图 8），每周一予以曝光，对于违章行为限期整改、月度对标，杜绝设备带病运行。组织安规竞赛、现场观摩等活动，施工安全实现可控、能控、在控。

（三）班组技能建设

三级保障，培养“一专多能”员工，保万家灯火明（图 9）。

一级保障。党群部聚焦核心业务，制定年度劳动竞赛计划并监督执行。2016 年开展生产、营销等 14 项竞赛，参加人数达 980 人次。

二级保障。各部室结合安全、生产、营销等专业管理梗阻点，制定劳动竞赛方案并实施、评比、报道。

月度安全分析报告

第12期

国网石家庄市栾城区供电公司　　　2016年12月28日

12月份公司认真学习执行省、市、区安全生产文件，落实省、市公司安全生产工作要求，切实做好公司当前安全生产和春节保供电工作，学习《关于江西丰城发电厂“11·24”冷却塔施工平台坍塌特别重大事故的通报》（安委办明电〔2016〕15号），深刻吸取教训总结经验，严把岁末年初安全关。

一、现场管理工作

12月我公司施工现场共13个，经检查发现：

1、12月6日，公司对10kv大裴村633线土产库分支01号杆-12号杆换线、换金线路改造施工现场监督检查时，发现10kv大裴村633线土产库分支01号无杆号牌（属严重装置违章）。依据《国网栾城区供电公司“反违章责任制”实施方案》。

考核城郊高压班工作负责人杨建革对问题负直接责任，考核

图8　月度安全分析报告

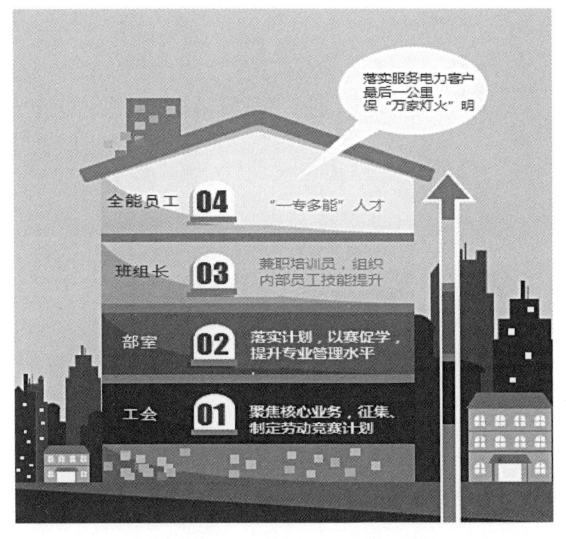

图9　三级保障，培养“一专多能”员工

三级保障。班组长汇总本专业相关制度、规范、标准等应知应会资料，形成《随学工作夹》，兼培训员，每月开展一次核心业务技能提升（讲课、比武、岗位练兵等形式均可）。

经过三级保障，以赛促管，提升了广大职工服务电力客户“最后一公里”的业务素质。其中台区电工95598-114零咨询、零投诉、零投诉竞赛贯彻全年，以月通报、季评选、年总结形式，对163名台区巡检员服务质量进行评比，有效地促进了“零距离”服务。

拓展项：参加国网河北省电力公司、国网石家庄市供电公司劳动竞赛、技术比武，培养技术能手（图10）。在市公司输配电劳动技能竞赛中，职工刘春轩、王志强分获输电专业二等奖、三等奖，段智锋获配电专业优秀奖。公司夺得了团体三等奖（图11）。

图10　举行各种竞赛和培训

图11　竞赛及荣誉

（四）班组创新建设

以“心匠创新工作室”为平台，坚持问题导向，开展争先创优活动（图12）。争创活动以同业对标为载体，每月结合业绩考核、同业对标结果，分析管理短板，落后指标有预控方案。

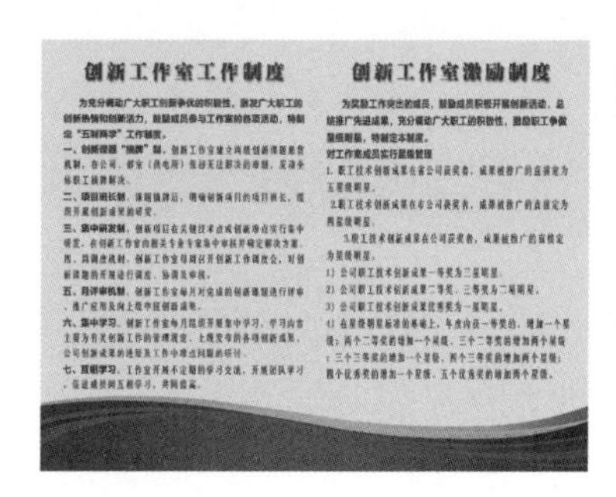

图12　班组创新建设

实施动态考核，鼓励创新，一些省时省力的小方法、发现问题、改进工作流程等都算是创新，实现了“人人有心匠，处处有创新”。

拓展项：立足岗位，开展“五小”、合理化建议、职工技术创新、技术攻关、QC小组等群众性经济技术创新活动，加快创新成果转化，参加省市级创新成果评比，申报专利。近三年有13项职工技术创新获得国家专利，通信主管张居辰主研的“电力系统配网能量管理系统”发明专利获得国网河北省电力公司专利一等奖。

（五）班组民主建设

每半年开一次民主生活会，严格执行《班组员工绩效实施细则》，民主评选出民主委员会、绩效委员会并予以公开；绩效考评，综合考虑否决条件、必备条件、工作项及成效，实事求是开展绩效评价，体现多劳多得；实施班务公开，民主管理公开栏每月

8 日前更新工作标准、绩效考核、奖金分配、评先评优等内容，维护职工的知情权、参与权和监督权；发挥群众联络点载体作用，围绕企业改革发展、安全生产、经营、降本增效等方面开展建言献策活动，每月献一策，预防矛盾，引导职工有序反映诉求；加强重点专业工作效能监察，跟踪考勤表、派工单、工作痕迹、绩效得分的闭环管理，发现弄虚作假、老好人行为，严肃问责。建立总经理短信平台，接受各方合理化建议。真正做到鼓励先进，鞭策后进，激励有效，约束有力，切实发挥绩效考核的杠杆作用。

（六）班组思想建设

以微信、网站为平台，关爱职工成长成才，鼓励职工爱岗敬业，弘扬正能量。以班组、供电所为单位建立微信群，鼓励职工在微信群发布正能量文章、奉献企业事迹等讯息，开展优秀文章评比、奖励；每两个月在公司网站发布一篇选树典型事迹（党员示范岗、聚焦一线、身边榜样、核心价值观突出员工等），让尊重、组织、协助形成合力，各司其职、各负其责地共同完成班组建设。

拓展项：创建工人先锋号、青年文明号、巾帼建功和岗位能手等创先争优活动。

（七）班组文化建设

严肃考勤、工作纪律，倡导遵章守纪、作风优良、工作执行力强的主旋律，营造风气正、作风硬的职业文化；关爱职工，丰富职工群体生活，每月组织羽毛球、乒乓球、健步走等文体活动；每月结合传统节日开展文化活动；实施困难职工帮扶、互助互济等精准帮扶。满足职工多层次、多元化的精神文化需求，凝聚人心，缓解压力，储备人才，为打造“职工之家”打好基础（图 13）。

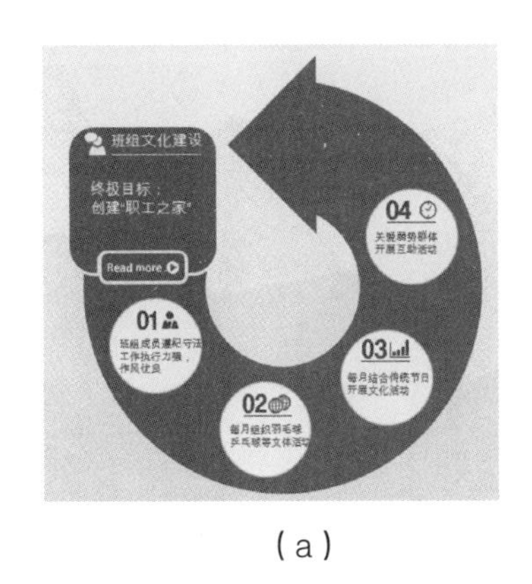

（a）

（b）

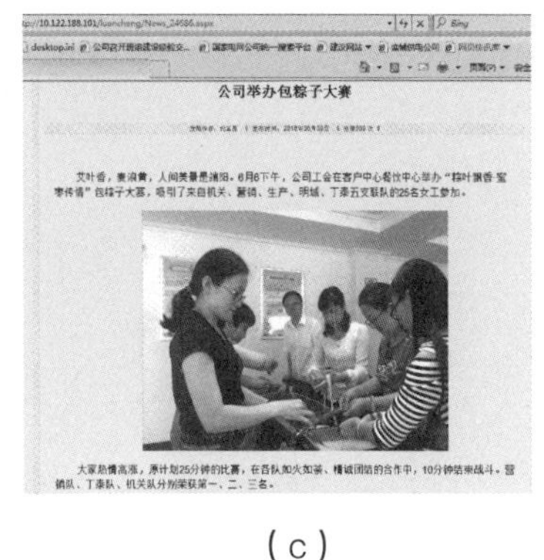

公司举办包粽子大赛

艾叶香，麦浪黄，人间美景是端阳。6月6下午，公司工会在客户中心餐饮中心举办“粽叶飘香·粽享传情”包粽子大赛，吸引了来自机关、营销、生产、明城、丁泰五支联队的25名女工参加。

大家热情高涨，原计划25分钟的比赛，在各队如火如荼、精诚团结的合作中，10分钟结束战斗。营销队、丁泰队、机关队分别荣获第一、二、三名。

（c）

图13　打造“职工之家”

拓展项：落实市公司“改进作风、增强建家活力”的要求，确保“职工之家”服务职能落地。

（八）班组长建设

加强班组长自身建设。班长熟知岗位职责、专业知识，每周自学业务技能和政治理论学习；班长尊重人、团结人、阳光工作、吃苦在前、勇于担当，接受民主监督；发挥班组长凝聚力，明确责权利，形成一级对一级负责的良性循环。

拓展项：班组长实施师代徒，重视专业技术人才的培养。

三、实施效果

深入班组建设再提升工作，推广业务指导书，班组得以增效减负。班组长将班组建设工作具体、量化，“植入”日常工作，把班组建设成为了“规范、安全、高效”的作业单元。

推行目标管理　打造特高压精品工程

班组：送变电公司北京西 1000kV 变电站土建施工项目部

一、产生背景

北京西 1000kV 变电站工程是河北南网第一座特高压变电站，是蒙西—天津南特高压输变电工程的重要组成部分，如何实现该工程的顺利施工与我们的管理有着很大的关联，工作中我们积极推行目标管理，把实现“五个最优”作为一个重点进行突破。

二、主要做法

（一）努力实现组织管理最优

（1）思想高度重视。北京西 1000kV 变电站对于河北省送变电公司来说，既是机遇又是挑战，更是责任。土建施工分公司北京西土建项目部作为工程建设的排头兵，先后组织 480 余人次到兄弟单位的特高压工程现场学习，吸取他们的先进管理经验和施工管理方法。

（2）创新“网格化管理”新模式。项目部根据工程现场实际情况，采用“网格化管理”模式，将全站划分为 2 个大区、5 个小区进行网格管理，人员责任明确，促进了施工质量、安全、进度等各方面的提升。

（二）积极打造安全文明施工最优

（1）北京西项目部成立了安委会，在月度安全例会的基础上，召开周例会、季度例会，策划编制 23 个三级风险施工作业点平面布置图，制定桩基安全专项施工方案、深基坑安全作业防护等 16 项安全方案。

（2）完善项目安全生产责任制，北京西项目部按照“管施工必须管安全”和“谁主管、谁负责”的原则，与分包队签订《安全施工目标责任书》，把目标责任层层分解，增强了全员的安全意识，为项目工程的顺利完成奠定了良好的基础。北京西加强安全检查，坚持日、周、月安全检查和不定期安全巡查，努力做到安全生产管理状态的可控、在控。

（三）认真保障工艺质量最优

北京西项目部编制了主控区、主变区、1000kV 高抗区、1000 GIS 区、500kV GIS 架构等单体策划方案指导施工。设立分区负责人机制，提高各区域安全、质量管理的力度，确保工艺质量按照策划逐步实施。

北京西变电站主动提高工程整体质量水平，“大理石镜面”效果防火墙、主变压顶工艺、厕浴间吊顶和墙地面砖一缝贯穿等，质量新工艺使工程观感质量明显提升。

（1）设置样品展示区，提前策划相关原材料，对工程涉及的电缆沟压顶、灯座基础、管件、钢筋连接件，以及装修涉及的瓷砖、吊顶、门窗、扶手等提前策划和展示，能够有力地控制工艺水平。

（2）强化质量通病防治，北京西以施工现场质量通病防治为抓手，把发现的质量通病进行梳理，组织召开质量通病防治专题交底会，从人员意识、知识、设备材料等源头控制质量通病的发生。

（四）通力创造施工进度最优

北京西项目部不断提高执行力，通过滚动修订施工计划，提前策划施工所需的人员、机械、车辆，实现了 3 天浇筑站内 1960m 道路、28 天完成 6677 根桩基、一个月完成架构吊装 842.1t，GIS 单日混凝土浇筑量 1632m^3 等多项河北南网新的施工记录。

（五）确保实现档案资料最优

项目部把资料编制、整理与现场安全、质量、技术要求紧密结合，实行规范化管理、同步进行。主动落实档案资料预建档工作，项目部分级开展档案资料专项检查，制定档案资料专项检查计划，落实闭环管理的相关要求。

三、实施效果

北京西工程工期紧，任务重，技术要求高，北京西项目部人员以目标管理为抓手，以“五个最优”为标准，克服了重重困难，在非自身因素滞后的前提下，完成原本 7 个月的施工任务，追齐了一级网络计划，实现了“进度创第一”“安全无事故”和“质量零缺陷”的目标，以罕有的“河北速度”，打造了多项“全国第一”，实现了北京西的“五个最优”，北京西工程同时得到了国网公司、河北省电力公司的高度评价。

第二篇
班组安全建设

加强电网管控机制
杜绝电网运行风险

班组：国网邯郸供电公司电网调控班

一、产生背景

实行大运行体系后，调控中心安全管理范围进一步扩大，涵盖地、县两级调控机构，调度、监控、保护、自动化等多个专业和 6 ~ 220kV 电压等级全部设备，在安全管理方面存在点多、面广、把控难度大的问题。

为有效解决这一难题，电网调控班按照精益化、体系化的管理思路，在总结原有安全管控措施的基础上，针对电网运行和调控工作的新要求、新情况，采取了“前期预控、过程管控、风险评估”的三阶段风险管理措施，逐步建立了电网运行风险闭环管理体系，在加强风险管控、明确职责流程、规范作业过程等方面取得了显著成效，确保了电网的安全稳定运行和可靠供电。

二、主要做法

（一）加强电网运行风险的事前预控

（1）合理安排电网检修计划。联合调控、检修、运维、安监等部门共同开展电网运行风险分析，以年度停电计划为主线，统筹合理安排主网、配网和县域电网停电计划，实现停电计划的多部门、一体化管理，确保电网检修计划的科学性和合理性；加强电网检修计划的执行刚性管理，各检修单位每周三完成地、县停电计划滚动上报，县公司在每周五安全生产例会上汇报停电计划执行进度。每月底召开公司停电平衡会，对各单位检修计划执行率进行通报，并纳入公司月度业绩考核兑现；提前两个工作日检修单位向调度机构办理停电申请手续，提前一天调度机构下发电网方式计划安排，确保停电计划准时到位执行。通过建立“年统筹、月平衡、周管控、日执行”的四阶段管理时序，实现了电网检修计划的严格管控、刚性执行，确保了电网检修工作的有序开展，有效地避免了重复停电情况的发生，杜绝了频繁停电降低电网安全运行水平情况的发生。

（2）实现电网风险预警闭环管理。编制和发布《邯郸电网风险预警管理规定》，明确电网风险预警工作流程和安全职责；针对电网运行风险及安全措施，提前一周发布风险预警，实现网上流转、部门会签，明确营销、检修、调控等责任部门防控要求及具体的安全措施。同时纵向贯通至县公司，形成以调控部门电网风险评估为主导，将安监、运检、营销等部门统一纳入到整个电网风险防控体系，实现了跨部门资源整合，确保了风险预控措施得到有效落实，最终实现了电网风险预控的一体化管理。

（3）科学开展电网负荷预测工作。电网调控班与气象部门建立实时联动机制，做到气象信息实时传递，不间断掌控天气变化趋势，科学预测电网负荷；坚持负荷预警会商机制，每个工作日 14 时，通过视频会议平台，协商省、地、县三级电网次日电力平衡。

（4）建立长效联合反事故演练机制。电网调控班一直以来始终将反事故演练作为检验调控人员技术水平、提升应急处置能力的重要手段。在坚持每日值内反事故演习和每周“无脚本反串”反事故演练的基础上，还针对电网五级运行风险及特殊电网运行方式，适时地组织调控、运维、县公司及其他相关部门提前开展多部门、跨专业的联合反事故演练活动，有效地检验了电网安全措施和应急预案可执行性，提升了人员处置突发异常故障情况的能力。

（二）注重电网调控作业的过程管控

（1）实行调控作业过程监督和明察暗访。电网大型检修试验工作期间，电网调控班实行“加强班”制度，中心领导和专业管理轮班到调控室加强值班，一方面对各项调控作业进行全过程监督指导，确保各项工作安全规范开展；另一方面为调控员提供专业技术支持和帮助，进一步提升人员的工作能力和工作质量；建立电网非正常方式的明察暗访机制，结合电网安全措施防控要求，对检修现场、县级调控机构及其他相关工作人员进行现场监督检查或电话考问，督促有关人员严格到位落实各项安全措施，实时掌握现场工作进度，确保了电网检修工作安全有序地开展。

（2）确保调度下令正确规范。实行调度预令管理制度，电网调控班提前两天与运维单位进行沟通，研讨和确定倒闸操作步骤，据此编制调度预令，并提前一天通过调度预令系统将调度预令下达至各单位签收，确保调度指令与现场操作票内容统一、步骤一致；创新应用《调度下令顺序表》，全面明确各阶段倒闸操作步骤、操作目的和控制点。

该表提前一天编制完成，并经调度值长审核通过、调控中心主管主任批准后方可执行。值班调度员按照《调度下令顺序表》下达调度指令，可以实时正确地把控不同变电站之间和同一变电站不同设备之间的调度下令顺序，能够有效防止多地点、多任务操作时误下令和漏下令情况的发生；调度指令票实行线上运转和SOP流程固化，必须经过编制、审核、批准三个环节后才具备下令条件，而且各环节必须通过调度指令票系统进行网上流转，缺一不可。下达调度指令和接受现场回令时，全过程必须两人共同进行，一人操作，一人通过电话监听，彻底杜绝单人作业误下令的风险。

（3）安全稳妥地开展好遥控操作。率先研发和应用D5000系统“拓扑五防”功能，能够对遥控操作进行实时安全防误校核。任一遥控操作步骤错误，防误闭锁系统均能够立即禁止操作并正确提示错误内容，实现遥控操作全过程的防误闭锁管理；全面加强遥控操作安全管控，遥控操作时填用经审核合格、格式规范、内容正确的遥控操作票，采用双人双机互校操作模式，严格执行模拟预演、唱票、复诵、监护、记录和结果核查等安全要求，确保遥控操作过程规范、结果正确；为确保设备遥控调试验收工作的安全开展，采取了“提前核对主站端和站端的数据库”“检修设备切至调试责任区”“断开运行设备远方遥控回路”三项技术措施和“填用《遥控调试验收工作指导卡》”“先后台、后远方”“先合闸、后分闸”三项组织措施，有效杜绝设备调试期间误遥控其他运行设备；在小电流接地异常处置中，应用《邯郸电网小电流系统单相接地处置指导卡》，指导监控员正确分析、规范记录、有序开展拉路查找，彻底杜绝误遥控风险。

（4）加强运行监视和监控巡视管理。按照“科学有效、因地制宜”的原则完成集中监控信息优化治理工作。通过采取立体化报警方式，进一步突显重要信息；通过应用延时告警功能，有效地过滤掉各类伴生信息和干扰信号；通过建立监控信息“定期分析、综合治理”工作机制，全面减少频发、误发信息量，提升了监控信息的有效性；检修试验期间，针对停电设备多、电网方式薄弱的特点，创新应用了《邯郸电网当日工作及重点监视设备一览表》，确保监控员全面掌握电网运行控制点，实现重点监视、区别处置。现场设备检修过程中，应用《邯郸电网检修设备告警抑制、解除指导卡》，明确告警抑制和解除的时间节点、项目内容，消除检修试验期间设备传动信息对监控工作的干扰；建立“地县联动、实时管控”的运行监视管理机制，采取监控信息确认及时率考核指标，确保监控人员到位监视，防止信息的漏监、迟报，实行县调管辖设备事故异常信息3分钟核对工作机制，督促县级调控员切实到位履行运行监视职责。

（5）加强配电网异常报警和运行监视。成立技术攻关小组，在D5000自动化系统研发应用“配网出线负荷突变量报警”功能，可以实时监测和自动对比任一配网出线开关前后两帧遥测数值的变化情况，当变化值或者变化率超过一定范围时进行告警提示。通过应用该功能，调控值班人员可以根据负荷突变情况，通过开展相应的分析、判断、核实工作，来确认负荷突变是否由于分支线故障跳闸或人工操作引起，并及时采取相应的应急处置和安全管控措施。同时在实际工作中配套建立了“县调监控现场”“地调监控县调”的两级监控模式，确保各级调控人员切实到位履行监控职责，从而有效地将配网分支线纳入调控中心安全管理范畴，科学消除配网盲调情况下的技术短板，大幅提升配网的安全管理水平。

（三）做好电网运行风险事后评估

（1）建立电网运行风险后评估工作机制。成立电网运行风险后评估小组，电网五级运行风险以及重大非正常电网方式完成后，调控中心牵头组织召开专业联合评估会，重点针对电网安全措施和事故预案制定、调控作业过程等方面存在问题进行分析，制定具有针对性的提升措施。

（2）建立电网安全风险管理通报考核机制。电网调控班每周对电网运行和调控作业情况进行全面统计分析，督促相关专业完成整改完善；每月组织地、县调度中心召开专业会，通报电网措施监督检查情况，提出整改要求，提升地、县调度中心电网运行风险联合防控水平。

三、实施效果

通过创新建立和应用“事前预控、事中管控、事后评估”的全过程电网风险闭环管理体系，确保各项调控作业正确规范开展，电网风险管控措施得到全面实施，电网运行风险得到有效管控，保障了邯郸电网安全稳定运行，取得良好的实践效果。

（1）进一步提升电网运行风险管控水平。2015 年以来，邯郸电网已正确发布完成 25 份电网风险预警通知书及电网安全措施，圆满完成 220kV 名府站全站停电改造以及 11 座变电站检修试验，电网安全风险管控水平得到有效提升。

（2）大幅提升调控作业精益化管控水平。调控作业过程风险的全面管控，实现了调度指令、监控遥控、监控信息处置正确，杜绝人员误下令、误遥控、漏信号风险，消除人员违章对电网安全运行造成的威胁。

"一录两会三思考"安全生产

班组：国网柏乡县供电公司城镇供电所

一、产生背景

电力施工现场主要有工作负责人、专责监护人、施工人员三种角色。在实际作业中，一线施工人员一般只负责体能作业，往往是由工作负责人指哪打哪，缺乏自保、互保的安全观念，其安全意识、反违章意识较弱；工作负责人在现场负责全面工作，根据其工作职责，在实际施工中更多侧重于施工生产，疏于安全要求，这种偏向于"又快又好"而非"又好又快"的工作思路，从安全角度上讲，工作负责人从工作一开始即容易出现"思想违章"；专责监护人全面负责安全监护，但实际工作中，尤其是在较大的施工现场中施工现场有时相距 1 ~ 1.5km，会让施工现场留有盲区，往往会顾此失彼，监护工作力不从心，在现场安全管控上容易出现管理死角。综上所述，为进一步完善安全生产管理体制，明确安全责任，提升施工现场安全管控综合水平。在党的第二次教育实践活动的高度启发下，特创立"一录两会三明白"监管法，对施工现场实行多层面、全方位立体化管理，以充分发挥各角色本应具备的安全义务与权力，并使其相互制约，相互监督，从而真正实现"无违章生产现场"规范化、常态化。

二、主要做法

"一录两会三思考"监管法即由施工现场全程录像、标准化施工班会、"反违章思考三分钟"活动明白卡等三项施工安全管理制度共同组成。

一录：工程施工全程录像制，顾名思义是对施工现场进行全过程影像记录，力求对施工过程做到有理可依、有据可查。由现场安全员手持录像机，从进入工作现场开始，此项工作便不能中断，一直到施工完全结束为止。其内容主要为施工班前会、班后会、施工过程、隐蔽工程及完工后对工程质量的检查录制。做到当天录像、当天储存并当天对录像内容进行集中审查。要求安全员在录像中深挖问题，并作出整治方案。安监部负责人于第二个工作日对录像进行审查，对安全员未发现的问题做出整治方案，并对安全员做出处罚。最后，于每周安全例会上，由公司安委会对录像集中播放、点评，对安监部未发现的问题做出整治方案，并对安监部做出处罚。

两会：标准化班会制。严格制定施工班前会、班后会标准化流程，对工器具、站姿、负责人宣讲、员工唱诵等方面均作出明确要求：工器具分类摆放整齐，员工呈军人式跨立，工作负责人宣讲内容及宣讲顺序要求，员工被点名、被分配任务时向前跨立并应答“到”等环节。特别是班前会在交代现场危险点及防护措施时，全体成员对此项内容进行大声唱诵复读；班后会在回收地线时，由操作人自行汇报地线拆装情况（编号、类型、位置）。通过此类标准化要求，让班会达到接近部队检阅的水平。通过开展创建标准化班会活动以及在实际工作中执行运用后，已形成标准化班会常态化管理，并作为班组管理制度，纳入公司日常管理工作，由安监部负责监督执行。在每周安全例会上由公司安委会对每周班会视频进行抽查，集中播放。对不能达到标准化要求的班组及安全员进行考核。

三思考：填写“反违章思考三分钟”活动明白卡制。在施工现场每名工作班成员一张明白卡，作为员工在施工中对各个施工环节思考、确认、总结的一种文字记录，由安监部负责监督执行。班前会结束后，即开始执行填写。从出工前一分钟对停电线路、工作地点的复写，到开工前一分钟对工作内容、安全措施的确认，最后到完工后一分钟对一天工作开展情况的总结。通过“三分钟思考”这一主线有机贯穿整场施工过程，“反违章思考三分钟”活动明白卡同工作票一起由安监部存档。

以上三者彼此相通，相辅相成，充分发挥三种角色所应有的权利与义务，并形成角色间相互制约、相互监督的三角关系。

三、实施效果

通过公司几年来的实践，“一录两会三思考”监管法渐已成熟，其实用效果显著。主要体现在以下几方面：

（1）工程信息存储全面，细致无遗漏。在需要时，可随时调取影像库，还原施工过程，尤其是隐蔽工程，责任划分客观、真实，实现了明确到岗，责任到人。

（2）彻底杜绝以往施工班会执行形式化，使班组员工能够充分知晓工作内容危险点及安全措施，真正领会施工班会精神，同时鼓舞了员工士气，提升了班组凝聚力。

（3）一改一线施工人员在施工中反违章意识弱、一味言听计从、盲目听从指挥、工作境界低的局面。让“三分钟思考”处于全程录像之中，有效地提升了员工的安全意识，促使员工有勇气对违章作业特别是对违章指挥说“不”。

开展“五举措”活动
严密布控、严防线下“三违”情况发生

班组：国网沧州供电公司输电运检室输电运检八班

一、产生背景

由于输电运检八班管辖线路路径跨越城乡结合部，跨越南水北调、韩黄铁路的施工区段和各县市的开发区较多，近年随着各地政府的城市绿化、高速公路、高铁两侧种植树木的政府硬性文件规定等诸多因素，导致线下“三违”情况较多，在2015年管辖线路中110kV线路共跳闸9次，35kV线路共跳闸3次，其中110kV线路：6次跳闸为城乡结合部基建施工中大型机械施工外力破坏，2次跳闸为通信公司违章施工超高架设通信电缆所致，1次跳闸为电缆避雷器故障（无本班组责任）。35kV线路跳闸3次均为速断跳闸（均未查找到故障点，并试送成功），究其原因，是大浪淀水库周围大型候鸟栖息集中，且线路通道周边农民大量植树，造成候鸟在树林中栖息，在下午进入鸟窝前，都先集中落在输电导线上，遇有骚扰时突然集中起飞，造成线路间绝缘距离不足导致线路跳闸。这些区域随着近几年各地经济发展的迅速崛起，其经济开发区兴建厂房和其他城市附属设施（如新建中学城）等大型基建工程急剧增加，另有南水北调、新京沪高速公路、邯黄铁路修建等国家工程都从运检八班、牟盐Ⅰ级及Ⅱ线、于洪线、交周线、南牟线、南潞线、宋庄T接线、双秦Ⅰ线及Ⅱ线、双东线等多条110kV线路下跨越。其施工中几乎都是大型机械，在施工监督中稍有不及时或不到位就会因施工碰线造成线路跳闸。所以外力破坏和树障等线下“三违”情况的发生是影响输电线路安全运行的最大安全隐患。

二、主要做法

（1）防控战线前移，对在日常巡视时发现有可能在线路保护区要进行施工行为的地点及时观察、了解、分析情况，及时准确掌握可能潜在发生线下“三违”情况的地点。

提前对该区域人员进行电力法的宣传讲解，通过宣传教育和劝阻，有效避免了一些冒险、盲目施工对电力设施造成的安全隐患。

（2）与线路保护区内施工单位紧密联系（如县市开发区建设管理部门、南水北调和韩黄铁路修建指挥部等），进行有效沟通，请施工指挥部门的领导协调并和各施工队伍签订安全协议，制订缴纳安全保证金等措施并督促落实。明确责任到人，对线路保护区内的施工行为进行蹲点跟踪守候，为施工方提供可靠的安全管理、组织和技术防控措施。

（3）针对各施工队伍多是地方强势人员承包，对一些违章建设施工难以立即停工或拆除，积极和各县局护电办联系落实属地化管理制度。积极与属地化管理人员联合进行线下“三违”的治理和落实安全控制措施，必要时请地方公安部门配合执法，及时阻止施工队伍盲目冒险、蛮干，有效保护电力设施不受破坏。

（4）对所有的线路保护区内违章施工进行一跟到底，实行差异化管理。对一些国家工程（如南水北调、京沪高速）责任人员每天和施工方负责人沟通联系并到施工地段进行跟踪巡视检查，及时掌握施工进度。及时了解分析施工中存在的安全隐患和威胁程度，及时向施工方讲明利害关系，并派人协助施工方可靠落实防碰、防撞安全控制措施。针对施工队伍中大型机械操作人员更换频繁的情况，班组派专人每天在施工前1h进入线路保护区，对线路保护区内施工的大型机械操作人员进行开工前的安全交底和注意事项及安全知识的宣贯，线下施工注意事项及安全制度要求的讲解和分析，直至操作人员充分掌握必要的安全知识后方可允许其进入现场工作。

（5）分清线下违章种植树木的责任主体，属政府行为的（如城市园林建设、高速公路、高铁两侧）及时和当地政府部门或主管单位联系、协调，要求其在线路保护区通道内不要种植树木或种植低矮的树木。对农民因经济利益而种植的树木，及时对其进行电力安全知识宣贯，劝导其放弃在线路保护通道范围内种植树木，对已种植的在征求其同意后帮助其移栽。对拒不移栽的与属地化人员联合进行地缘关系感化，同时进行电力安全法的宣贯和讲解其在线下种植树木对其自身安全的危害，努力消除线下违章植树行为。针对一些季节性（如西瓜棚只在西瓜快成熟时才临时搭建使用）、临时性搭建的简易房屋（帐篷）等，由于其搭建简易、固定不牢靠等原因，易在大风等恶劣天气时造成刮起、漂浮，对附近线路的安全运行构成严重的安全隐患，对线下漂浮物进行长期跟踪治理。运检八班针对此种情况召开专题分析会，制定针对性防控措施，扩大线路巡视半径查找危险源。发现易漂浮危险源后及时和户主联系进行拆除或加固，对联系不上户主的易漂浮物，认真分析其用途，在分析判断出其是否长期使用后，根据分析情况就地进行拆除处理或加固处理。

三、实施效果

通过以上“五举措”防控措施的落实，既赢得了施工队伍的信任使其愿意积极和输电运检八班联系通报工程进度，并且积极配合落实安全控制的组织和技术措施，又及时消除了影响线路安全运行的安全隐患和危险源，有效降低了管辖线路的事故跳闸概率，为保障输电线路的安全运行夯实了安全基础。

电网调度与安全运行管理

班组：国网涞水县供电公司调控中心

一、产生背景

随着我国经济的快速发展，电力基础设施的投资明显增大，电厂和电网的容量都有了质的发展，在这种情况下更应保证电网的安全运行。因此应从完善电网网络结构、提高继电保护的可靠性和增强调度人员的素质等方面加强管理。

二、主要做法

电网调度作为电网运行的核心部门，其安全稳定直接关系着电网整体的可靠性，因此应对电网调度中存在的不稳定因素进行分析和研究。根据实际的工作经验，制定电网调度安全措施。

（一）细化运行方式的编制，强化运行方式管理

首先应该将电网的运行方式管理模块化，从制度上规范电网的运行方式，保证电网年运行方式的编制应依据一年中存在的问题进行，将电网的反事故措施落实到运行方式中，从技术上提升电网运行方式分析的深度。

其次在电网运行方式的计算上要对母线和同杆架设的双回线路故障下的稳定性进行校核分析，分析重要输电断面同时失去两条线路时导致的故障，严格计算在最不利的运行方式下最严重的故障对整个电网的影响，要有针对性地开展事故预想和反事故演习，对防范措施进行细化，对电网事故防患于未然。同时在有条件的地区可以建立健全相关的数据库系统，以此来提高电网运行方式的现代化管理水平。

还应从机制上对电力企业调度安全进行完善，提高对紧急事件的处理能力，对电网中存在的薄弱环节要进行深入的分析，对不同年份的夏季最大负荷进行总结，加强应急体系及应急预案的建设工作，增强应急预案的可操作性，提高电网对大面积恶劣天气及外力破坏而带来的恶性事故的预防能力，最大限度地保证电网的安全有序运行，对电网

中存在的潜在危险进行化解，杜绝由于调度原因导致的电网安全事故。

（二）杜绝误调度、误操作事故

如果调度员下令对电网的运行方式进行改变，则在指挥事故处理和送电的过程中应防止调度员的误操作。建议从以下几个方面采取相关的措施：

首先应使调度员明确责任，提高所有相关人员的安全意识，增强调度员责任心的同时坚持定期进行安全检查活动，对误调度和误操作事故进行通报，对相关的调度事故要严格吸取教训。在调度组进行调度命令无差错活动的开展，考核调度命令时应将安全小时数作为主要的考核指标之一，并作为年评选的先进条件，从各个方面增强电力职工的责任感和安全意识，以达到良好预防并控制故障的效果。

其次应对电网调度中的《电网调度管理条例》进行严格的执行，对调度、发电、供电、用电单位进行定期培训，从制度上杜绝误操作和误动作事故的发生。要保持相关人员在工作中锻炼出的严格执行安全制度和克服违章的习惯。在调度员进行线路处理工作时对安全措施和所列任务进行严格审查，对于不合格的工作票要进行重新办理，规范倒闸操作的指令，严格遵守并执行调度命令票制度。

（三）完善电网结构、强化继电保护运行、提高调度人员素质

随着电力公司对电力设备投入的增加，高压电网的结构进一步得到优化，提高了高压网络的可靠性。

作为保证电网安全稳定运行的屏障和防止电网事故进一步扩大的防范措施，对继电保护装置进行安全运行管理，确保其长期处于良好的运行状态，对电网的安全运行具有重要意义。通常是继电保护整定专责和调度员根据电网的年度运行方式来对一级电气设备的保护装置进行校核，其包括重合闸装置、备自投装置及保护定值单等，若核对结果是正确的，则还要调度员和各变电站再进行二次保护设备的核对，及时发现漏洞和问题，保证各级继电保护装置的安全稳定运行，确保电网整体的安全性和可靠性。

误调度、误操作事故会对电网的安全运行带来巨大影响。调度人员是改变电网运行方式、指挥停送电操作和处理事故的关键。为了进一步加强电网运行的安全，要提高调度人员的安全意识，增强调度人员的责任心；要坚持定期开展安全活动，出现事故及时通报。另外，在管理中要严格执行规章制度，定期进行事故案例分析，提高执行者的安全意识，使调度人员养成认真执行规程制度的好习惯。还要严格把关制度，审查工作认真仔细，不符合规范的工作票必须重新办理。调度命令票制度也需严格执行，下达倒闸

操作命令，电力调度术语必须规范。

（四）调度人员应不断熟悉新技术和新知识，加强岗位技能培训

在提高业务技能的基础上完全胜任本职工作，不断注重技能培训和岗位练兵。在调度人员岗位培训的基础上进行DTS仿真机的培训，使调度员达到三熟三能。为了适应电网新技术、新设备的引进与应用，达到电网现代化运用水平，对调度人员素质要求越来越高。调度人员不仅要学习新技术、新知识，还要不断通过实践提高业务水平。对调度人员的培训要以实用为目的，要求工作人员熟悉电网继电保护配置方案及工作原理、本地区电网的一次系统图、主要设备的工作原理以及本地区电网的各种运行方式的操作，要求调度人员能掌握紧急事故的处理方法。正确处理事故，准确无误指导下令进行倒闸操作、投退继电保护及安全自动装置。

（五）提高相应的应急处理能力，建立完善的应急处理体系

电网调度是保障电力系统安全运行的重要环节，应完善相应的应急机制，提高相应的应急处理能力，建立完善的应急处理体系，总结不同季节和天气情况下负荷的特点和事故规律，加强应急体系的建设，对各类预案进行充实和完善，对预案的有效性和可操作性要特别注意，组织调度员进行定期的学习和讨论，不断提高电网的安全稳定性，确保即使出现事故也能有效地进行处理，对电网运行存在的风险有效地进行化解，尽可能地杜绝电网事故的出现。

三、实施效果

安全生产是电力工作的基础，确保电网安全责任重大、任务艰巨。我们将始终坚持“安全第一，预防为主”的工作方针，严谨细致，脚踏实地，扎实抓好安全生产工作，确保电网安全稳定运行，为用户安全可靠供电做出我们应有的贡献。

遥测数据不刷新时自动化处理专家系统的探索和应用

班组：国网衡水供电公司电力调度控制中心自动化班

一、产生背景

随着我国电力系统的持续发展，电力系统数据的总量也保持着高速增长态势，伴随着市场竞争的影响和加大，管理上的复杂程度大幅度提高，为人工智能技术在电力系统的应用提供了适宜发展的必要条件。多年来，为D5000系统功能的完善提出多项意见和建议，其中大部分建议已被省公司采纳，提交厂家进行技术开发，目前部分成果已在现场实用化或试运行，为了能更好地保证电网安全、稳定、经济地运行，势必要加强智能科学在电网中的科研和应用。

遥测数据作为电网监控运行的基础数据，是电网调度、电网监控人员和运维检修人员不可或缺的技术支撑手段，因此保证遥测数据的正确性和实时性就显得尤为重要。遥测数据也是电网监控数据中数据量仅次于遥信数量的一类数据，以衡水电网为例，目前有110kV及以上（地调监控）遥测数据12000余个，35kV及以下（县调监控）数据10000余个，这些庞大的数据中难免会有一些不合格量测，其中长时间量测不变化，也就是常说的死数据占不合格量测的80%，及时发现和处理这些死数据，不仅能提高状态估计合格率指标，最主要的是确保遥测数据的准确性和实时性，提高电网的可监控性。

二、主要做法

（一）深入调查分析不变化遥测数据产生的原因并提出应对方案

在全数据采集过程中，当RTU（remote terminal unit，运动终端）某个刚刚被采集过的数据内存中的数据发生变化时，这种不变化不能立即被送往主站，必须等到本轮全数据请求全部完成后，在接下来的变化数据请求中被送往主站。

如果这个站的全数据采集需要40s，在它刚刚采集到10s的时候，刚才10s内已被采集过的某个数据内存的数据发生变化，那么这个变化了的数据，起码要在30s以后才能被送往主站。

在人工智能未被应用在电网的时候，我们可以选择在规约的编程上来改变这个总召不可中断的局面。比如，在10s时中断总召命令，先传送上面所说的这个刚变化了的数据，这是能够做到的，但却背离了发送全数据请求命令的初衷。因为在经过了很长一段时间的变化数据请求以后，主站数据库中的这数据就难以与厂站保持一致了。很多数据在12h内都没有被刷新一次，在它们被主站的各种应用程序几十次地读取、对比、处理中，难免会产生错误。这个时候，妥当的做法就是把整个站的数据全部刷新一遍，以确保这个时候主站数据与厂站实际状态是一致的，如果不这样做，很可能更多的面上的错误会发生在这个厂站的数据中。所以，每隔一段时间对一个站的整个数据刷新一遍，是很重要的，不可偏废。

出现了不合格量测，将严重影响调度和监控员对电网的实时监控，同时也使电网方式运行等管理人员对方式安排、负荷倒供造成误判，因此对不刷新遥测数据及时通过弹窗方式进行告警，提示监控人员进行预判，确有问题应及时通知自动化和保护检修人员进行处理，增强电网的可监控性，确保电网的安全稳定运行。

通过归纳总结，不合格量测数据产生的可能原因大致：①死区设置过大；②量测采集设备，如TV、TA精度偏差大；③测控单元失电；④互感器回路故障；⑤通信故障；⑥后台或主站调度自动化主站系统故障；⑦主计算机程序异常。

上述原因基本覆盖了软硬件和内外因限定，看似纷杂无章，却也符合研发专家系统的各种条件。

电力系统是由各类发电装置、输配电线路、变压器以及用电装置等一系列单元组合而成的大规模动态系统，电力系统本质上是一个非线性动态大系统，存在着许多极为复杂的工程计算和非线性优化问题，并且这些问题都是多参数、多约束的非凸优化问题。长期以来，电力系统自动化科研和工作人员一直在寻找高效可靠的方法来解决这些问题。然而有许多电力系统中存在的问题无法得到快速与精确的结果。其主要原因在于以下几个方面：

（1）电力系统中的有些问题还无法建立精确切实的数学模型，包括不能完全用数学来表示反映问题实质的约束条件。

（2）随着问题的规模和复杂程度的增加，利用现有的算法和计算机条件，无法在较短的时间内获得满意的计算结果。

（3）许多问题的条件具有模糊性，对于系统的了解还不够精确，此外在求解问题的过程中需要专家的知识经验。这些都无法用精确的数学形式表示出来。

与传统的计算方法相比较，人工智能方法对于复杂的非线性系统问题求解有着极大的优势。它弥补了传统方法的单纯依靠数学求解的不足，解决了某些传统计算方法难于求解或不能解决的问题。

通过分析，我们发现，电压等级越高的站，遥测变化率越小，尤其是母线电压，长时间不变化是比较常见的。因此，我们将 220kV 站的数据，特别是各级母线电压的死区值降低，以提高数据变化的敏感度，同时考虑系统设备的负荷率，将 35kV、10kV 出线的死区值设置稍大一些，这样二者兼顾，虽然设置过程有些烦琐，但对实时运行监控起到的积极作用却是显而易见的。

历史数据的保存，我们采用 5min 采样数据，历史曲线的描绘通过 5min 历史数据积分处理形成。图 1 所示为某变电站实时数据和曲线截图，由图可以看到，该站总有功在一段时间内出现不变化的现象。

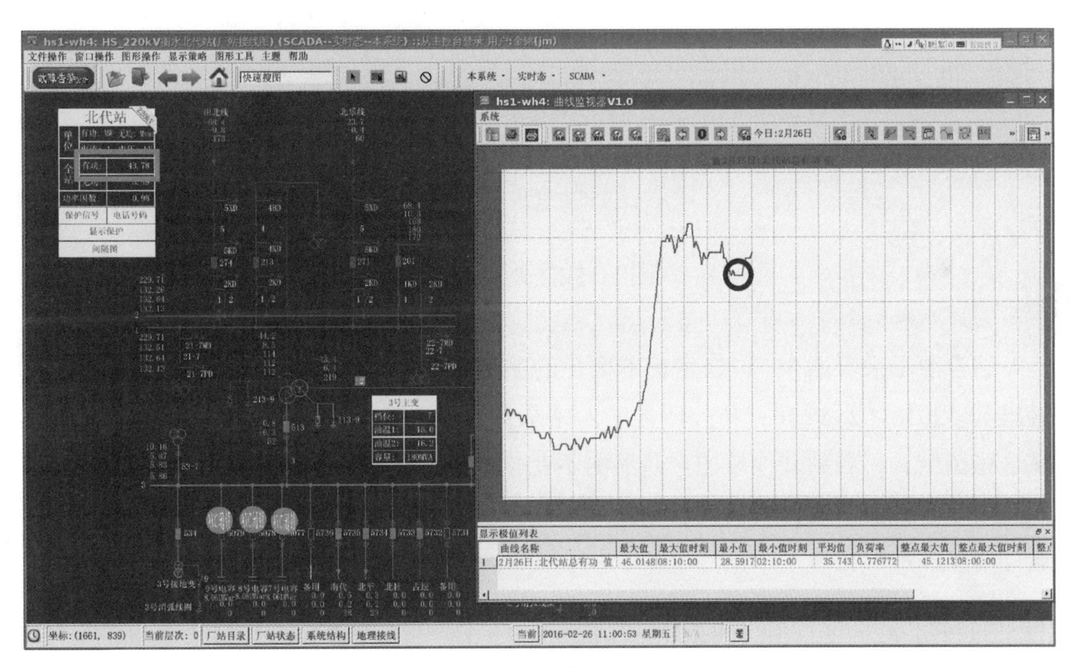

图1　某变电站实时数据和曲线截图

由于变电站数量和遥测数据量是巨大的，不可能依靠监控人员人工操作，通过翻看数据的方式查找这些不变化量测，那样工作效率太低。

首先分析 D5000 系统的实际情况。D5000 系统采用实时库和商用库并存的数据库结构，实时库处理实时数据更高效、更快速，满足监控需求；商用库采用国际通用的标准接口和存储方式，存储数据更安全，接口更规范，便于二次开发和利用。为了能将不变化数据采用弹窗告警的方式通知监控人员，必须要改变实时库中遥测数据的处理方式，当接收到一帧遥测数据时，不仅要处理成熟数据后上画面显示，同时入库，更主要的是要对比上一帧和下一帧的数据，并保存对比结果，当连续多帧数据中某点的遥测报文始终不变时，程序就判定该点遥测数据为不变化遥测，当满足设定的条件时，就触发告警信息，告警信息会弹出到告警窗，第一时间通知调度和监控人员进行处理。

图 2 所示为数据处理流程。

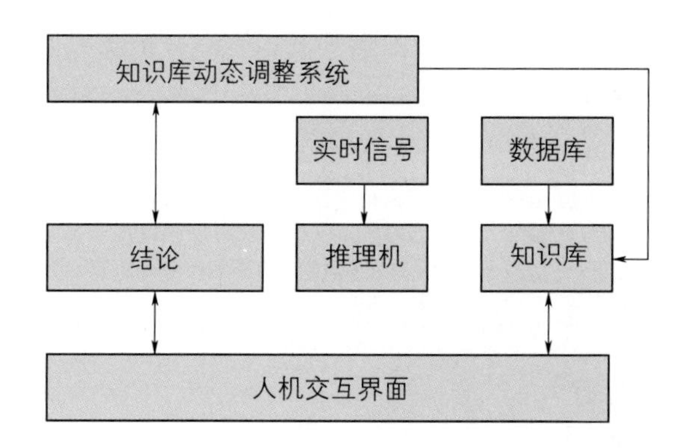

图2　数据处理流程

结合图 1 来看图 3，可以发现不变化的遥测数据。在图 3 中矩形框中可以明显地看出，“2016-02-26 10：56：15× × × 站总有功值不变化”，信息简洁明了，同时，在这张图中，还看到其他站的一些遥测不变化信息，这些信息都起到了及时通知监控人员的作用，便于监控人员更快速发现不变化遥测数据，更精确地把握和处理电网的运行情况。

可以通过如图 4 的规则定义对话框对告警触发条件进行设置。

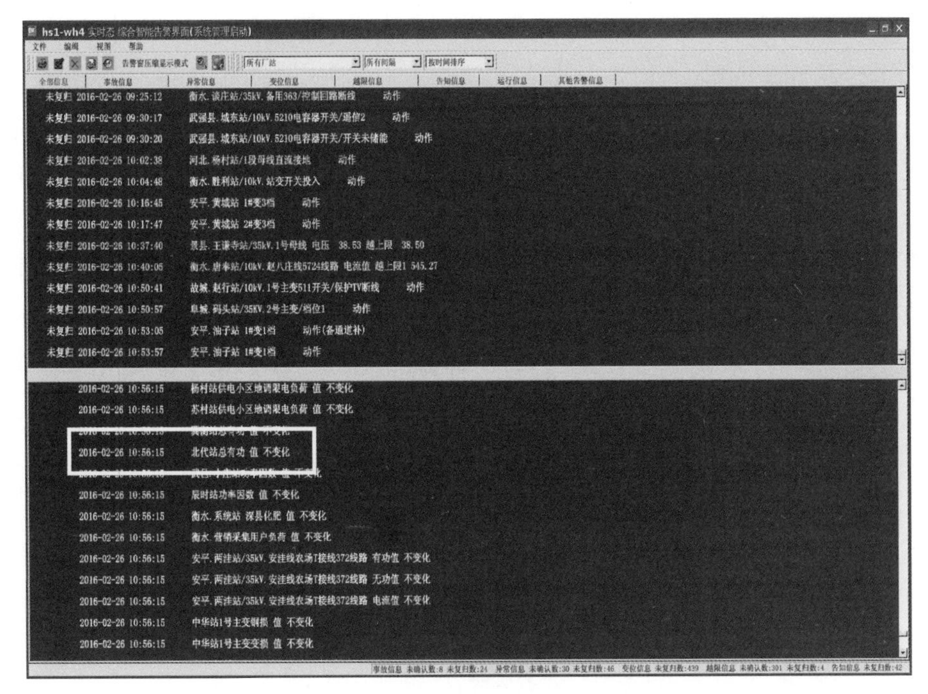

图3　发现问题

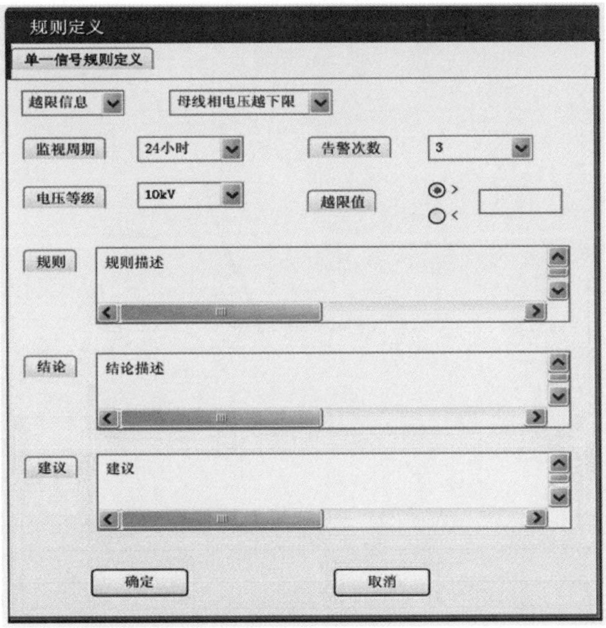

规则定义

单一信号规则定义

越限信息　母线相电压越下限

监视周期　24小时　告警次数　3

电压等级　10kV　越限值　> <

规则　规则描述

结论　结论描述

建议　建议

确定　取消

图4　规则定义

三、实施效果

遥测数据不刷新时自动化处理专家系统历时 2 个月的研发，结合现场的实际情况，目前功能模块已部署完毕，并通过了现场验收。通过近 3 个月的现场运行，监控人员普遍认为，该功能极大地提高了人员工作效率，减轻了劳动强度，能更及时地发现不变化遥测数据，处理方式也更快捷、更高效，为电网的经济稳定运行奠定坚实的基础。

该经验成果率先在衡水电网监控系统中部署，目前已在河北南网六地市和百余县调度中心得到推广应用。

充分利用国网统一车辆管理系统加强车辆安全管控

班组：国网石家庄供电公司综合服务中心车辆检查班

一、产生背景

2015 年，国网公司建立了国网统一车辆管理平台，公司所有车辆均加装了 GPS 监控系统，车辆运行轨迹实现实时监控。同时，随着“三集五大”工作的深入开展，县供电公司车辆安全管理逐步纳入国网石家庄市供电公司车辆管理范畴。通过利用国网统一车辆管理平台，实现了国网石家庄市供电公司车辆管理与县供电公司车辆管理的有效衔接。在国家“八项规定”和公司车辆管理进一步严格要求的大环境下，提前预防、及时发现、规范管理，使得车辆使用安全管理水平进一步得到提升。

二、主要做法

（一）利用平台建立车辆使用档案

通过国网统一车辆管理平台的 GPS 监控，对车辆使用进行实时监控，尤其是对一些敏感时间段、敏感地点的车辆使用和停放，如节假日、午饭、晚饭时间，宾馆、酒店商场及一些娱乐场所，以及跨管理区域使用车辆的，要求重点进行档案登记。

（二）明确车辆管理制度

1. 加强派车单管理

进一步明确派车单的使用管理，无派车单一律不允许出车。派车单作为车辆使用的依据要严格与 GPS 监控系统相对应，各车辆管理部门要按月将派车单进行整理归档，作为检查的依据。车辆驾驶员在无派车单的时候可以拒绝出车，遇到事故等紧急情况，也要填写应急派车单，保证车辆使用安全。

2. 明确跨区域用车审批要求

制定明确的跨区域用车要求，按照管理区域，市（县）供电公司在市域（县域）用车、省内用车、出省用车需进行不同级别的申请和审批。具体要求如下：

（1）石家庄市域范围内的车辆使用审批。

1）在本单位管理区域内的车辆使用审批。按照公司车辆使用管理规定，车辆使用部门提出用车申请，由车辆日常管理部门负责安排车辆使用。

2）各市（县）供电公司出本单位管理区域的车辆使用审批。各市（县）供电公司跨本县管辖区域用车（含到市区用车），由车辆使用部门填报跨区域用车派车单，县供电公司车辆主管领导审批通过后，由车辆日常管理部门负责安排车辆使用。

（2）石家庄市域范围外、河北南网地区内的车辆使用审批。车辆使用部门填报跨区域用车派车单，公司本部由车辆使用部门公司主管领导审批，各市（县）供电公司由单位一把手审批。审批通过后，由车辆日常管理部门负责安排车辆使用。

（3）河北南网地区外的车辆使用审批。车辆使用部门填报跨区域用车派车单，公司本部先由车辆使用部门公司主管领导审批，各市（县）供电公司先由单位一把手审批，通过后，报公司主管领导审批，审批通过后，由车辆日常管理部门负责安排车辆使用。

（三）严格实施费用报销管理

与公司财务、监察部门共同配合，严格实施车辆停车费、路桥费报销管理，明确各部门（单位）的车辆因公外出时，禁止停放在商场、酒店、景点等非工作地点。若确因工作需要在以上地点停放的，停车费单据报销时应填写报销说明，明确出车时间、事由、乘车人等信息，附派车单并由报销单位签字盖章。报销说明范例如下：

说　　明

××人根据工作安排去××地方开展××工作，××时间由××人派车前往，车号×××，需在××停车场停车。

特此说明。

年　月　日

（四）严格实施闭环检查

明确管理制度后，通过日常检查和巡查检查相关管理要求落实情况。

1. 市区范围内发现问题现场核查

通过每天的车辆监控检查，对市区范围内发现的停车不规范、未及时停放车辆做到现场核查。班组检查人员通过 GPS 定位问题车辆后，现场进行核查，观察停车周边是否有工作现场，派车单是否摆放在车窗前，并拍照留证。车辆管理人员及时通知车辆使用部门，核对车辆使用信息，落实车辆使用情况，保证问题及时处理，必要时，由车辆使用部门提供书面说明材料。

市区内的现场检查要做到应查必查，努力实现问题现场核查，保证检查的时效性，发现问题及时制止，保证车辆使用安全。

2. 开展各县供电公司巡查

对各县供电公司车辆管理进行周期性巡查，在巡查中，结合跨区域车辆使用档案，对县公司车辆使用进行检查。在检查中，以跨区域用车档案为依据，抽查不同月份车辆派车单，派车单上车号、行车目的地和时间要与用车档案相符。同时，对车辆使用费用进行检查，报销单应与用车档案和派车单相符。

例如，表 1 所示档案，按照跨区域车辆使用档案显示，辛集市供电公司车辆冀 AFE462 在 2015 年 8 月 6 日进入市区。2015 年 12 月对其进行巡查时，检查人员要求辛集市供电公司车辆管理人员提供 1—11 月派车单，并按照档案登记日期进行查找。经检查，在 8 月派车记录中找到相关派车单，派车单由辛集市公司车辆主管领导签字，相关内容填写无误。同时检查人员抽查相关财务报销凭证，对该车辆当天路桥费进行核查，经检查报销单据对应，证明此次车辆使用无问题。

表 1　　　　2015 年 8 月 6 日跨区域用车记录档案

车牌	单位	车牌	单位
冀 AAC166	鹿泉供电公司	冀 AC4136	井陉供电公司
冀 A2112	鹿泉供电公司	冀 AC5983	井陉供电公司
冀 AA8768	鹿泉供电公司	冀 AC1336	井陉供电公司
冀 AFE462	辛集供电公司	冀 ADL296	赞皇供电公司
冀 ATB333	藁城供电公司	冀 AQ4957	新乐供电公司
冀 ATS656	藁城供电公司	冀 APG628	平山供电公司
冀 ADL136	晋州供电公司	冀 AD8866	栾城供电公司

三、实施效果

通过充分利用国网统一车辆管理平台，建立跨区域车辆使用档案，实现了车辆使用管理有的放矢，让市（县）供电公司一体化车辆管理更加有效和清晰，结合严格的闭环检查，落实了各项车辆管理要求，保证了公司车辆使用安全。

现在各县供电公司车辆管理人员存在年龄老化等问题，对平台的使用仍需加强学习。今后在巡查中，组织各县供电公司进行了交叉检查，通过检查，学习、落实车辆管理要求，提高了平台利用率，全面提升了公司车辆管理水平。

降低变电站五防解锁操作风险

班组：国网保定供电公司变电运维室保南运维班

一、产生背景

近年来，由五防擅自解锁导致的人身伤亡事故时有发生。图 1 所示为历年来因五防擅自解锁导致的事故案例。

2016 年下发的“国家电网公司关于强化本质安全的决定”的通知（图 2），要求夯实电网设备安全基础，做好设备安全的运行、维护全过程的质量控制和监督。

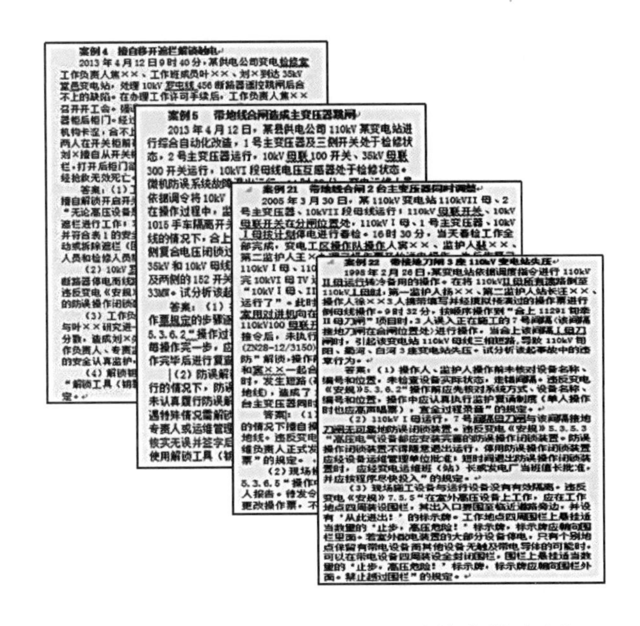

案例4　擅自移开遮栏解锁触电

案例5　带地线合闸造成主变压器跳闸

案例21　带地线合闸2台主变压器同时跳闸

案例22　带接地刀闸3座110kV变电站失压

1998年2月26日，某变电站依据调度指令进行110kV II母运行转冷备用的操作。在将110kV II母所有流路倒至110kV I母时，第一监护人杨××、第二监护人站长汪××、操作人徐××3人携带填写并经模拟预演过的操作票进行倒母线操作。9时32分，按顺序操作到“合上11291甸幸II母刀闸”项目时，3人误入正在施工的7号间隔（该间隔接地刀闸在合闸位置处）进行操作，当合上该间隔I母刀闸时，引起该变电站110kV母线三相短路，导致110kV甸阳、黎河、白河3座变电站失压。试分析该起事故中的违章行为。

答案：（1）操作人、监护人操作前未核对设备名称、编号和位置，未检查设备实际状态，走错间隔。违反变电《安规》5.3.6.2“操作前应先核对系统方式、设备名称、编号和位置，操作中应认真执行监护复诵制度（单人操作时也应高声唱票），宜全过程录音”的规定。

（2）110kV I母运行，7号间隔I母刀闸与该间隔接地刀闸无可靠地防误闭锁装置。违反变电《安规》5.3.5.3“高压电气设备都应安装完善的防误操作闭锁装置。防误操作闭锁装置不得随意退出运行，停用防误操作闭锁装置应经设备运维管理单位批准；短时间退出防误操作闭锁装置时，应经变电运维班（站）长或发电厂当班值长批准，并应按程序尽快投入”的规定。

（3）现场施工设备与运行设备没有有效隔离。违反变电《安规》7.5.5“在室外高压设备上工作，应在工作地点四周装设围栏，其出入口要围至临近道路旁边，并设有‘从此进出！’的标示牌。工作地点四周围栏上悬挂适当数量的‘止步，高压危险！’标示牌，标示牌应朝向围栏里面。若室外配电装置的大部分设备停电，只有个别地点保留有带电设备而其他设备无触及带电导体的可能时，可以在带电设备四周装设全封闭围栏，围栏上悬挂适当数量的‘止步，高压危险！’标示牌，标示牌应朝向围栏外面。禁止越过围栏”的规定。

图1　因五防擅自解锁导致的事故案例

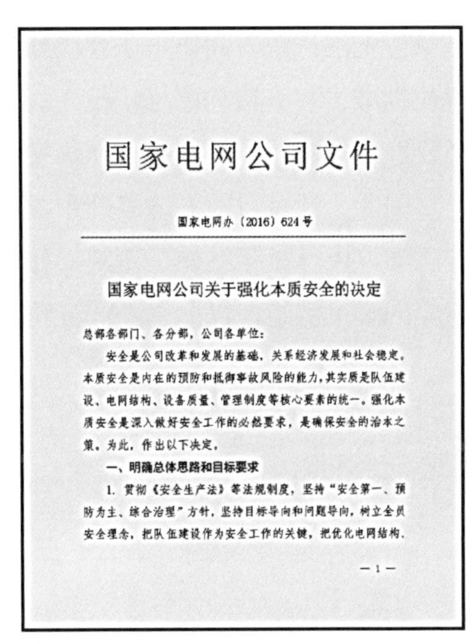

国家电网公司文件

国家电网办〔2016〕624 号

国家电网公司关于强化本质安全的决定

总部各部门、各分部，公司各单位：

安全是公司改革和发展的基础，关系经济发展和社会稳定。本质安全是内在的预防和抵御事故风险的能力，其实质是队伍建设、电网结构、设备质量、管理制度等核心要素的统一。强化本质安全是深入做好安全工作的必然要求，是确保安全的治本之策。为此，作出以下决定。

一、明确总体思路和目标要求

1. 贯彻《安全生产法》等法规制度，坚持“安全第一、预防为主、综合治理”方针，坚持目标导向和问题导向，树立全员安全理念，把队伍建设作为安全工作的关键，把优化电网结构、

— 1 —

图2　“国家电网公司关于强化本质安全的决定”的通知

在 2013 年最新发布的《电力安全工作规程　变电部分》（以下简答《安规》）中，对五防的相关内容规定如下（图 3）。

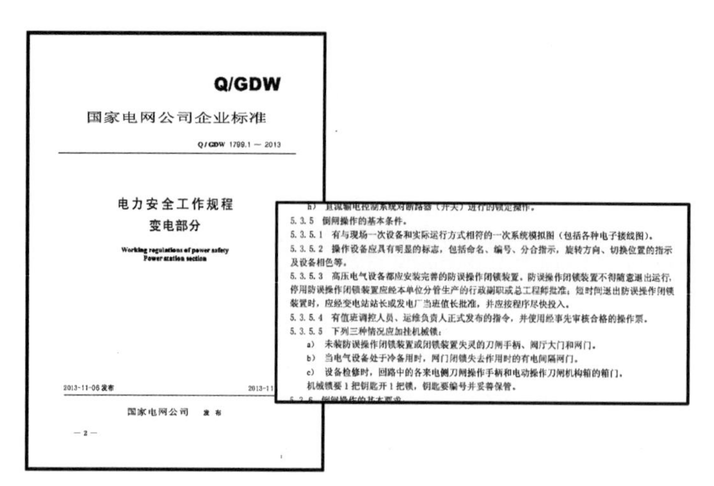

Q/GDW

国家电网公司企业标准

Q/GDW 1799.1 — 2013

电力安全工作规程
变电部分

Working regulations of power safety
Power station section

2013-11-06 发布

国家电网公司 发布

— 2 —

5.3.5 倒闸操作的基本条件。

5.3.5.1 有与现场一次设备和实际运行方式相符的一次系统模拟图（包括各种电子接线图）。

5.3.5.2 操作设备应具有明显的标志，包括命名、编号、分合指示，旋转方向、切换位置的指示及设备相色等。

5.3.5.3 高压电气设备都应安装完善的防误操作闭锁装置。防误操作闭锁装置不得随意退出运行，停用防误操作闭锁装置应经本单位分管生产的行政副职或总工程师批准；短时间退出防误操作闭锁装置时，应经变电站站长或发电厂当班值长批准，并应按程序尽快投入。

5.3.5.4 有值班调控人员、运维负责人正式发布的指令，并使用经事先审核合格的操作票。

5.3.5.5 下列三种情况应加挂机械锁：

a）未装防误操作闭锁装置或闭锁装置失灵的刀闸手柄、阀厅大门和网门。

b）当电气设备处于冷备用时，网门闭锁失去作用时的有电间隔网门。

c）设备检修时，回路中的各来电侧刀闸操作手柄和电动操作刀闸机构箱的箱门。

机械锁要 1 把钥匙开 1 把锁，钥匙要编号并妥善保管。

图3 《电力安全工作规程 变电部分》中五防相关内容

2013 年《安规》5.3.5.3 条规定：“高压电气设备都应安装完善的防误闭锁操作闭锁装置，防误操作闭锁装置不得随意退出运行，停用防误操作闭锁装置应经设备运维管理单位批准；短时间退出防误操作闭锁装置时，应经变电运维班（站）长或发电厂当班值长批准，并应按程序尽快投入。”其中提出了高压电气设备安装防误操作闭锁装置的必要性，但对如何有效执行和落实没有具体规定。这是五防管理规定的待完善之处。

因此，针对目前五防管理中没有防误闭锁装置检查的具体规定、维护周期不明确、五防学习内容过于枯燥、倒闸操作过程不可追溯、维护方式效率低下等问题，需要制定相应的解决措施，以此来降低五防解锁操作风险。

二、主要做法

（一）明确巡视周期

在落实五防要求的基础上，根据实际工作情况，对巡视周期进一步明确。

在《国家电网公司变电运维通用管理规定》中，仅规定了在每年预试之前对防误闭锁装置进行全面检查，但是没有规定具体的时间以及专门的指导卡，造成班组在维护时参差不齐（图 4）。

（1）细化《国家电网公司变电运维通用管理规定》中关于防误闭锁装置检查周期的相关条款。

因此我们在小组讨论后，结合工作实际，决定在每年预试工作开展前 1 个月对所辖变电站开展一次防误闭锁装置的全面普查，并提前写入月工作计划中（图5）。

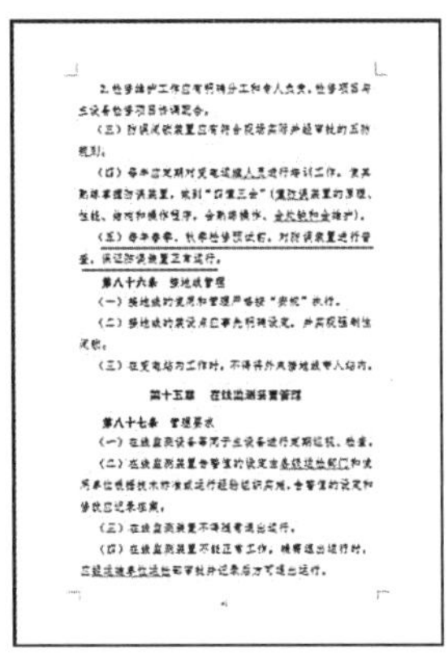

2. 检修维护工作应有明确分工和专人负责，检修项目与主设备检修项目协调配合。
（三）防误闭锁装置应有符合现场实际并经审批的五防规则。
（四）每年应定期对变电运维人员进行培训工作，使其熟练掌握防误装置，做到“四懂三会”（懂防误装置的原理、性能、结构和操作程序，会熟练操作、会处缺和会维护）。
（五）每年春季、秋季检修预试前，对防误装置进行普查，保证防误装置正常运行。
第八十六条　接地线管理
（一）接地线的使用和管理严格按“安规”执行。
（二）接地线的装设点应事先明确设定，并实现强制性闭锁。
（三）在变电站内工作时，不得将外来接地线带入站内。
第十五章　在线监测装置管理
第八十七条　管理要求
（一）在线监测设备等同于主设备进行定期巡视、检查。
（二）在线监测装置告警值的设定由各级运检部门和使用单位根据技术标准或运行经验组织实施，告警值的设定和修改应记录在案。
（三）在线监测装置不得随意退出运行。
（四）在线监测装置不能正常工作，确需退出运行时，应经运维单位运检部审批并记录后方可退出运行。

图4　《国家电网公司变电运维通用管理规定》中防误闭锁检查周期规定

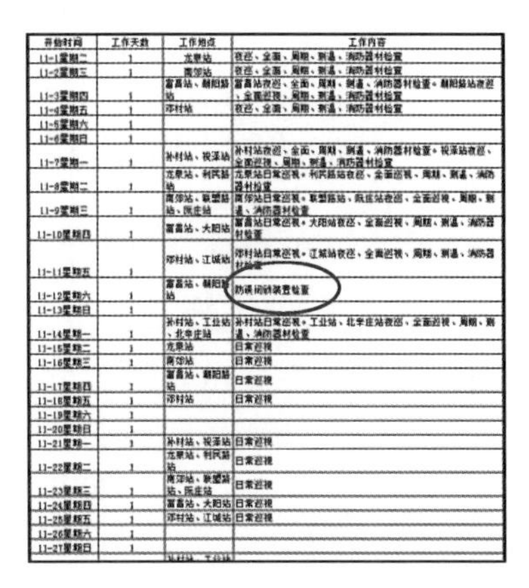

开始时间	工作天数	工作地点	工作内容
11-1星期二	1	龙泉站	夜巡、全面、周期、测温、消防器材检查
11-2星期三	1	南郊站	夜巡、全面、周期、测温、消防器材检查
11-3星期四	1	富昌站、朝阳路站	富昌站夜巡、全面、周期、测温、消防器材检查；朝阳路站夜巡、全面巡视、周期、测温、消防器材检查
11-4星期五	1	邓村站	夜巡、全面、周期、测温、消防器材检查
11-5星期六	1		
11-6星期日	1		
11-7星期一	1	补村站、锐泽站	补村站夜巡、全面、周期、测温、消防器材检查；锐泽站夜巡、全面巡视、周期、测温、消防器材检查
11-8星期二	1	龙泉站、利民路站	龙泉站日常巡视；利民路站夜巡、全面巡视、周期、测温、消防器材检查
11-9星期三	1	南郊站、联盟路站、陈庄站	南郊站日常巡视；联盟路站、陈庄站夜巡、全面巡视、周期、测温、消防器材检查
11-10星期四	1	富昌站、大阳站	富昌站日常巡视；大阳站夜巡、全面巡视、周期、测温、消防器材检查
11-11星期五	1	邓村站、江城站	邓村站日常巡视；江城站夜巡、全面巡视、周期、测温、消防器材检查
11-12星期六	1	富昌站、朝阳路站	防误闭锁装置检查
11-13星期日	1		
11-14星期一	1	补村站、工业站、北李庄站	补村站日常巡视；工业站、北李庄站夜巡、全面巡视、周期、测温、消防器材检查
11-15星期二	1	龙泉站	日常巡视
11-16星期三	1	南郊站	日常巡视
11-17星期四	1	富昌站、朝阳路站	日常巡视
11-18星期五	1	邓村站	日常巡视
11-19星期六	1		
11-20星期日	1		
11-21星期一	1	补村站、锐泽站	日常巡视
11-22星期二	1	龙泉站、利民路站	日常巡视
11-23星期三	1	南郊站、联盟路站、陈庄站	日常巡视
11-24星期四	1	富昌站、大阳站	日常巡视
11-25星期五	1	邓村站、江城站	日常巡视
11-26星期六	1		
11-27星期日	1		

图5　加入五防检查后的月计划

（2）对于除预试以外的特殊大型现场制定检查周期（图6）。

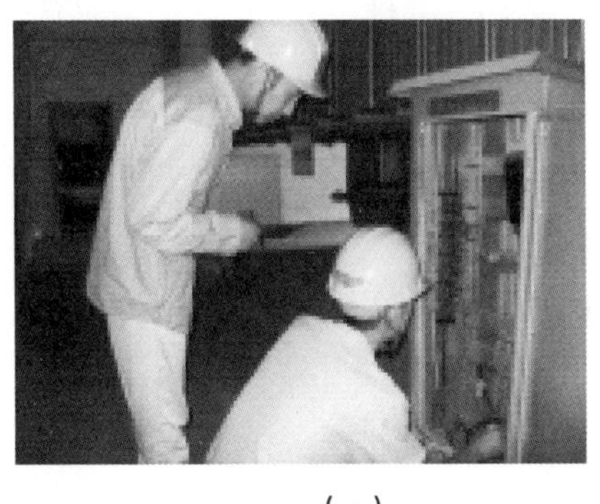

（a）

（b）

图6　现场制定检查周期

（3）对于一些没有跟预试一起，又较重要的现场，为防止倒闸操作时防误操作闭锁装置出现问题，如果距离预试普查超过1个月，也需要提前进行一次检查，这种情况则规定为前一周，提前写入周计划中。

（二）制作不同形式的培训教材，调动员工学习五防知识的积极性

从培训方面入手，将五防制度用图解方式进行宣贯，方便员工记忆。

（1）用图片代替文字，突出重点和关键点（图7）。

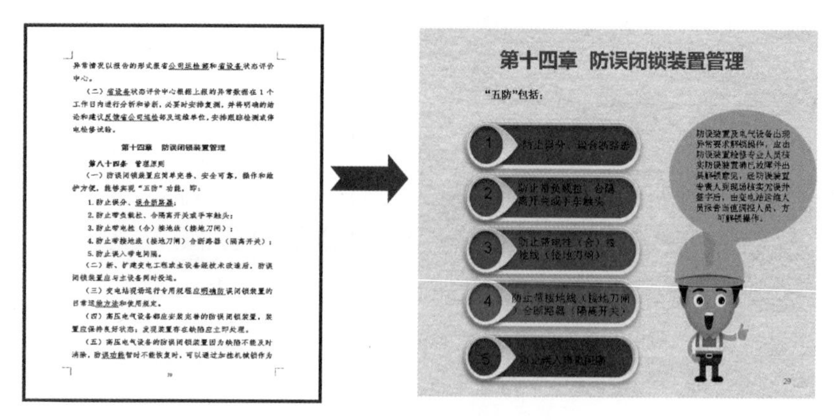

异常情况以报告的形式报省公司运检部和省设备状态评价中心。

（二）省设备状态评价中心根据上报的异常数据在1个工作日内进行分析和诊断，必要时安排复测，并将明确的结论和建议反馈省公司运检部及运维单位，安排跟踪检测或停电检修试验。

第十四章 防误闭锁装置管理

第八十四条 管理原则

（一）防误闭锁装置应简单完善、安全可靠，操作和维护方便，能够实现“五防”功能，即：

1. 防止误分、误合断路器；

2. 防止带负载拉、合隔离开关或手车触头；

3. 防止带电挂（合）接地线（接地刀闸）；

4. 防止带接地线（接地刀闸）合断路器（隔离开关）；

5. 防止误入带电间隔。

（二）新、扩建变电工程或主设备经技术改造后，防误闭锁装置应与主设备同时投运。

（三）变电站现场运行专用规程应明确防误闭锁装置的日常运维方法和使用规定。

（四）高压电气设备都应安装完善的防误闭锁装置，装置应保持良好状态；发现装置存在缺陷应立即处理。

（五）高压电气设备的防误闭锁装置因为缺陷不能及时消除，防误功能暂时不能恢复时，可以通过加挂机械锁作为

图7 五防图解截图一

（2）用问答代替条款，便于记忆，利于执行（图8）。

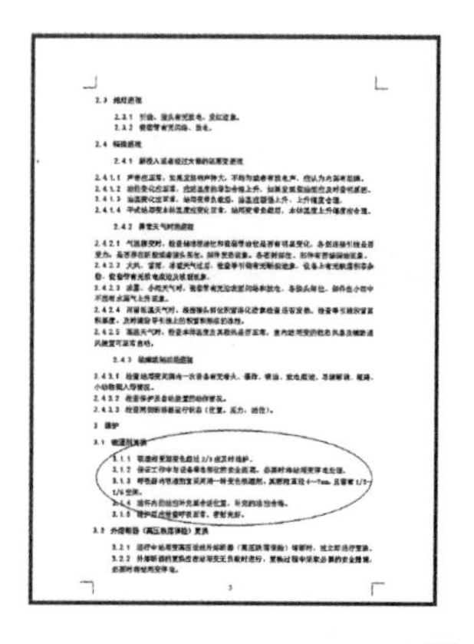

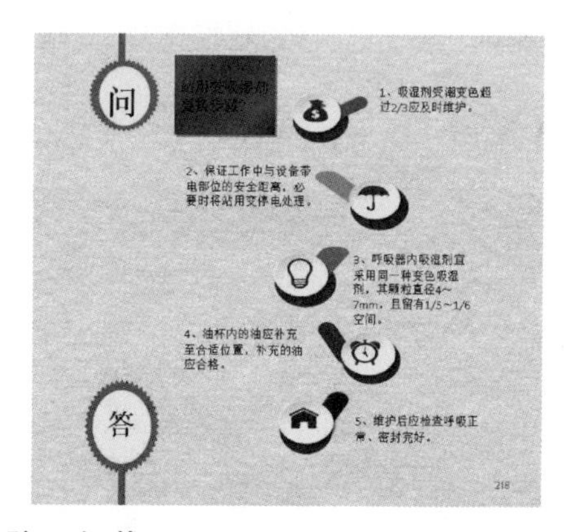

图8 五防图解截图二

（3）条款整理成表格，让员工清晰明了（图9）。

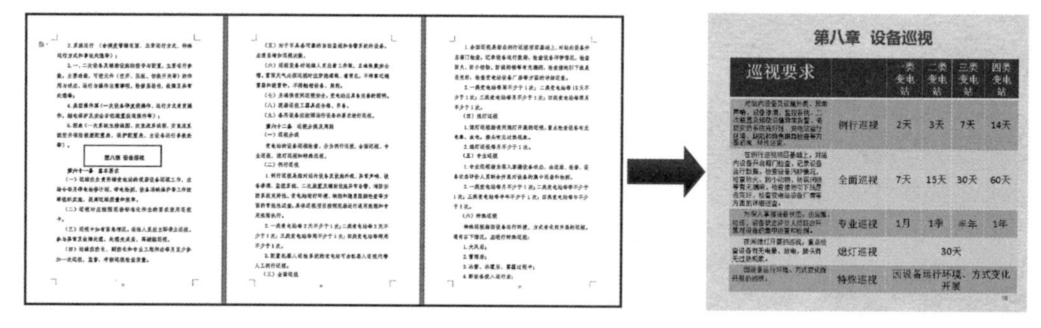

巡视要求		一类变电站	二类变电站	三类变电站	四类变电站
对站内设备及设施外观、异常声响、设备渗漏、监控系统、二次装置及辅助设施异常告警、消防安防系统完好性、变电站运行环境、缺陷和隐患跟踪检查等方面的常规性巡查。	例行巡视	2天	3天	7天	14天
在例行巡视项目基础上，对站内设备开启箱门检查，记录设备运行数据，检查设备污秽情况，检查防火、防小动物、防误闭锁等有无漏洞，检查接地引下线是否完好，检查变电站设备厂房等方面的详细巡查。	全面巡视	7天	15天	30天	60天
为深入掌握设备状态，由运维、检修、设备状态评价人员联合开展对设备的集中巡查和检测。	专业巡视	1月	1季	半年	1年
夜间熄灯开展的巡视，重点检查设备有无电晕、放电，接头有无过热现象。	熄灯巡视	30天			
因设备运行环境、方式变化而开展的巡视。	特殊巡视	因设备运行环境、方式变化开展			

图9 五防图解截图三

（4）排版印刷成册，方便记忆，利于执行（图 10）。

图10　学习五防图解手册

（三）在倒闸操作过程中加入能够直观反映操作全过程的设备

（1）制作安全监督记录仪。将行政执法时使用的记录仪使用在倒闸操作过程中作为一种监督手段。“安全监督记录仪”主要由三部分组成（图 11 ~ 图 15）：第一部分为微型摄像头，其功能是实现操作、巡视等工作过程中的录音、摄像、拍照功能；第二部分为照明头灯，其功能是提供夜间或视线不清楚时的照明功能；第三部分为大容量充电宝，其功能是为摄像头、照明头灯提供充足的电量，为大型操作及夜间巡视期间保证其续航功能。

图11　微型头灯

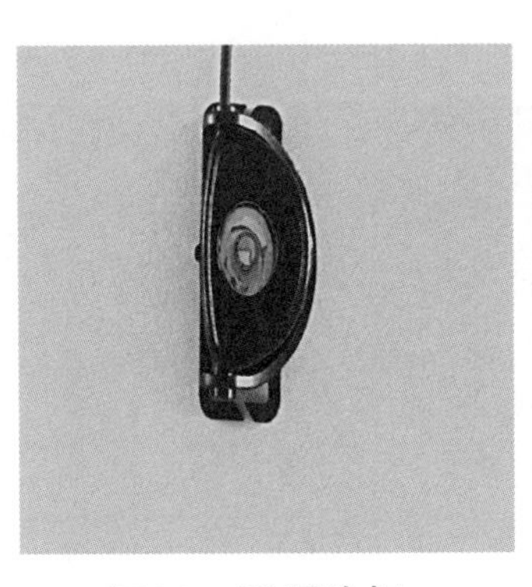

图12　照明头灯

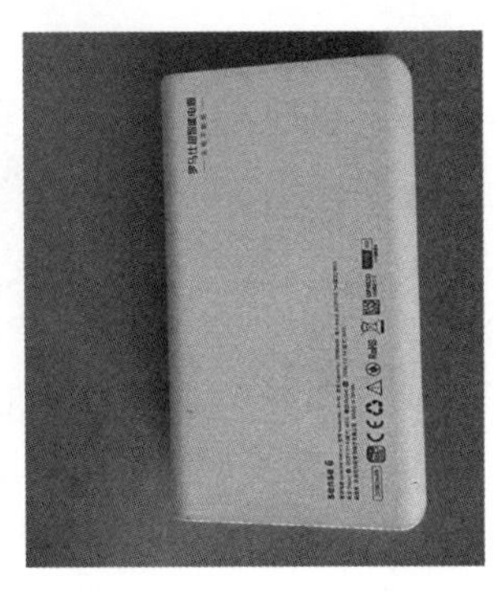

图13　大容量充电宝

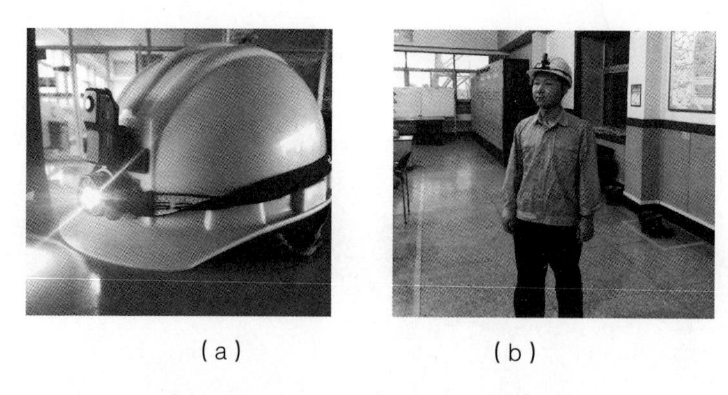

（a）　　（b）

图14　“安全监督记录仪”成品展示

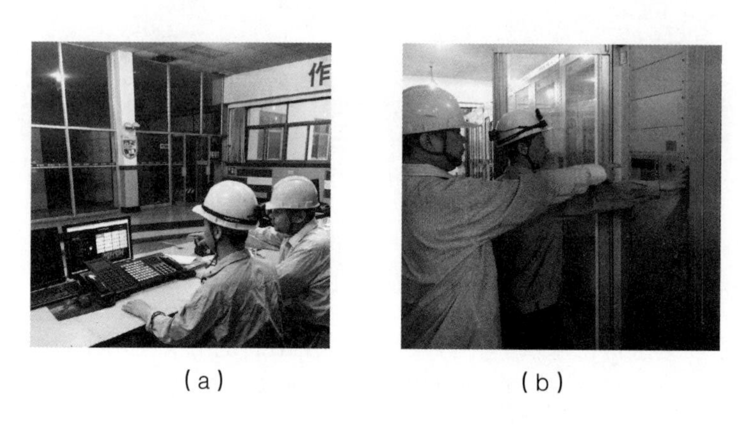

（a）　　（b）

图15　“安全监督记录仪”在操作过程中的模拟使用

（2）制作安全监督数据库，作为安全监督的辅助手段。建立运维安全监督数据库（图 16），同时对于典型标准的操作等视频还可以进行筛选制作成培训课件，共享给全体运维员工提升运维专业安全工作水平。

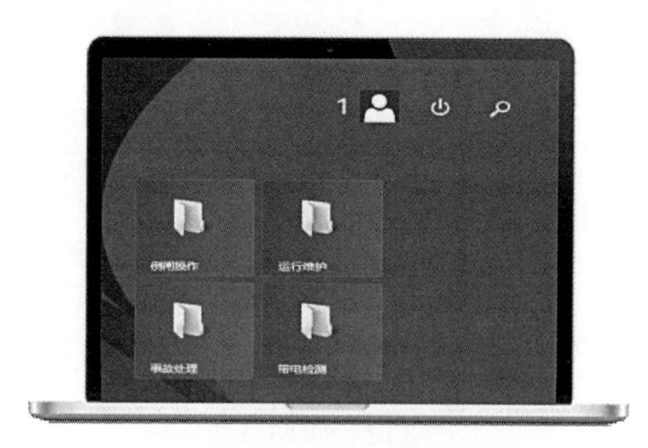

图16　安全监督数据库

（四）分析造成效率低下的原因，精简原有流程

（1）分析原有五防锁检查流程，找出造成过程烦琐的原因。对同样使用珠海优特五防设备的 11 个 220kV 站 2015 年 7 月的五防检查情况进行统计，见表 1。

表 1　　2015 年 7 月五防检查情况统计

站名	孙村站	党庄站	豆庄站	黄暗站	开元站	白石山	崔闸站	容城站	蠡县站	车寄站	涿州站	平均
用时/min	261	289	278	311	285	261	302	276	298	294	259	283
缺陷发现数量	2	1	0	3	3	2	1	3	0	2	1	1.6

通过统计可以看出（图 17），每个站进行一次五防维护平均需要 4h，而平均发现缺陷数量却只有 1.6 个，效率低下。

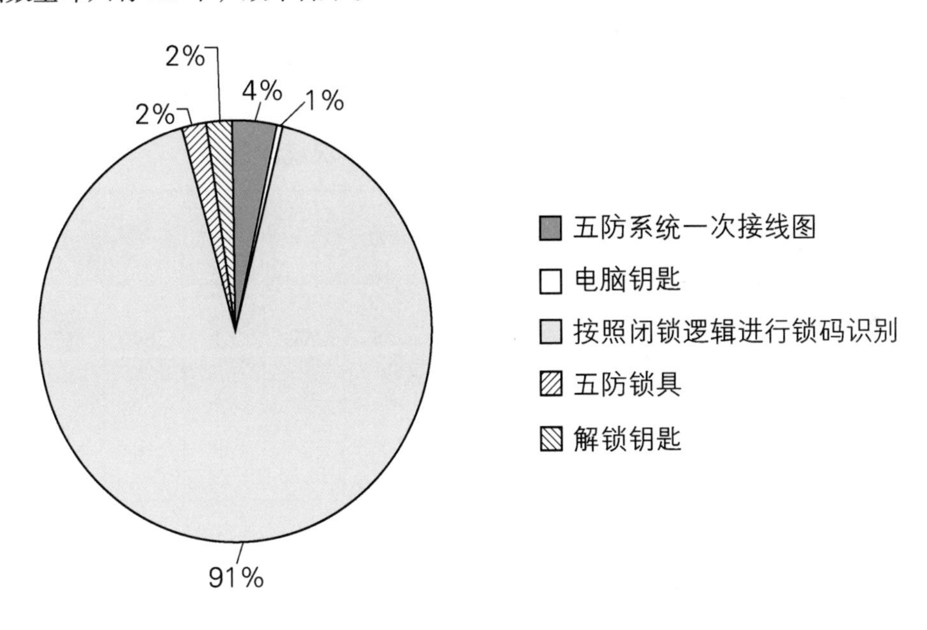

图17　五防检查各项目用时统计

原锁码识别流程如图 18 所示。

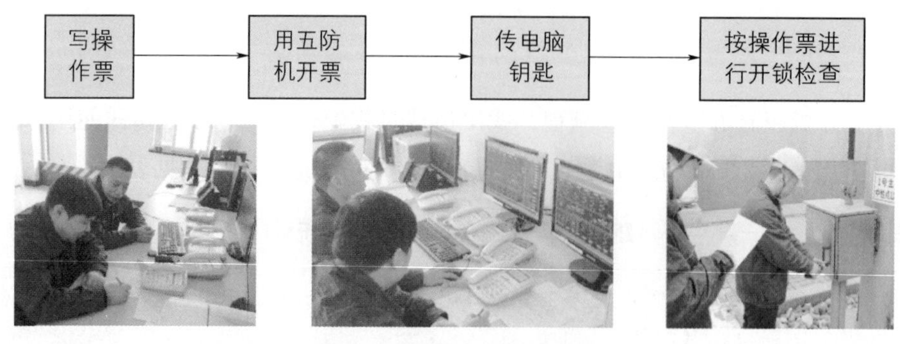

图18　原锁码识别流程

通过流程图可以看出，五防锁在实际维护过程中，对五防逻辑和锁芯识别同时进行检查，流程相对繁琐。

（2）精简原有流程，提高检查效率。在与运维技术人员以及厂家人员进行沟通后，发现五防锁逻辑一经设定不会更改，直接开放五防钥匙的锁芯识别功能就可以直接进行锁码识别。珠海优特的五防设备具备此功能，2016 年 7 月对上述 11 个 220kV 站进行试验，并进行统计。

对同样使用珠海优特五防设备的 11 个 220kV 站 2016 年 7 月五防检查情况进行统计，见表 2。

表 2　　2016 年 7 月五防检查情况统计

站名	孙村站	党庄站	豆庄站	黄暗站	开元站	白石山	崔闸站	容城站	蠡县站	车寄站	涿州站	平均
用时/min	59	58	57	59	60	53	55	58	61	59	57	58
缺陷发现数量	4	3	5	4	3	3	2	2	3	4	3	3.3

发现平均用时大幅缩短，缺陷发现率有效提高，工作效率显著提升。精简后的五防检查流程如图 19 所示。

（五）完善作业指导卡中五防的相关内容

（1）根据制定好的五防维护周期，确定与哪种作业指导卡相结合。鉴于防误闭锁装置检查的特殊性，经小组讨论（图 20）决定制定专用检查指导卡。

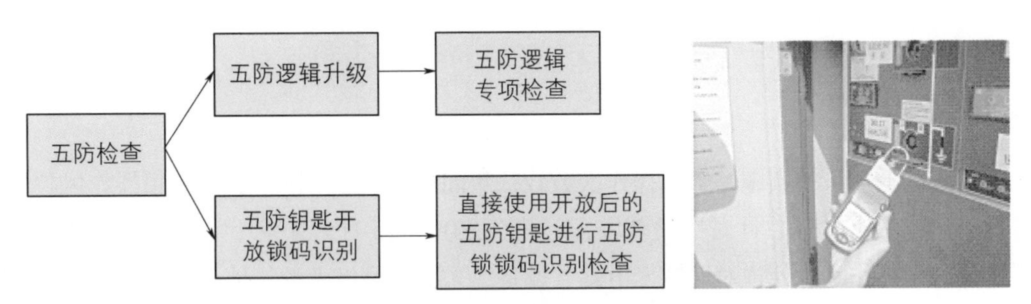

图19　精简后的锁码识别流程

图20　小组讨论

（2）查询资料进行整合与完善。通过翻阅往年有关五防检查的资料，结合新下发的《国家电网公司变电运维通用管理规定》中关于五防检查的内容，经过提炼并整理，制作了新的防误闭锁装置检查指导卡（图 21）。

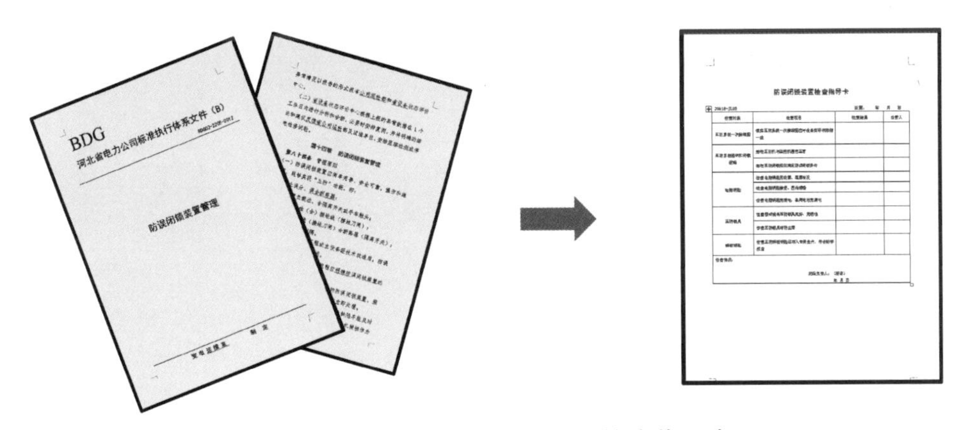

图21　制作新的防误闭锁装置检查指导卡

三、实施效果

通过以上对策的实施，解锁操作次数较往年同期有明显下降，五防解锁操作风险值降低；巡视的有效性、针对性显著增长。截至 2016 年 3 月，未发生一例由于五防操作所造成的误操作事故，这对所辖变电站、设备、人身都是极大的保护。

安全意识与习惯的养成——安全一分钟

班组：国网河北培训中心会议管理中心综合管理部

一、产生背景

为确保各项工作的安全，改变以往职能部门几个人关注，基层淡漠、应付的现象，以电力行业各类安全规则为指导，结合各类安全相关规定，依据《安全工作票》等相关要求，根据后勤服务行业的工作特性，如何在安全管理制度健全、安全措施到位的前提下，更加快捷、有效地为安全工作提供保障，使安全工作落在实处，并有效发挥员工的作用，使每个人都能成为"安全卫士"，牢守安全第一线，使这项看似虚幻实际上又看不见、摸不着的工作能持之以恒地开展下去，让员工能够做到时时关注安全，防止因麻痹大意发生安全事故，"安全一分钟"活动应运而生。

二、 主要做法

1．专题讨论，确定方案

自提出开展"安全一分钟"活动起，综合管理部组织召开专题会议，对"安全一分钟"开展情况进行详细布置及安排。要求各部门结合实际工作情况，制定本部活动方案及检查表格，上报后对各部门"安全一分钟"实施方案进行细化汇总并实施。

2．不断完善，发挥作用

实施过程中，职能部门对各部门表格填写情况进行抽查时，发现并未真正发挥"安全一分钟"的作用。因此，及时查找原因，分析问题，对相关执行表格进行了规范统一，明确张贴位置，对检查时间、区域范围、填写情况等提出具体要求。后期的执行过程中，有效地发挥了"安全一分钟"的作用。

3．自查联查，相辅相成

采用三级检查机制，即：部门负责人每天检查"安全一分钟"的执行情况，职能部门每周不定时进行抽查；会议管理中心每月安全卫生联查必查。三级检查机制的实施有效杜绝了一分钟执行不规范、不到位现象，真正做到环环相扣。

4. 绩效考核，公示结果

检查中对执行不规范、不到位现象，在实施初期给予口头警告，正式实施后与绩效考核直接挂钩。2016 年，检查发现个别部门领班在岗期间提前填写了“安全一分钟”的执行表格，经调查了解情况后，决定给予当事人通报批评和进行绩效处罚。

5. 不断创新，奠定基础

在一分钟活动的推动下，衍生了“安全一分钟”办公电脑屏保，起到双重提醒作用。同时，将一分钟列入了《安全责任状》中，2016 年年初完成了与各部的签订工作，层层落实了安全责任。

三、实施效果

几年来，此项活动的开展，使员工真正养成了关心安全、关注安全的良好习惯。在会管中心，“安全一分钟”不仅有效地发挥了员工参与管理的工作热情，更为到店宾客提供了安全保障，确保了安全工作的“零事故”。

同时，安全一分钟活动得到省公司及中心相关领导的肯定，2016 年被推广至中心，并接受各兄弟部室的学习与交流。

开展市县两级线损异常治理
提升公司降损增效管理水平

班组：国网沧州供电公司营销部低压用电检查班

一、产生背景

随着国家电网智能改造工作的不断推进，电力用户智能用电信息采集系统建设不断得以完善。依托用电信息采集系统，充分利用用电采集系统中的用户用电信息，实时掌握用电客户用电信息，实现线损异常及时发现、及时处理。开展“市县两级线损异常监测”是提升公司降损线损增效管理水平，贯彻科学发展观的重要举措。

线损指标管理是线损管理的核心，它明确了线损管理工作在一定时期内线损的管理活动与所达到的成果，是对构成线损指标体系的线损指标和线损小指标的全面管理，而线损率指标是最终的目标结果，线损小指标是对相关部门线损管理工作质量的管理和考核，体现了全过程的管理与控制。

二、主要做法

针对目前的基本状况，要取得降低线损率的效果，重点是抓好线损的过程管理，也就是抓好线损管理小指标的管理与考核，通过对各类小指标的量化管理，最终达到降低线损率的目标结果，见表1。

建立线损监控中心管控机构，对沧州地区的各项线损缺陷异常进行实时监控，筛选存在线损异常的用专公变用户，对异常问题进行分类汇总。每周下发线损缺陷工单，并及时回收各县公司反馈工单情况，对各单位反馈处理情况进行系统核查，统计工单回复和处理情况，同时对筛查出的异常用户及存疑工单进行统计，每周前往各县进行现场核查，每周、每月对各单位的工作完成情况进行分析、评价、总结，并将结果反馈至线损专门负责人员及领导进行审核，通过营销周例会对各县公司整改质量及完成情况进行通报。

表 1　　　　指标名称、说明及标准

序号	指标名称	指标说明	评价标准
一、线损率指标			
1	0.4kV 低压综合线损率	低压台区综合线损率	计划指标
2	0.4kV 农村低压综合线损率	农村低压台区综合线损率	计划指标
3	0.4kV 城区低压综合线损率	城区低压台区综合线损率	计划指标
4	0.4kV 单台区线损率	低压台区线损率	计划指标
二、线损管理小指标			
1	台区月度同期线损可监测率	台区月度同期线损可监测率 = 月度同期线损可监测台区数 / 台区总数 ×100%。可监测率不小于 95% 即记为 100%（能采系统 /186）	95%
2	台区月度同期线损合格率	台区月度同期线损合格率 = 月度同期线损合格台区 / 台区总数 ×100%。合格率不小于 80% 即记为 100%	80%
3	同期线损在线监测率	同期线损在线监测率 = 各单位同期线损在线监测台区 / 台区总数 ×100%。同期线损在线监测率≥ 95% 即记为 100%	95%
4	同期线损高损台区治理率	同期线损高损台区治理率 =［统计期内，各月 Σ（0.4× 台区月度同期线损可监测率 +0.3× 台区月度同期线损合格率 +0.3× 同期线损在线监测率）］/ 统计期止月份	90%
5	负损台区数量	线损率为负的台区数量	0%

续表

序号	指标名称	指标说明	评价标准
6	功率因数	配变利用率	农村公用配变台区功率因数不小于0.85，城区公用配变台区功率因数不小于0.90，专变用户功率因数不小于0.90，农业排灌用户功率因数不小于0.85
7	电能表远程采集率	用电信息采集系统远采成功率	98%
8	配电变压器三相负荷不平衡率	变压器三相负载	变压器三相负荷不平衡率不大于15%
9	用电检查	违约用电、窃电处理率	计划指标

在异常处理过程中主要采取以下措施：

（1）采取市（县）互查工作机制。采用规模作战的形式，每个县公司抽调用电检查人员1名，市公司统一分配，由市公司人员带队组成3个检查组，对城区本部及15个县公司开展反窃电、反违约用电检查行动。每个检查组每月根据《反窃电反违约排查清册》完成5个县公司核查工作。现场填写《反窃电反违约互查结果汇总表》并留存检查照片。

（2）对于计量、采集、抄表专业的异常，通过一把手签字确认、主管主任审核注销等方式执行工作跟踪单制度，强化缺陷的治理效果。针对市公司本部及各县公司反窃电、用电检查、负控采集等专业，下发营销部工作跟踪单，针对各项线损缺陷问题限时处理。

（3）实施实时线损监控，提升异常治理的效果和质量。依托SG186及用电信息采集系统，充分利用系统中的用户用电信息，实现线损异常及时发现、及时处理。通过对三相不平衡、功率因数异常等影响台区线损的异常情况进行智能诊断与精准定位，为低压台区线损分析提供数据支持，支撑线损管理智能化、精益化。线损缺陷异常监控处理情况见表2。

（4）每周、月评价考核机制到位。市公司每月对各县公司线损缺陷处理工作开展评价工作，编制《缺陷处理评价打分表》及《沧州供电公司线损缺陷处理月度评价报告》总结经验，对今后反窃降损工作提出指导性意见。

表2　　线损缺陷异常监控处理情况

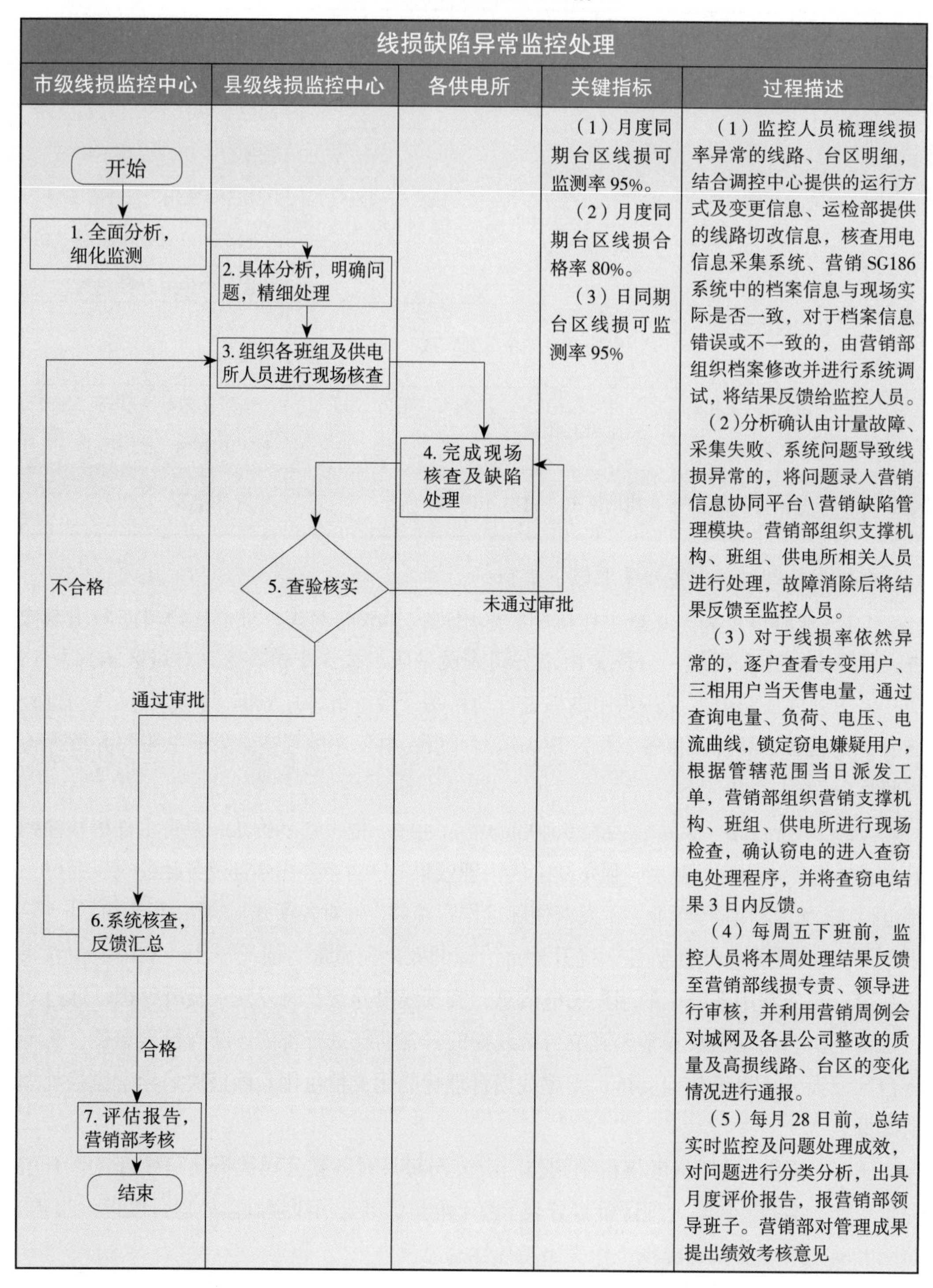

线损缺陷异常监控处理				
市级线损监控中心	县级线损监控中心	各供电所	关键指标	过程描述
开始；1. 全面分析，细化监测；6. 系统核查，反馈汇总；7. 评估报告，营销部考核；结束	2. 具体分析，明确问题，精细处理；3. 组织各班组及供电所人员进行现场核查；5. 查验核实	4. 完成现场核查及缺陷处理	（1）月度同期台区线损可监测率95%。 （2）月度同期台区线损合格率80%。 （3）日同期台区线损可监测率95%	（1）监控人员梳理线损率异常的线路、台区明细，结合调控中心提供的运行方式及变更信息、运检部提供的线路切改信息，核查用电信息采集系统、营销SG186系统中的档案信息与现场实际是否一致，对于档案信息错误或不一致的，由营销部组织档案修改并进行系统调试，将结果反馈给监控人员。 （2）分析确认由计量故障、采集失败、系统问题导致线损异常的，将问题录入营销信息协同平台\营销缺陷管理模块。营销部组织支撑机构、班组、供电所相关人员进行处理，故障消除后将结果反馈至监控人员。 （3）对于线损率依然异常的，逐户查看专变用户、三相用户当天售电量，通过查询电量、负荷、电压、电流曲线，锁定窃电嫌疑用户，根据管辖范围当日派发工单，营销部组织营销支撑机构、班组、供电所进行现场检查，确认窃电的进入查窃电处理程序，并将查窃电结果3日内反馈。 （4）每周五下班前，监控人员将本周处理结果反馈至营销部线损专责、领导进行审核，并利用营销周例会对城网及各县公司整改的质量及高损线路、台区的变化情况进行通报。 （5）每月28日前，总结实时监控及问题处理成效，对问题进行分类分析，出具月度评价报告，报营销部领导班子。营销部对管理成果提出绩效考核意见

三、实施效果

监控平台在健全工作标准和流程的基础上，不断创新监控方法，由原始的对专公变、低压用户异常数据筛查，逐步开展高损台区的常态化监控，目前已下发督办工单24期，共计下发线损缺陷3577个，其中专公变失压断相2168个，高损台区892个，自用电台区表码异常168个，反向电量三相表205个，有效反馈3094个。国网沧州供电公司打造市县两级实时监控平台，推进了县公司监控工作，带动了县公司监控、稽查工作的开展，持续依托监控平台，发挥了经营管理效益最大化。

常抓不懈严管理　筑牢防线保安全

班组：国网望都县供电公司彤霞供电所营业班

一、产生背景

深入开展“查隐患、找根源、强管理、保安全”活动。全面贯彻落实公司落实“安全第一，预防为主，综合治理”的安全生产工作方针，进一步完善供电所安全网络，每个班组都设立了安全员。层层签订了《安全生产承诺书》《安全责任状》《“三不伤害”保证书》《“不干私活、不私自干活”保证书》。组织开展了以“手拉手党员带头保安全，心连心党员带头送安全”集体签名活动，巩固安全生产稳定局面。2016 年 1—12 月共参加公司级培训及考试 12 次，开展了配电安规的培训考试工作。

二、主要做法

（1）坚持每周开展安全活动，按照安监部的月安全活动安排认真学习公司各项安全规程、制度及上级下发的各种安全文件、事故通报，认真剖析事故原因并吸取事故教训，制定切实可行的防范措施。认真分析安全形势及安全工作存在的薄弱环节，针对薄弱点制定整改措施。

（2）狠抓工作现场安全管理。积极开展无违章现场创建活动，全年创建公司无违章现场 1 个。办理工作票 42 张、抢修单 3 张、标准化作业指导书 312 份、高压倒闸操作票 349 张、低压倒闸操作票 0 张、共执行派工单 1912 张。三票执行率 100%，合格率 100%。

（3）按规定配齐安全工器具；建立《安全工器具台账》，账、卡、物相符；按《电力安全工作规程》规定定期进行试验，并填写《安全工器具测试记录》；按相关规定及“三十二字”原则进行保管，在安全工器具仓库应放有《安全用具检查记录》《安全用具领用记录》，并由供电所生产专责人进行管理，接受上级安全监督人员的稽查。

（4）认真执行“两票、三制”，所有施工、抢修作业，都要通过《省电力公司农电生产作业平台》从生产作业系统开票，使用PDA对作业流程进行全程控制。施工前一天，由工作负责人组织工作班成员进行班前一小时培训，主要对施工任务、作业风险点、预控措施进行学习。作业完成后，由供电所所长主持工作票总结分析小会，对施工中的不足进行点评。

（5）积极开展创建无违章供电所和争做无违章先进个人活动，只有市电力公司对无违章现场认定达到一定数量，供电所才有评先评优资格，也只有通过争取上级的奖励政策，才能提高员工的工资待遇。

三、实施效果

在彤霞供电所全体员工的共同努力下，安全管理得到有效提升，职工安全素质逐步提高，把安全管理纳入日常工作进行开展，作为一种企业文化共同遵循，使安全成为一种理念。全体员工以安全为理念，将以往的“要我学习”改变为“我要学习”，每个安全活动日以丰富多彩的形式开展，现场答题、互相考问、现场寻找违章等，大大提高了职工学习热情，安全技能得到大幅度提升。2014年度彤霞供电所被市公司授予先进集体光荣称号，同年被省公司命名为达标班组。

“随手拍”筑牢班组安全防线

班组：送变电公司石济客专河北衡水吴桥牵引站220kV配套供电工程施工项目部

一、产生背景

电网建设点多面广，安全事故隐患无大小，为贯彻“安全第一、预防为主、综合治理”的方针，深入推进安全风险管理，加强作业安全全过程监督管控，提升现场安全风险管控能力，确保人身、电网和设备安全。人人充当安全员的“随手拍”作为日常工作的一部分，鼓励员工留意工作中的电网安全隐患，通过“随手拍”及微信平台，无形中增加了安全隐患排查力量。

图1 “随手一拍”微信群

二、主要做法

同进同出人员对发现的行为违章、管理违章、装置违章、设备缺陷、安全隐患等随手一拍，并及时上传到组建的微信群进行晾晒（图1），对上传的“随手拍摄”的照片，由安全员及管理人员进行现场核实，照片要与不同施工工序、施工环境、重要跨越、重要施工相结合并分类，必须在项目部每月至少2次隐患排查及班组每周至少1次隐患排查工作和月度例会上留有痕迹。好的做法给予相应奖励，现场问题一旦发现立即纠正，每周进行汇总分析，及时反映问题的处理情况。在月度例会上组织全员学习，梳理各级安全责任。

三、实施效果

“随手拍”作为日常工作，使同进同出人员将更多的精力放到施工现场。同时，项目部第一时间得到了施工现场的安全情况。“随手拍”活动落实后，效果显著，在隐患排查记录中留有痕迹。自实施以来，项目部共收到随手拍照片 50 余张，其中反映隐患点 5 处，均已落实整改到位，有效筑牢了电网设备有序的安全防线。

班组检测及创新能力提升“两手抓”

班组：国网河北省电力公司电力科学研究院状态检测室

一、产生背景

状态检测室人员少，青年员工所占比例较大，具有高学历成员多、从事特高压方面建设经验少等特点，鉴于班组成员理论水平较高但特高压工作经验较少的现状，状态检测室科学合理地安排检测及创新能力提升计划，多措并举，缩短成才周期，让每一名员工可以快速成为班组建设的重要力量，提升班组整体实力。

二、主要做法

1. 成立专业攻关团队，提升中心检测能力

状态检测室优化整合检测资源，强化检测技术培训，加强新技术示范应用，完善带电检测技术手段，打造专业化的带电检测队伍，推动设备带电检测由被动向主动、由例行向常态化的转变，实现带电检测项目、范围的全覆盖。

状态检测室在内部成立专业攻关团队，分为变压器（含 TA、CVT、TV）、开关、过电压（含避雷器）、输电线路（含防灾减灾）等四个专业组，配电设备按类型纳入各团队。确定专业带头人及重点研究方向，结合最新检测技术，总结各类带电检测手段的有效性和准确性，将各类检测手段、仪器按厂家分为成熟型、待检验型、不推荐型三类，为今后的检测工作提供推荐依据；同时在完善变电设备带电检测能力的同时，加强诊断性试验设备的购置，尤其是输电专业检测能力的全面提升，做到输、变、配全覆盖、全提升，保证检测能力对运检专业的技术支撑。带电检测见图 1。

2. 重视技术培训，多措并举促进技能提升

为提高工作人员的工作能力，采取调研、技术培训、经验交流、现场演练（图 2）等多种措施促进技术人员尽快掌握特高压交接及带电检测技术，确保了各项试验顺利进行。在特高压准备工作初期就特别邀请保定天威变压器有限公司专家讲解 1000kV 变压器构造、原理及各方面运维知识；进行特高压调研，赴中国电力科学研究院对特高压建

设及运维过程中的有关情况进行调研学习，重点调研了特高压工程监造、交接试验、生产验收、运行维护及带电检测等工作内容；开展“技术经验交流会”，就高压交直流输变电设备工作原理、检修试验标准及方法、运维技术要求及设备故障以及缺陷处理方法等内容进行学习培训，提高了技术人员高压交直流输变电设备运维能力和设备故障、缺陷的处理水平。

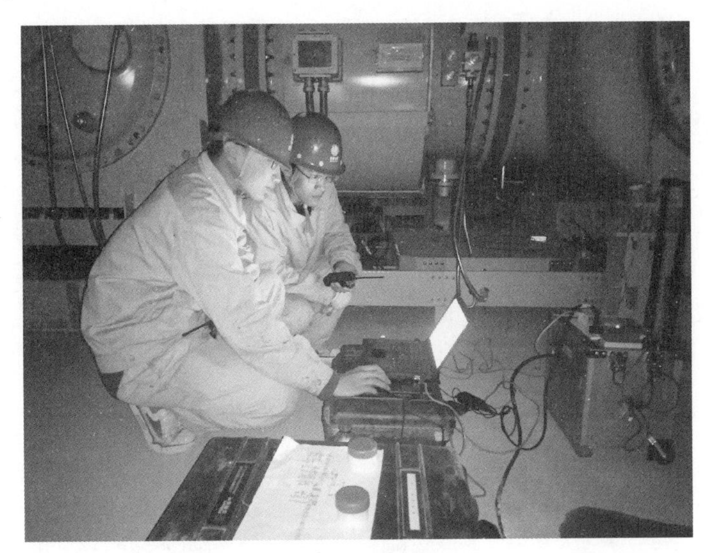

图1　带电检测

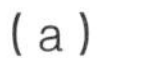

(a)

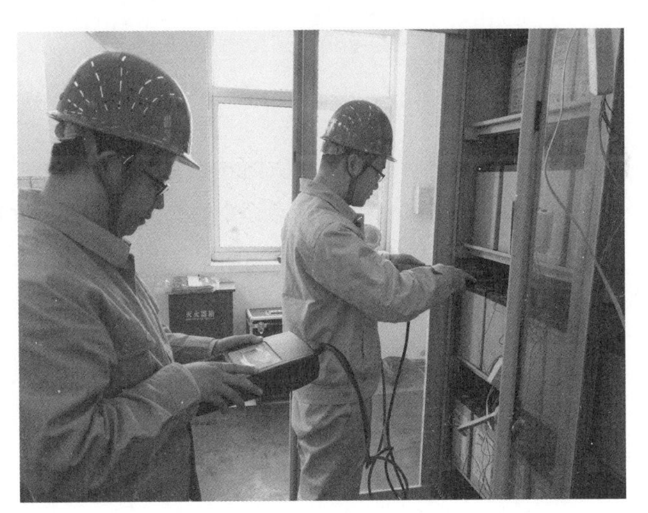

(b)

图2　现场演练

3．强化全员安全培训，提高全员安全意识

安全是一切工作的重中之重，安全培训工作是一项需要常抓不懈的重点工作，大力营造“安全生产、人人有责”的氛围，以规范班组成员安全行为，使安全工作实现可控、能控、在控。状态检测室每周组织安全培训活动，组织作业人员对每个作业行为进行自评和互评，以杜绝违章行为，提高班组员工安全操作水平；针对班组人员结构年轻的特点，把部门安全学习和全员培训师主题活动相结合，要求年轻员工进一步将现场试验工作与作业指导书危险点分析，尤其是安全红线项目相结合进行总结，强化信息安全要求，以集中学习（图 3）和交流培训相结合为手段，达到提高安全意识的目的。

图3　集中学习

4．加强人才培养，着力队伍建设

为继续加强对年轻员工的培养力度，不仅要确定每一名年轻员工的主攻方向，还要加强引导力度、传递成才压力、搭建学习平台，积极参加现场故障诊断和事故分析，让年轻员工多总结提高，力争让年轻人做到技术上精益求精、作风上踏实过硬，争取早日成为专业领域内的专家级人才。

状态检测室员人员结构年轻，现场工作经验较少，针对这两个特点，班组进行了针对性工作提升计划：在日常工作中，班组建立“人人都是培训师”的培训制度，每周组织员工将自己的学习体会、工作经验与大家一起分享，每周一个技术专题，通过 PPT 专题讲解进行信息资源的有效沟通，促进了员工各方面能力的提升；在施工现场坚持师徒“传帮带”机制，让每一名新人都有“师傅”负责，在老员工悉心指导带领下，青年员工成长迅速，这两年通过现场磨炼，技术水平都取得了长足进步，部分经验丰富的技术人员已成为国网内相关专业的技术带头人。

5. 整合资源、开拓能力，不断提升创新水平

一是以QC、工人创新等创新活动为载体，引导班组梳理“发现问题是成绩，解决问题是创新”的新思维，促进了员工人人立足创新；二是建立全员平台，树立“人人都是培训师”的培训制度，每个员工轮流当培训老师，每周组织培训，促进了员工整体技术水平提高；三是以在技术技能、工作经验、创新能力方面工作较为突出的员工设计创新工作室，发挥引领和带头作用，围绕解决安全生产、新技术、新设备应用问题进行深入创新，促进了职工技术创新活动显著提升。近一年来，状态检测室获得省科技进步奖励1项，省公司科技进步奖6项，申请发明专利20余项，获得专利授权9项，创新成果突出。

三、实施效果

状态检测室通过检测能力与创新能力“两手抓”，积极开展班组建设。在检测能力提升方面，通过调研、技术培训、经验交流、现场演练等多种措施促进技术人员尽快掌握特高压交接及带电检测技术。一系列措施的采取，状态检测室战斗力明显提高，顺利完成特高压北京西站和石家庄站调、19个500kV变电站带电检测、30余条线路参数测试等各项任务，确保电网安全稳定运行。

在创新能力提升方面，通过树立“人人都是培训师”、建立创新工作室，不仅立足于解决问题更有所突破创新，充分调动了员工的积极性，通过努力，状态检测室获得省科技进步奖励1项，省公司科技进步奖6项，申请发明专利20余项，获得专利授权9项。2017年状态检测室获得“国网公司优秀班组”称号。国网河北省电力公司电力科学研究院状态检测室将继续秉持优良作风，开拓进取，为电网的安全运行保驾护航。

第三篇 班组技能建设

创新 LWHT 四维培训模式
全方位促进员工成长

班组：国网保定供电公司变电检修室二次检修一班

一、产生背景

二次专业工作内容主要分为继电保护和变电站综合自动化两部分，具有专业性强、设备多样、技术更新速度快的特点。二次检修一班人员流动性较大，有经验的中坚力量都有所削减，班组呈现结构性缺员的现状。班组成员理论知识丰富、接受能力强，求知欲高，创新能力强。班组目标是：培养青年员工尽快熟悉掌握业务知识，尽快成长为技术骨干；新员工们创新能力强，为老师傅带来新想法和新建议，为班组注入新鲜血液。二次检修一班通过 LWHT 四维培训模式，结合定时讲座和随时培训全方位开展差异化培训，大大提高了员工的综合技术水平。

二、主要做法

LWHT 四维培训模式指通过将"长宽高"培训方式结合"时"间接点开展动态差异化技能培训。四维度具体如下：

（1）L，length 长度，指每位成员的特长，包括专业和个人能力两方面，例如二次回路、综自技术、写作技巧、展板制作、PMS 系统流程等。每位员工都有成为培训主讲人的机会，时间恰当的时候拿来在班组或专业的平台上分享。

（2）W，width 宽度，指以班组或者专业为基础的多人学习、交流、讨论平台，以拓宽大家的见识面和思维领域。老师傅们向新员工分享技术经验，新员工反馈新想法、新思路，整体实现"闭环"交流。

（3）H，height 高度，指通过以上两个步骤促进班组全体成员专业技术和各方面能力的全面提升，达成全员成为复合型人才的目标。

（4）T，time 时间，指定时培训结合状态培训，通过周期化、多层次、全方位的技术培训和针对性强、随时随地的实时培训（图 1）。定时培训形成常态化技能培训机制，实施“每日一题 + 每周一课 + 每月一考 + 每季一总结”的形式：每日一题即在例行试验工作中，新参加工作的员工开展“每日一题”，每天学习一个新问题并解决；每周一课即班组每周组织开展讲座，内容丰富多样，全面发展员工能力；每月一考即一定阶段的培训后，员工们通过不计成绩考试的方式对学习情况进行摸底；每季一总结可以采用 PPT 课件展示和心得分享等灵活的方式。

图1　实时培训

例如：在一次变电站新增间隔后需修改后台系统的相关设置，二次检修一班工作负责人因学习过后台数据库的修改方法，在工作现场，他向同行的新员工及时讲解了修改数据库的工作流程，包括后台数据库的修改、主画面和分画面的编辑以及后续的传动调试工作，使新员工实现了“每日一题”。工作结束后，他对本次工作内容进行了整理，在班组的“每周一课”上分享了自己的学习心得，让大家都学会了这一项技能，提高了工作能力。之后并在工区组织的培训中进行讲解，专业互通，为班组间配合工作打下良好的基础。以上就是“长宽高 + 时”四维培训在实际应用中的一个实例。

三、实施效果

二次检修一班开展 LWHT 四维培训模式，营造了“学习型班组”氛围，激励员工保持学习热情，同时也为员工搭建一个自我展示的舞台，促进了青年员工对专业技能的掌握，增强了全体员工的各项工作能力。

在日常工作过程中师傅们传经验、带技能、带作风、促质量、保安全，针对现场问题，尽心尽力为青年员工们答疑解惑，让青年员工安安全全做工作，时时刻刻有收获。在班组上开展课程培训，集中、完整地进行各项理论技能讲座，使员工稳定进步。状态培训时间灵活、形式多样，专业针对性强，接受效果良好，对于员工快速进步有着明显的促进作用。在每月的总结中实施“闭环”交流，实时反馈互补。班组整体专业技能和日常管理工作能力得到全面提升。

专业攻坚　技能建设焕新颜

班组：国网沧州供电公司变电检修室二次检修一班

一、产生背景

随着电网智能化的不断发展，二次检修专业的范畴集合了保护、自动化、直流三大专业，横跨微机保护、综自系统、智能变电站等多个领域，是名副其实的“大二次专业”。随着“三集五大”体系建设大运行体系、大检修体系的不断深化，二次检修专业管理中暴露出来越来越多的短板，“头大脚轻”的管理现状日益显现。作为一线的二次检修班组更是同一班组对口多个专业管理部门，专业管理难度大幅增加，“如何使脚的步伐能够跟上头脑的思考”是摆在二次检修班组面前的一个重要课题，为此变电检修室二次检修一班实行了“专业攻坚”的方法对班组的技能建设进行整合重组。

二、主要做法

（一）创新管理方式，强化专业设备主人职责

沧州公司变电二次专业曾在河北南网率先提出“综自专业自主维护”的理念，通过整合资源，创新管理方式，解决由于对综自厂家的严重依赖，有效提升变电二次专业队伍实力。在总结“综自专业自主维护理念”管理经验的基础上、延续“综自专业技术攻坚小组”的模式，在班组设立“大二次设备”管理主人（管理厂站以综自、智能站集成商为主进行划分，大二次设备包括本站综自设备、保护设备、自动装置等所有二次设备及回路），在班组形成以技术攻坚小组为主体、全员参与整体专业管理的“大二次专业管理团队”。

团队组成如图 1 所示，综自专业技术攻坚小组如图 2 所示。同时通过以下两种措施开展团队工作。

（1）统筹资源，简政放权，赋予“大二次设备管理主人”更多管理职责。技术攻

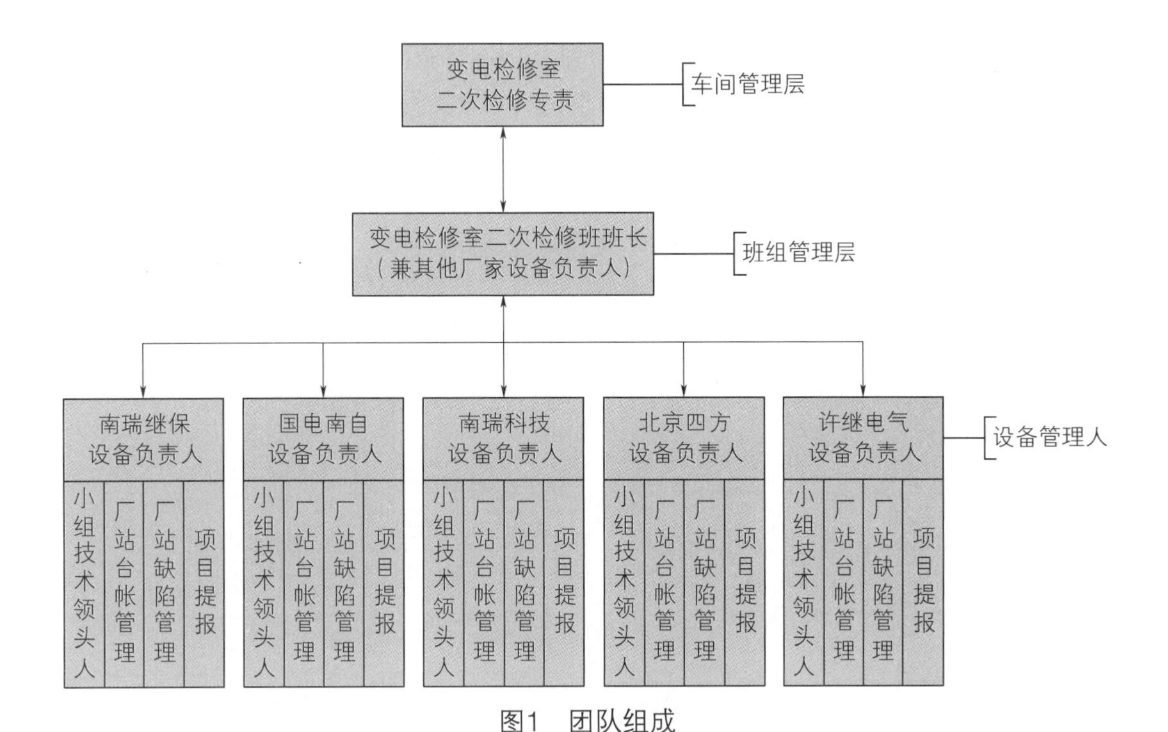

图1　团队组成

综自专业技术攻坚小组

姓　名	主　攻	副　攻
XXX	国电南自	南瑞科技
XXX	许继电气	国电南自
XXX	南瑞继保	北京四方
XXX	北京四方	南瑞继保
XXX	南瑞科技	许继电气
XXX	南瑞继保	北京四方
XXX	北京四方	南瑞继保

所辖变电站：
国电南自：16座　北京四方：5座　南瑞继保：6座
南瑞科技：9座　许继电气：7座

本周重点

经验交流

图2　综自专业技术攻坚小组

坚小组具有设备厂商技术引领、设备台账管理、缺陷管理、工程项目提报等管理职能，同时以后台集成商为主进行划分，大大减少了设备种类。按专业攻坚分组对设备进行管理人划分，管理人全面掌握设备的运行、缺陷、改造等情况。将设备相关的所有资料集成在一张表单中通过链接关联（图 3），方便并及时、无遗漏地维护设备资料，使基础管理更加精细、数据信息更加准确、计划安排更加及时。

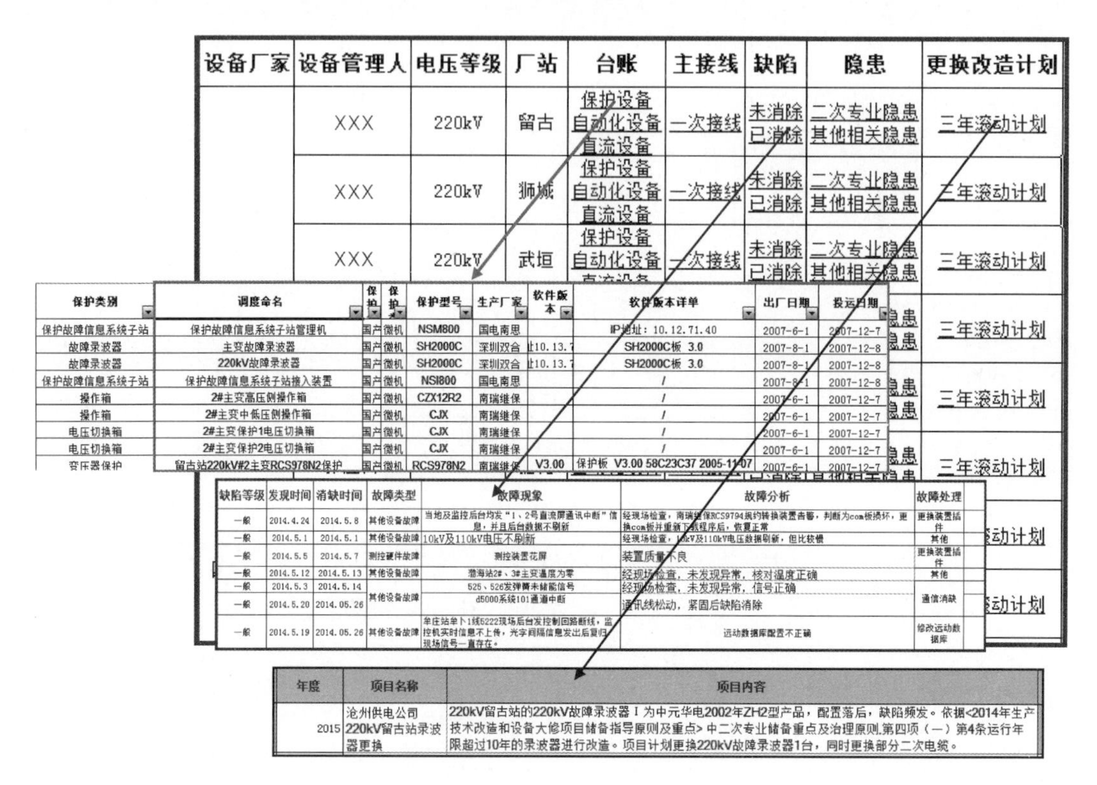

设备厂家	设备管理人	电压等级	厂站	台账	主接线	缺陷	隐患	更换改造计划
	XXX	220kV	留古	保护设备 自动化设备 直流设备	一次接线	未消除 已消除	二次专业隐患 其他相关隐患	三年滚动计划
	XXX	220kV	狮城	保护设备 自动化设备 直流设备	一次接线	未消除 已消除	二次专业隐患 其他相关隐患	三年滚动计划
	XXX	220kV	武垣	保护设备 自动化设备 直流设备	一次接线	未消除 已消除	二次专业隐患 其他相关隐患	三年滚动计划

保护类别	调度命名	保护	保护	保护型号	生产厂家	软件版本	软件版本详单	出厂日期	投运日期
保护故障信息系统子站	保护故障信息系统子站管理机	国产	微机	NSM800	国电南思		IP地址：10.12.71.40	2007-6-1	2007-12-7
故障录波器	主变故障录波器	国产	微机	SH2000C	深圳双合	址10.13.7	SH2000C板 3.0	2007-8-1	2007-12-8
故障录波器	220kV故障录波器	国产	微机	SH2000C	深圳双合	址10.13.7	SH2000C板 3.0	2007-8-1	2007-12-8
保护故障信息系统子站	保护故障信息系统子站接入装置	国产	微机	NSI800	国电南思		/	2007-8-1	2007-12-8
操作箱	2#主变高压侧操作箱	国产	微机	CZX12R2	南瑞继保		/	2007-6-1	2007-12-7
操作箱	2#主变中低压侧操作箱	国产	微机	CJX	南瑞继保		/	2007-6-1	2007-12-7
电压切换箱	2#主变保护1电压切换箱	国产	微机	CJX	南瑞继保		/	2007-6-1	2007-12-7
电压切换箱	2#主变保护2电压切换箱	国产	微机	CJX	南瑞继保		/	2007-6-1	2007-12-7
变压器保护	留古站220kV#2主变RCS978N2保护	国产	微机	RCS978N2	南瑞继保	V3.00	保护板 V3.00 58C23C37 2005-11-07	2007-6-1	2007-12-7

缺陷等级	发现时间	消缺时间	故障类型	故障现象	故障分析	故障处理
一般	2014.4.24	2014.5.8	其他设备故障	当地及监控后台均发“1、2号直流屏通讯中断”信息，并且后台数据不刷新	经现场检查，南瑞继保RCS9794规约转换装置告警，判断为com板损坏，更换com板并重新下载程序后，恢复正常	更换装置插件
一般	2014.5.1	2014.5.1	其他设备故障	10kV及110kV电压不刷新	经现场检查，10kV及110kV电压数据刷新，但比较慢	其他
一般	2014.5.5	2014.5.7	测控硬件故障	测控装置花屏	装置质量不良	更换装置插件
一般	2014.5.12	2014.5.13	其他设备故障	渤海站2#、3#主变温度为零	经现场检查，未发现异常，核对温度正确	其他
一般	2014.5.3	2014.5.14	其他设备故障	525、526发弹簧未储能信号	经现场检查，未发现异常，信号正确	通信消缺
一般	2014.5.20	2014.05.26		d5000系统101通道中断	通讯线松动，紧固后缺陷消除	
一般	2014.5.19	2014.05.26	其他设备故障	单庄站单卜1线5222现场后台发控制回路断线，监控机实时信息不上传，光字间隔信息发出后复归，现场信号一直存在。	远动数据库配置不正确	修改远动数据库

年度	项目名称	项目内容
2015	沧州供电公司220kV留古站录波器更换	220kV留古站的220kV故障录波器Ⅰ为中元华电2002年ZH2型产品，配置落后，缺陷频发。依据<2014年生产技术改造和设备大修项目储备指导原则及重点>中二次专业储备重点及治理原则.第四项（一）第4条运行年限超过10年的录波器进行改造。项目计划更换220kV故障录波器1台，同时更换部分二次电缆。

图3　表单链接关联

通过这样的设备管理方法，积极采纳设备管理人的建议，可以避免出现因保护更换、测控不更换造成测控二次回路无图作业等隐患行为，加强二次专业间工程项目的统筹管理，提升大修技改工程规划的合理性和实用性，提升二次专业工程项目管理的总体水平。

（2）建立团队会商机制。每月定期召开团队会议，进行专业要求的宣贯，讨论上一月度在管理、工作中出现的问题和解决方法，布置下一月度工作要求，自上而下，贯彻到底，实现真正的扁平化管理；学习各攻坚小组上一月度解决的典型缺陷，针对设备情况进行讨论，协商制定应对方案，做到各专业小组间信息互动。每项工作共同承担、相互提醒，保障安全生产工作的进行，如图 4 所示。

图4　团队会议

（二）倡导团队文化建设，提振专业队伍士气

近年来一线班组超负荷运转情况严重，加上班组管理水平大幅降低，众多一线员工在每天疲于应对工作，同时还要面对“大二次专业”技术的不断更新，不免有些怨言，致使日常工作中负能量激增，班组“比、学、赶、帮、超”的工作氛围日益涣散。随着新进员工的补充，如何营造良好的工作氛围，激发正能量，焕发年轻人应有的冲劲、拼劲、责任感，是班组专业工作的一项重要工作。

班组通过专业攻坚形式的施行，大力倡导一种“和”的团队文化，营造和谐、团结与奋斗的工作氛围。“和”的结果首先是保持了高度和谐的人际关系、团队成员密切合作的工作环境；其次，在工作过程中表现为集体的一致性；再次，“和”的贯彻和运用，使所有员工都明确自己的奋斗目标，将自己的奋斗目标指向团体的奋斗目标，把个人的方向转化为团体的方向。“和”的结果是加强了组织内部的凝聚力，带来了高质量和高效率，树立了良好的团队工作作风。

（三）搭建平台、采光剖璞，传递正能量，建设高质量人才梯队

2015 年以来，随着变电二次人员的大幅流动，同时引入了不少青年员工，造成了如今班组人才梯队出现严重断层的局面，同时随着二次专业技术的不断发展，原有的人才成长和培训方式已不能满足现有工作需求，因此寻找一种合理的人才梯队建设模式是

目前专业发展的重要一步。

通过“大二次设备管理主人”这一角色，一是为青年员工搭建一个展示自我综合能力的平台，这里既能展现其专业技术实力还能充分施展其管理才能。二是以此为基础，降低了专业学习难度，再结合形式多样的技术培训，包括厂家技术培训、工作现场“师带徒”培训等，有效提升人员技术实力。三是继续鼓励有能力的员工继续开展独立作业，提升熟练度的同时，为其他青年员工树立榜样。

通过以上举措，在建立一个高质量的人才梯队的同时，更能有效地提升安全管控能力，为安全生产打下坚实基础。

三、实施效果

通过以“专业攻坚”为核心的以上措施，二次检修一班整合专业资源、明晰岗位职责、优化管理流程、细化指标体系，建立了“一个团队、一种文化、一种融合、一个平台”，将班组的专业管理和技能建设提升到了新的高度。

一个团队：整合资源，简政放权，建立了自上而下的扁平化“大二次专业管理团队”，形成了“上到下，贯彻到底；下到上，逐级把关”的管理模式。

一种文化：倡导“和”的团队文化，营造了和谐、团结与奋斗的工作氛围。

一种融合：建立了团队内部各专业间的融合机制，规范了专业管理流程，统筹了“大二次”专业规划。

一个平台：借助“大二次设备管理主人”管理模式，为有能力的青年搭建了展示综合能力的平台，形成了“人人想方法、人人想管理、人人想争先”的正能量氛围。

加强“练兵场”建设
为“两提升”注入新动力

班组：国网正定县供电公司

一、产生背景

随着“三集五大”体制改革的不断深化，县级供电企业不同程度地存在一些共性问题，如缺乏优秀拔尖专业技术技能人才，部分岗位人才断档、青黄不接，熟练掌握新设备、新技术的一专多能复合型人才稀缺，没有培训场地，培训设备设施落后等。这些问题的出现既影响了企业的快速发展，也极大地制约了培养班组人才队伍建设工作的稳步推进。面对这些难题，只有通过加强练兵场建设，为公司员工提供优质的培训场地和设备设施，提高员工技能水平，加快高素质一线员工队伍的培养步伐，努力营造有利于技能人才成长的良好环境，激励优秀技能人才脱颖而出，全面提高一线员工队伍的综合素质和服务技能。

二、主要做法

（一）集思广益，攻克“三个难题”

场地、设备、资金是练兵场建设中的三个难题，以公司现有条件，进行大规模的基础设施建设并不现实。为此，公司领导班子在广泛调研论证的基础上，充分整合利用社会资源，由下属正达电力建设中心与正定国家乒乓球训练基地洽谈协商，签订协议长期租赁该基地一块闲置土地，并协调县工商局、教育局等部门，申请变更营业执照，正式挂牌成立正定县供电公司练兵场。栽下梧桐树，才能引来金凤凰。确定场地后，公司积极引进市公司培训项目，培训单位进场练兵自带材料、工器具，逐步完善设备设施，一边开展工作一边积累经验，一举破解了无场地、少设备、缺资金的难题，为练兵场的可持续发展打下坚实基础。

（二）结合实际，实现“三项创新”

（1）实现“菜单式”培训。“菜单式”即将练兵场可开展培训项目菜单化，将可举办培训项目分类分区域一一列出，让员工一目了然，可结合自身技术技能特点，选择适合自身需求的培训项目，进行“点餐式”培训，增强了培训的针对性和实际效果。

（2）实现“镜面式”培训。“镜面式”即构建培训项目统一的标准化流程和模型，让员工按规定步骤对比模型进行操作，对照标准化流程查找自身操作存在的问题和缺陷，规范实际操作的工艺流程。

（3）启动“孵化器”模式。企业孵化器是以公司创新成果为服务对象，即对公司生产经营等中心工作开展业务“诊断”，经过产卵期（查找和发现问题）、孵化期（分析和解决问题）、破壳期（成果诞生并出栏）、成熟期（成果应用及推广），确保创新成果的成活率和成长性，从而达到培养孵化成功的创新成果和创新人才的目的。主要过程是，通过查找并发现问题后交由孵化器进行项目研究，孵化器将项目配发到合适的工作室进行孵化，工作室经过一系列研发工作后形成初步成果，聘请专业技术人才在练兵场模拟应用和诊断，审核后交由生产经营工作一线供电所进行第一次实际应用，如实际应用后发现问题和缺陷，交回孵化器，如创新成果可行交由公司相关部门进行专利申报和推广，孵化器组织专家组进行业务“诊断”分析，确定解决方案，并提交相应工作室进行二次研发，直到成果成熟。

（三）科学谋划，搭建“三个平台”

（1）搭建青工常态培训平台。利用练兵场开展新入职员工和青年员工常态练兵，针对新员工和青年员工“理论强于实践”的问题，加强实际操作培训，通过简单、直接的现场操作，培养青年员工的动手能力和理论联系实践的能力，为公司技术技能人才队伍输送新鲜血液，确保各专业人才队伍结构均衡、传承有序。

（2）搭建员工技能提升平台。结合公司年度培训计划和上级单位竞赛调考计划，有针对性地开展实训练兵，组织了生产 MIS 系统应用技能竞赛、配网运行技能竞赛、低压装表接电技能竞赛、抄表核算技能竞赛等，提升员工岗位胜任能力和业务技能，加快高素质一线员工队伍的培养步伐，努力营造有利于技能人才成长的良好氛围，激励优秀技能人才脱颖而出，有效保障电网的安全稳定运行和公司的科学发展。

（3）搭建供电所练兵平台。充分利用练兵场开展“每月一练”活动，结合年度重点工作，有针对性地组织供电所员工进行表计安装、农排表计故障排查、低压线路架设、电力电缆敷设和故障点查找等技能操作培训，提高供电服务公司员工技能操作水平。组织供电所长进行农电生产 MIS、营销 SG186、信息采集系统等实际操作培训，提高供电服务公司员工业务素养。通过练兵，提升供电服务公司员工技能水平，更好地服务广大用电客户，展示供电企业良好形象。

三、实施效果

（1）提升了员工技能水平。练兵场建成后，成为了公司创建学习型个人、学习型班组、学习型单位、学习型企业的一个载体，通过全面开展全员练兵活动，使公司员工技能水平得到进一步提升。2014 年以来，公司员工在市公司生产 MIS 系统应用技能竞赛中取得团体第四名的好成绩，在市公司用电业务受理竞赛中取得个人第二名的优异成绩，在市公司农网装表接电技能竞赛中一举夺得个人第一名和团体第二名，实训练兵成效初显。

（2）构建了人才发展梯队。通过对新员工、青年员工、班组和供电所等一线技术技能人员的练兵实训，促进了一专多能的复合型人才培养，为关键、紧缺、断层岗位及时输送优秀技术人才，建立了部室主任、青年后备干部、班（组）长的梯次人才成长模式和人才储备机制，进一步平衡了各部门员工年龄结构，提升了员工专业技能和服务水平，构建了比例适度、科学合理的人才发展梯队，确保公司人才队伍层次结构合理均衡、技能技艺传承有序，为公司管理提升提供了强有力的人才保障。

（3）服务了河北电网系统。立足于练兵场的长远发展，公司根据省、市公司培训需要，积极引进省、市供电公司培训项目，搭建作业现场环境，满足特殊培训的场地环境要求，保证设备设施与生产现场同步或适度超前，提升练兵场的整体功能，为石家庄电网、河北电网提供更为方便、快捷、优质的培训服务。练兵场在满足公司自身培训需求的同时，还配合市公司完成了省公司农村低压用户接户线及表计安装竞赛和 2015 年、2016 年两期春灌保电技能培训，共 17 个县局 106 名选手参加了培训，通过精心的组织和周到的服务，受到培训学员和教练人员的一致好评。省市公司领导多次到练兵场进行实地考察，观摩了练兵场技能操作培训情况后，练兵场的建设及发展思路受到各级领导的高度评价。

实现光功率动态监测
提高网络运维效率

班组：国网衡水供电公司信通分公司信息运检班

一、产生背景

光缆作为综合数据网、信息网及传输网的主要载体，日常运维的规范性和光缆的抢修质量，直接关系到电力企业大量监测和业务系统的安全稳定运行。实际工作中，往往通过链路是否中断来评价日常运维和抢修是否完成，没有一套系统的监测方法和手段来评价、跟踪运维和抢修质量。比如，在日常运维中一次简单的封堵或光纤绑扎可能引入了衰减，或者光缆抢修过程中引入了超出正常范围的衰减。这些衰减的引入，一般情况下不会造成链路中断，现有网管系统也不能及时发现。但日积月累，往往造成调整纤芯时，发现部分纤芯衰耗过大，甚至不可用。至于是哪一次引入的问题，没有系统可以追溯，给故障定位和故障排除造成了一定的困难。

目前，国内外已有光功率监测手段，主要是在设备端口侧加入一个功率检测模块。这个模块一般采用 1/10 分光技术，对分光部分进行检测。这种检测模式会引入分光衰耗和法兰对接衰耗，同时每一芯待检测的光纤都需要增加硬件检测装置，检测成本高，只限于在大型网络的骨干层实施，无法大面积进行推广。

此外，我们对目前的主流网管做了调研和咨询，发现国内外无一家网管系统具备在线功率记录和比对功能。如国内知名网管华三的 IMC，华为的 U2000，上海北塔；国外 SUN 公司的 SunNctManager，HP 公司的 OpenView，IBM 公司的 NetView 等网管系统。主要原因是设备种类繁多，兼容方面存在一定难度；同时由于数据标准不规范等原因，在现有主流网管系统中难以实现对设备光功率（衰耗）的监测、统计和分析。

光缆衰耗作为日常运维以及光缆抢修过程中需要检测的重要指标，如何有效减少或避免光缆衰耗，保持光功率的稳定，实现光缆传输质量和光传输设备运行情况的可控、能控、在控，是本课题重点需要解决的问题。我们创新小组充分利用网络设备自身的光功率监测功能，结合常规的Telnet、SSH等远程设备连接方式以及简单网管协议（SNMP）等技术，将设备光功率（衰耗）数据进行实时采集、比对、分析、报警和汇总、展示，从而实现对日常运维及光缆抢修工作质量的有效监控，极大提升了光缆监测水平，提高了日常运维质量。

二、主要做法

本工具使用Winsock API与路由器、交换机建立Telnet连接，获取到设备的光纤发送功率和接收功率信息，并计算出光纤的衰耗值，实现光功率的动态监测。为尽可能减少监测给设备带来的负载，工具采用轮询的方式定期进行信息采集，既确保数据的及时性又保证设备负载的稳定性。

在具体设备方面，衡水综合数据网设备主要有华为NE40E、NE20E及华为97系列、93系列等，信息网设备主要有思科6509、思科3560、华三5500、华三3600等，上述设备除部分设备因系统版本过低显示不全外，其余设备均支持在线光功率监测，从而实现设备光功率监测的全覆盖。各设备光功率的查看命令见表1，登录设备的界面如图1所示，设备信息显示界面如图2所示。

表1　　网络设备光功率的查看命令

设备	命令
华为NE40E、NE20E	display interface GigabitEthernet 1/0/0
华为9703、9303	display transceiver interface GigabitEthernet 1/0/0 verbose
思科6509、3560	show interfaces transceiver detail
华三5500、 3600	display transceiver diagnostic interface

在采集到设备的光功率信息和光缆的衰耗值后，将这些信息与标准的收发光功率及标准的衰减值（可自定义）进行比对、分析和报警。如果当前衰减与标准衰减的差值符合要求（在一定范围内），即将采样得到的收发光功率、采样时间等进行存储。如果当前衰减与标准衰减的差值过大，系统将记录并报警。

填补空白：充分利用设备自身具有的光功率监测功能，弥补了国内外网管系统对光功率的监管空白，实现对光缆传输质量、光传输设备运行情况的有效监测，全面提升光缆运维水平。降本增效：利用设备自身监测技术有效替代硬件监测装置，在检测端无需任何硬件投入，既节约了安装硬件装置的购置费和维护费，又消除了因安装硬件装置产生的二次光纤衰减。

利用设备自身账户的权限分级功能，创建专属账户，将权限等级限制在只读范围内，避免出现对设备的误操作。对符合条件的设备使用SSH和SNMPv3以上技术手段加密传输，防止用户名和密码等敏感信息的泄露。启用ACL访问控制策略，只允许特定IP地址的用户访问设备，杜绝非法入侵事件的发生。

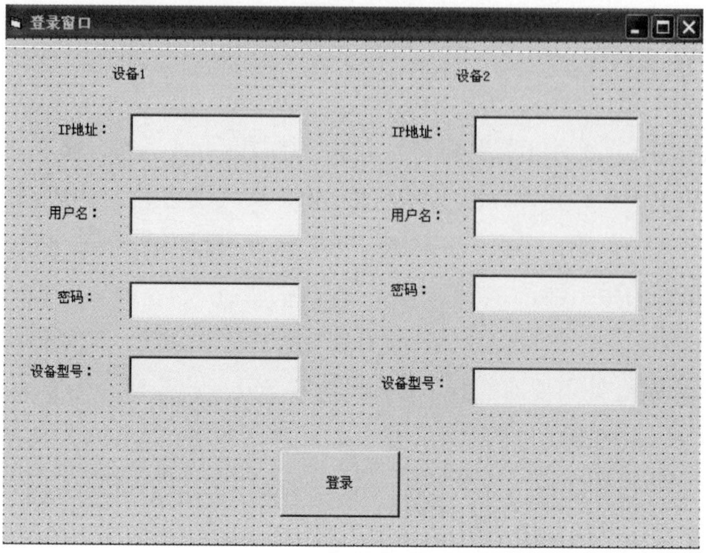

登录窗口

设备1

IP地址：

用户名：

密码：

设备型号：

设备2

IP地址：

用户名：

密码：

设备型号：

登录

图1　登录设备界面

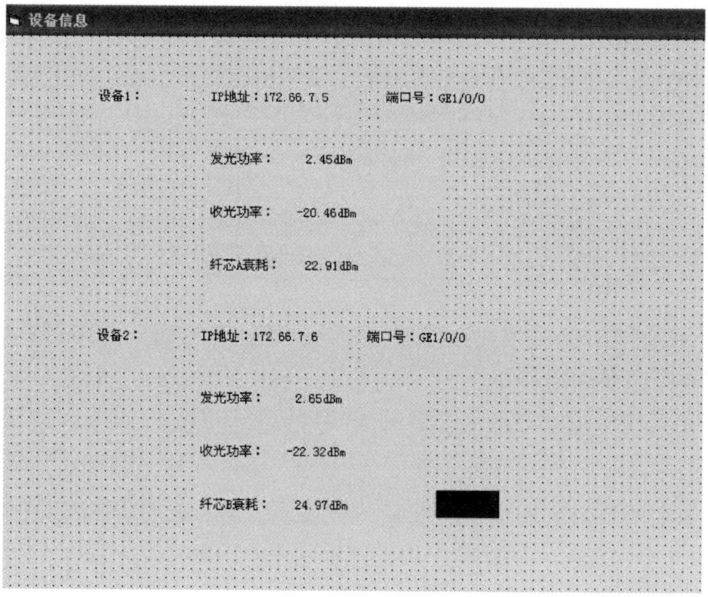

设备信息

设备1：　IP地址：172.66.7.5　端口号：GE1/0/0

发光功率：　2.45dBm

收光功率：　-20.46dBm

纤芯A衰耗：　22.91dBm

设备2：　IP地址：172.66.7.6　端口号：GE1/0/0

发光功率：　2.65dBm

收光功率：　-22.32dBm

纤芯B衰耗：　24.97dBm

图2　设备信息显示界面

三、实施效果

光功率动态监测工具适用于设备具备光功率监测功能的网络，如综合数据网、信息网汇聚层以上、县域传输网 PTN、光传输网 OTN（如烽火传输网等）。

通过录入光缆两端设备的 IP 地址、账户名、密码、设备型号等参数即可实现光功率动态监测，配置简单，兼容性好。

变被动为主动：以往运维、抢修都是出现传输中断后开展的被动补救措施。通过光功率动态监测工具，可以及时发现日常工作中因光缆抢修、日常运维（封堵、光纤绑扎或法兰松动等）引起的光纤衰减，实现对光缆传输质量、光传输设备运行情况的可控、能控、在控。

实现精细化管理：通过对每条光缆的传输质量、光传输设备的运行情况进行动态长期监测统计，建立一手准确资料，为今后通信网及信息网发展规划（路由优化、路径调整）及设备升级改造提供有力支撑。

以饶阳县公司信息网通道光功率低为例：去年年底，饶阳县公司信通运维人员反映公司存在打开网页速度缓慢的情况，市信通公司运维人员立即对上述问题进行排查。首先，运维人员查看了现有的网管系统，发现系统中无任何告警。然后，运维人员对饶阳县公司两端设备的收光功率进行了查看，虽然光缆衰耗偏高，但并未达到设备阈值。于是，运维人员将问题的重点放在了设备之间品牌、型号、端口等兼容性不好方面，并进行了大量的操作，但未有效解决该问题。今年年初，通过利用自主开发的光功率在线监测工具，对饶阳县公司信息网业务进行了长期动态监测。监测发现，上班高峰期，光传输设备发光功率随机抖动，光缆衰耗间歇性超出设备阈值。综合上述排查和分析，运维人员最终确定了问题所在，采取了优化路径、缩短距离的方法（光传输设备已是最远距离，无法更换），彻底解决了饶阳县公司打开网页缓慢这一问题。

工具运行至今，有效地解决了饶阳县公司信息网通道光功率低、西半屯站综合数据网光传输设备收发光不匹配等隐患问题 11 条。同时，通过本工具监测并纠正 5 起在日常运维中引入的非正常衰耗事件。

"一室、一房、一仓管"利用现有资源多方位开展培训练兵

班组：国网邯郸供电公司变电检修二班

一、产生背景

作为公司基层生产单位，若能确保安全生产和现场工作质量及工作效率就是对企业的最大贡献。为此，我们主变检修班组把培训工作多元化、丰富化，最大限度保证工作的顺利进行。

二、主要做法

改变以往单一出题考试的培训方式，利用现有资源多方位开展培训练兵，即微机室、练兵房和仓管。

（一）微机室

利用班组内的两台微机，扎实开展视频培训，开辟员工自主学习新途径。近期以来，变电检修二班组积极利用"网络大学"教育培训信息网络平台开展教育培训工作，通过开展视频培训，拓宽了培训渠道，丰富了培训内容，解决了员工工学矛盾问题。网络培训的开展为员工提供更多的自主学习权。在线培训的最大优势在于参训人员可以自主地安排学习时间、地点和内容。白天事情多，晚上抽空学；今天工作忙，明天抓紧学；平时单位事情多，假日可以来自学。同时，参训员工可根据本人的学习需要，缺什么补什么，哪个感兴趣就选学哪个。

（二）练兵房

通过与检修室领导许可，自己动手，利用大工房有限资源，建立自己专业的小型技

能培训基地，从而加大高技能人才队伍的培训力度。其主要目的是培养员工动手能力、磨炼操作技术，同时打破传统的讲课—听课—笔试—实践的培训模式，通过建立以操作为主要目标的授课方式，不但加强员工对所学理论知识的感性认识，训练学员的动手操作能力，又可提高培训教师的理论知识能力。全面提升员工岗位技能服务水平，从而建设一支素质过硬、知识能力领先的团队。

（三）仓管

莫看仓库小，内里学问大。班组所辖的小仓库准备的都是一些日常消缺、检修试验等工作必备的用具。班长常说，如果你能把这些工具使用熟练了，掌握了其中的技巧，那么你就成了一名合格的变压器检修工；同样，如果在一项大型工作前，你能够清楚地知道该准备什么工器具，需要携带什么备品备件，并且能做好人员统筹安排，你就具备了一名合格的工作负责人的能力。因此在我们班组所有的新人都有过当上“仓管”的经历，这样不仅锻炼了成员的动手能力，也为新员工练习统筹安排、学习管理提供了方便。这样，调动了每个员工认真学习专业知识、认真备战的积极性，增强了员工学习的实效性，为促进员工能力素质的提高打下坚实基础。

三、实施效果

现在，员工学习不再是简单地去完成培训任务，而是带着浓厚的兴趣，在工区开展的全方位培训教育中，成为一种自觉、一种常态。成功地实现了由被动学习向主动要求地转变，一种寓教于乐的氛围在班组成功实现。

每周一课教学沙龙
提升班组人员技术水平与凝聚力

班组：国网河北检修公司二次运检五班

一、产生背景

班组的承载力与班组成员的技术水平密不可分，要想建设一支团结高效的生产队伍，就要提高每一名班组成员个人技术素养。要想让工作开展得顺利有效，打造一支有战斗力的铁军，就要增强成员之间的了解，促进友谊，彼此帮扶，共同成长。在以往的培训工作中，强制性的、冗长的培训内容，死板的、重复性的培训教材，耽误过长时间的培训形式等让培训工作很难得到所有成员的积极配合。而脱产形式的集中学习更是在班组人员紧缺的情况下难以顺利进行。在这种情况下，我们需要一种新形式的、能调动积极性的、灵活的学习方式，让内容与工作中的问题直接相关，让内容与个人的思考和领悟相结合。

二、主要做法

（一）形式灵活，易接受

每周一课教学沙龙时间安排灵活，为了不影响班组正常的生产任务，均安排在生产工作的间隙，组织时间也比较短，人比较全的时候优先组织活动，主要是有一个形式能把大家组织调动起来，调动班组办公室气氛，形成一种积极向上的学习环境。如果在生产工作不密集的时间段，可以进行定期安排。这样形式灵活的沙龙课堂不会有统一培训的沉闷感，让班组成员更自愿地参与进来。

（二）学习内容多样，有新鲜感

每一个班组成员在进行每周一课教学沙龙时都是自己准备内容，自己开展授课。每一次的教学内容都不一样，小到缺陷处理心得，大到电力系统变革引起的深思以及居家生活的小窍门都被搬上了教学沙龙的小小讲台上来，五花八门的课题，学习内容非常多样，增加了班组成员的新鲜感，能够保证一直以来的学习兴趣。

三、实施效果

每周一课教学沙龙在办公室灵活进行，对班组成员提高生产技能水平、党性认识都有极大的帮助。班组成员的工作遇到了专业性的问题会通过每周一课教学沙龙拿出来研究学习，从而强化了每个人的技术知识，调动了积极性也增强了学习氛围；有时教学沙龙的讲台上也会出现一些对时事政治以及生活感悟的评论和分享，又让每一个班组人员多了一次学习时政和促进思考的机会。一个前进的班组离不开学习，三人行必有我师，理论与实践并行，感性和理性碰撞，情感和友谊的升华，这就是我们教学沙龙想要达到的目的。我们相信每一个人都不愿成为组织的短板，大家在前进的道路上步调一致，齐头并进，才能有更好的效果。

推广“四位一体”培训模式创建技能型班组

班组：国网邯郸供电公司配电运检室带电作业班

一、产生背景

班组作为电力企业的最基础管理单元，是实现安全生产、经营效益、企业文化及一切工作的基础和支撑。作为生产技能型班组，使配网不停电作业的发展能最大限度地减少停电时间，大大提高了供电可靠率，同时又直接面向用户，与百姓生活密切相关。

目前，班组工作日趋繁重和复杂，班组成员的压力也越来越大，对班组建设也提出了新的要求。这就要求班组建设具有与时俱进的特点，如何在新形势下搞好班组建设和班组成员个人发展成为了当前的课题。

为了能让班组成员不断提升带电作业技能水平，通过一系列措施的实施和标准的不断完善，以达到班组整体实力的提高，编制一套完善的技能培训及作业体系，从而加强班组技能建设，扎实开展班组建设活动。

二、主要做法

（一）建立“人才培训＋资质提升＋技能比武＋拔尖选树”四位一体培训模式

（1）班组通过开展学习公司文件和开展政治学习，从思想上端正工作态度，营造班组爱岗敬业文化氛围。

1）秉承“授人以渔”培训理念开展人才培训。

一是“授业”——开展理论培训，确保“全员全面”。

二是“解惑”——开展实操训练，确保“实际实用”。

三是“传道”——开展跟班学习，确保“共学共享”。

2）推行开展“三段式，一对一，师徒传帮带”多种模式的培训。

青年员工积极参加上级举办的各种业务技术和实操训练，与兄弟单位联系、建立合作关系，观摩比武竞赛；每月由带电专业管理担任课程培训主讲进行相关作业知识指导和讲解，定期对班组成员进行考试，加强理论知识学习，理论与实践有机结合（图1）。

（a）

（b）

图1　理论与实践有机结合

（2）秉承“准入资格”培训理念开展资质提升。近些年来，班组先后组织市、县公司人员进行学习培训累计70余人次，带电作业人员完成取证并具备独立作业能力（图2）。

（a）

（b）

图2　获取带电作业资质

（3）秉承“以赛促学”培训理念开展技能比武。班组秉承“以赛促学”理念，积极开展技能比武竞赛（图3），鼓励班组成员广泛参与，有效开展技能知识共享活动。带电班组织班组成员对在工作实践中累积的经验、绝招等进行总结，通过相互交流学习，共同提高，将一个人的经验、方法进行理论概括总结，继而转化为全班组人员的执行力和生产力。

(a)

(b)

图3 积极开展技能比武

（4）秉承“拔尖人才”培训理念开展选树拔尖人才。班组人员的技术水平直接影响到电力企业的技术创新、经济效益和安全运行，它是电力行业发展的基础。班组始终秉承“拔尖人才”培训理念，以人为本，注重对高技能人才的感情投入，为他们创造良好的沟通平台，选树班组拔尖人才（图4）以扩大高技能人才队伍。

图4 选树班组拔尖人才

班组进行现场作业和日常管理竞赛，与年度评先直接挂钩，培养不停电作业岗位人员荣誉感和积极性，形成争赶先进的良性环境，促进不停电作业工作全面高效开展。

（二）依托培训平台及多种培训模式形成技术标准的闭环管理

班组积极响应公司号召，组织人员对国网公司下发的技术标准进行学习，辨识职责范围内的技术标准，剔除工作中的废止标准，确保每项具体工作的每个步骤有据可寻，定期对班组成员进行宣贯培训（图5）。

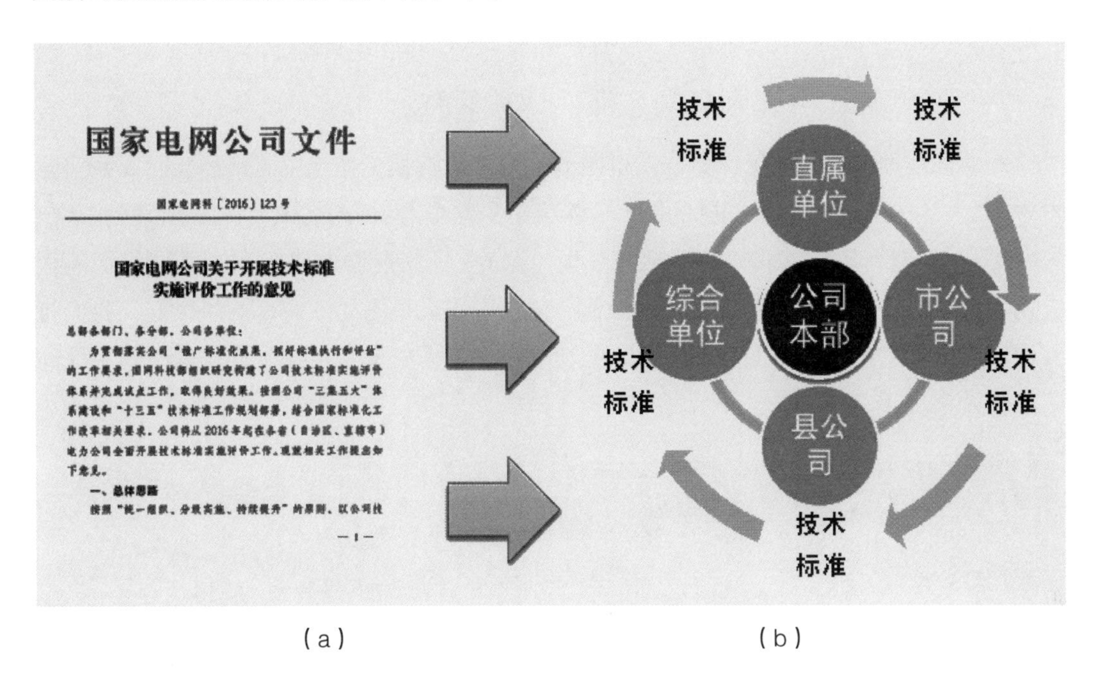

国家电网公司文件

国家电网科〔2016〕123号

国家电网公司关于开展技术标准实施评价工作的意见

总部各部门、各分部、公司各单位：

为贯彻落实公司"推广标准化成果，抓好标准执行和评估"的工作要求，国网科技部组织研究构建了公司技术标准实施评价体系并完成试点工作，取得良好效果。按照公司"三集五大"体系建设和"十三五"技术标准工作规划部署，结合国家标准化工作改革相关要求，公司将从2016年起在各省（自治区、直辖市）电力公司全面开展技术标准实施评价工作。现就相关工作提出如下意见。

一、总体思路

按照"统一组织、分级实施、持续提升"的原则，以公司技

— 1 —

（a）　　（b）

图5　技术标准辨识与宣贯培训

班组依托培训平台及"四位一体"培训模式，抓好班组员工的技能提升，做到计划→培训实施→考评→绩效管理闭环管理。班组前后共梳理出相关技术标准8项，新修订工序质量控制卡15项。把技术标准落地工作也由班组落实过渡到主动更新标准，及时更正现场规范的有序轨道上来。前后梳理出的八项相关技术标准如下：

（1）《10kV带电作业用绝缘平台使用导则》（Q/GDW 698—2011）。

（2）《10kV架空配电线路带电作业管理规范》（Q/GDW 520—2010）。

（3）《电力安全工作规程（配电部分）》。

（4）《配电网运行规程》（Q/GDW 519—2010）。

（5）《配电网检修规程》（Q/GDW 11261—2014）。

（6）《城市配电网技术导则》（Q/GDW 370—2009）。

（7）《配电网施工检修工艺规范》（Q/GDW 742—2012）。

（8）《配电网设备缺陷分类标准》（Q/GDW 745—2012）。

三、实施效果

（一）顺应专业发展趋势，推广技术创新

开展创新推广能够集思广益，新机制的实行，能够从工作当中总结经验、联系实际发现问题、分析问题、解决问题的能力，养成了主动思考、善于总结、自主管理的习惯。

（1）自制高压跌落式熔断器绝缘隔板（图6）。将所制的跌落式熔断器绝缘隔板应用到实际操作中，此装置材料轻、操作简便，操作人员不易疲劳，效果很好，我们将其使用在日常工作当中，充分发挥了它的功效，保证了安全，节约了操作的时间，提高了工作效率。

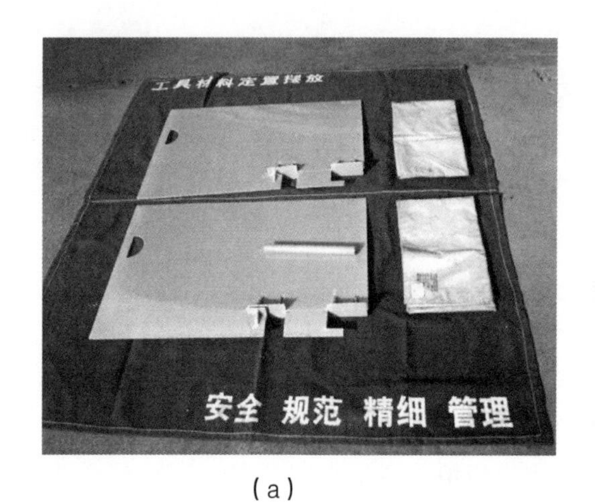

（a）

（b）

图6　自制高压跌落式熔断器绝缘隔板

（2）自制绝缘毯夹携带工具（图7）。自制绝缘毯夹携带工具的应用，节约了传递工具的时间，减少了地面电工劳动强度，使传递工作更快捷、更安全、更可靠。

（二）积极探索带电作业新技术、新方法

在河北省首次开展第三、第四类带电作业项目，同时完善相关标准化作业指导文件，规范作业流程，进一步加强了班组安全管理。

（1）开展旁路供电作业方式。停电作业与带电作业相结合开展，通过临时箱式变压器进行负荷转带，实现了在保证用户不间断供电的情况下完成配电变压器更换（图8）

及变台改造工作。

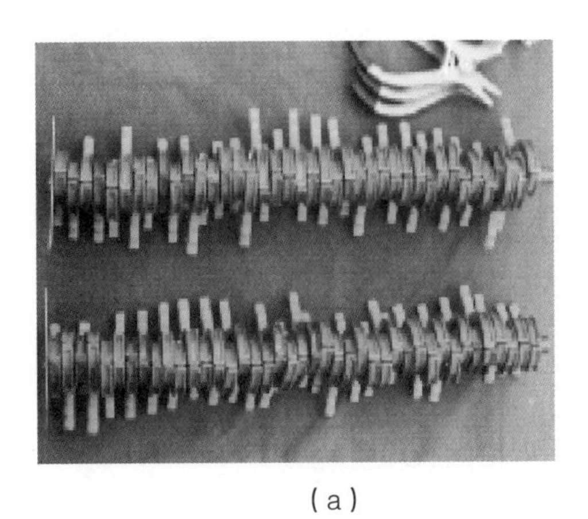

（a）

（b）

图7　自制绝缘毯夹

（a）

（b）

图8　不停电更换变压器

采用旁路供电作业方式进行配电变压器更换，相比传统停电更换作业方式可以提高供电量，提高了公司效益。自实行以来，拓宽了带电作业范围，顺应了配电线路检修未来的发展趋势，促进了作业人员的技能培训，提高了作业人员的专业技术水平，减少了95598 工作人员的受理话务量，减轻了工作压力，节省了人力。

（2）在河北省率先开展第三、第四类带电作业项目。2014 年，在国网河北省电力公司六地市中率先开展并完成第三、第四类带电作业项目（图 9），兄弟单位多次到带电作业现场观摩、学习。近年来带电作业化率指标等在河北省 6 地市内始终名列前茅，带电作业水平始终处于领先的地位，起到了标杆引领作用。

（a）

（b）

图9　10kV带负荷直线杆改耐张杆并加装柱上隔离开关

通过配网不停电作业项目拓展，进一步提升了带电作业人员的技术水平，规范了现场作业流程和行为，实现了专业发展的质的提升，为下一步全面开展带负荷更换柱上开关、旁路作业法等第三、第四类带电作业项目和电缆不停电作业项目打下良好的基础。

（三）不停电作业专业管理延伸

（1）以配网不停电作业中心县建设为契机，推进配网不停电作业专业延伸。2014年以来，带电作业班将“四位一体”培训模式推广至县公司带电作业专业，先后培训55名带电作业人员完成取证并具备独立作业能力，2015年指导国网武安市供电公司第一批通过省公司不停电中心县验收，2016年指导国网魏县供电公司不停电中心县通过验收，县域不停电作业仍然在推广当中（图10）。

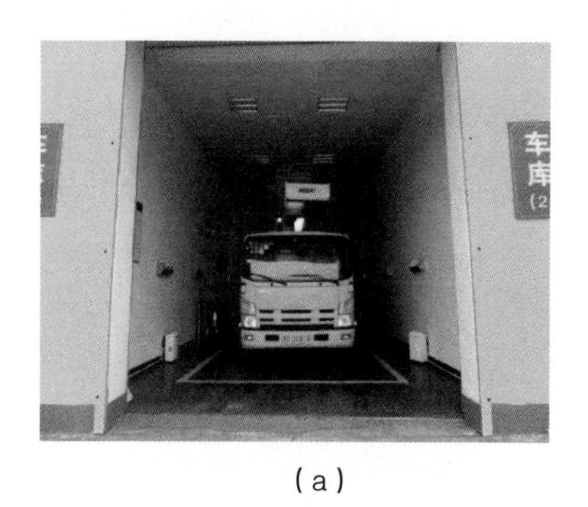

（a）

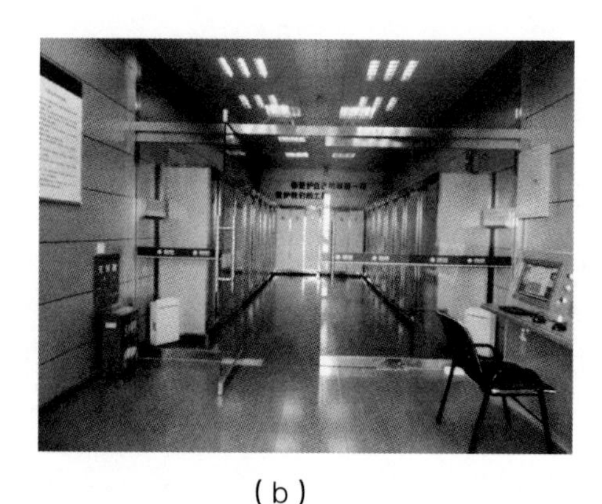

（b）

图10　武安、魏县配网不停电中心县通过省公司验收

（2）通过素质提升工程，选手在比赛中取得优异成绩。班组注重人才培养的同时也不断汲取新的知识和作业方法，班组成员多次获得国网级、省公司级、地市级等优异成绩。2016年7月，在河北省电力公司10kV配网不停电作业技能大赛中荣获个人第一、第二，团体第二名（图11）；2016年10月，3名班组成员代表省公司参赛，荣获国网公司团体二等奖（图12）、个人第十二名。

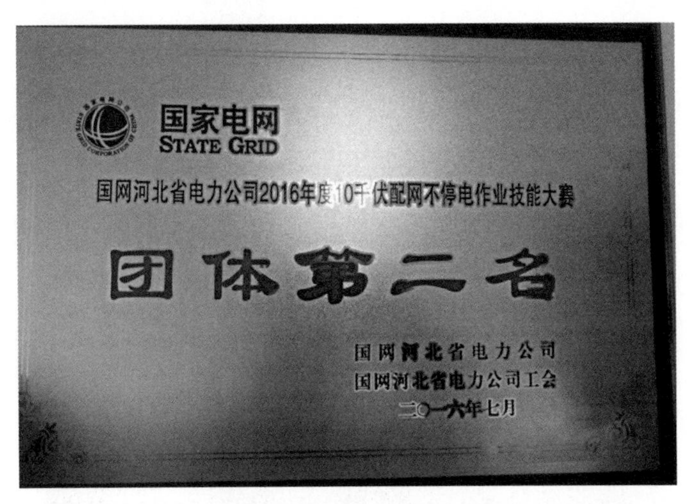

图11　河北省电力公司10kV配网不停电作业技能大赛中荣获团体第二名

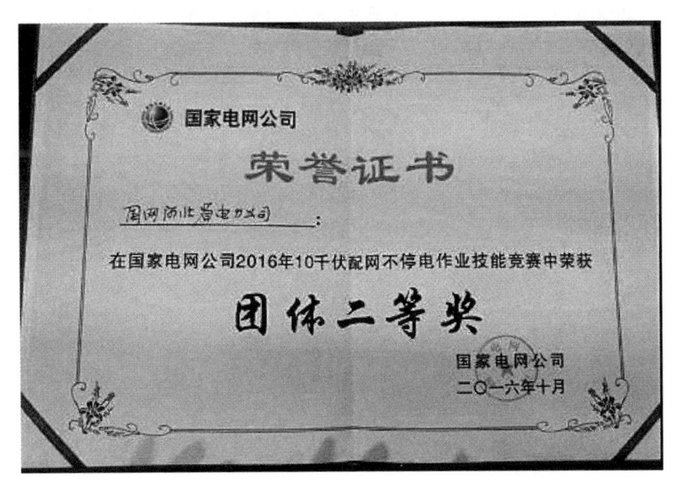

图12　荣获国网公司团体二等奖

“一制两台”强管理　积极高效强班组

班组：国网石家庄供电公司变电检修室电气试验一班

一、产生背景

国网石家庄供电公司变电检修室电气试验一班正处于新老员工接替的攻坚克难时期，班组仅有的14名员工中，10名都是85后青年员工，班组年龄结构有明显断层现象，班组正处于青黄不接的时期。而“三集五大”体系建设以来，电气试验一班负责了国网石家庄供电公司18座220kV变电站和85座110kV变电站的各类设备的例行、交接、诊断试验等数十项试验工作，同时还在进行变电站的基建验收工作、设备驻厂监造工作，工作项目多、作业任务重，让这个年轻的团队承担了更大的压力，同时也加快了班组建设改进完善的步伐。

针对这一情况，需要班组搭建一个以青年员工为学习主体的工作平台，给青年员工充足的成长和发挥空间。电气试验工作项目多、内容复杂，随着各种新工艺、新方法的逐步引入，也迫切需要青年职工接过老员工手中的接力棒。在采取“师傅带徒弟”的模式同时青年职工需要不断学习新技术，切实提高自身技能水平。

二、主要做法

（一）搭建青年员工工作展示平台

1．展示青工技能操作水平——青工接线，师傅检查

近两年来，随着青年员工的涌入，“85后”已经逐渐成为班组的工作主体。电气试验工作试验项目繁多，接线复杂，针对这一特点，班组适时地搭建了青年工作平台，与时俱进，时刻保持班组的先进性。培养新一代员工工作认真、踏实肯干的品质，同时依托青年员工思维活跃、行动积极的能动性，班组搭建了青工接线、师傅检查的青年员工工作展示平台。该平台具有鲜明的个人自我价值实现需求。断路器机械特性试验接线现场如图1所示，南郊零点工程接线现场如图2所示。

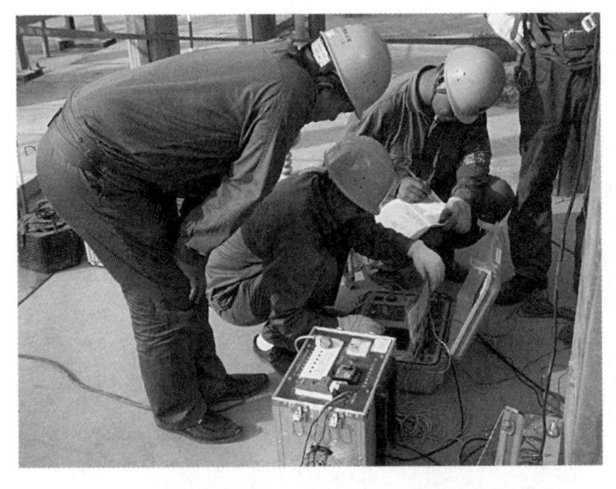

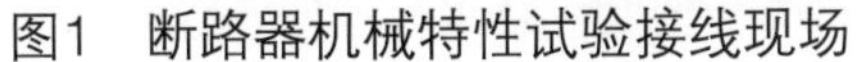
图1　断路器机械特性试验接线现场

图2　南郊零点工程接线现场

青年工作展示平台以青年员工为主体，老员工为监督指导。新老员工首先建立良好的沟通，青年员工制订个人培训需求、今后发展意图与方向，老员工则根据自身从业20多年的工作成长历程对其进行指导，端正他们的职业态度，明确其发展方向，为青年员工的快速成长提供捷径。同时，在实际工作过程中，以青年员工作为工作主体，为其提供全方位的锻炼平台，同时由老员工指导监督，全面提高青年员工的个人能力和业务水平。

2. 展现青年员工管理水平——青工编写月报，班长检查模式

班组班长、技术员年龄偏大，班组搭建了“技术员”代理制的青年员工工作展示平台，由青年员工轮流编写月度报表（图3），班长负责检查，展现了青年员工管理水平。

图3　青年员工编写月度报表

（二）创建形式多样的学习交流平台

大量青年员工迅速涌入，在为班组带来新生力量的同时也造成了经验传承的严重不足，这在一定程度上对班组宝贵技术经验的保留和传承提出了要求。针对这种局面，班组创新培训思路，搭建了形式多样的学习交流平台，全面应用精益培训理念，实现青年员工迅速成长成才。

1. 创建师傅带徒弟学习交流平台

首先落实师徒合同、新老员工结对子模式（图4），师傅根据徒弟的个人素质、水平、学历、专业等综合条件配置青年员工个人培训套餐，达到“缺什么、补什么，什么弱、学什么”。同时理论学习和实操培训相结合，双管齐下，有效地提高了班组员工的理论联系实际能力。

图4　师傅带徒弟

“学然后能行，思然后有得”，针对电气试验现场操作复杂、理论要求高深的特点，班组要求每位成员在完成工作后，都要及时反思总结，将工作中学到的新知识和发现的新问题及时汇总。班组定期组织大家进行学习讨论，将学到的新知识共享，对发现的新问题集体研究。通过不断地总结讨论，大家相互学习，不断提高，全面增强了专业技能，强化了薄弱环节，提高了工作水平，营造了“比、学、赶、帮、超”的竞争氛围，促进员工岗位成才。

2. 创建职工互讲学习交流平台

同时班组还开展了互教互学的培训模式，细化专业，全面覆盖。根据每一名员工的所长，分配课题，进行授课，并分为三个版块——技术培训大讲堂、事故分析大讲堂、作业现场大讲堂。以班组大讲堂、考问讲解为依托，有针对性地制定培训内容，着力打造一个适应企业发展需要的“知识广、能力强、素质高”的学习型职工队伍。

班长在班前会上向大家传达了《省公司2015年春节保供电运检工作方案》《在国网河北省电力公司安全生产电视电话会议上的讲话》文件。在新的一年里，大家要一如既往地遵守安全规范，加强安全防范意识，努力保证电网、设备和人员的安全。同时春节在即，大家要坚守工作岗位，认真做好本职工作，保证春节的供电安全。随后，张浩对大家培训了地网、接地导通原理、现场注意事项、标准，严宗伟为大家培训了PMS应用，贺蓉为大家讲解了GIS超声波局部放电方法，并就实际工作中遇到的相关问题进行了讲解。通过这次技术培训，填补了大家相关专业知识的小盲点，有效提高了大家的业务素质，为今后现场工作的高效开展奠定了良好的技术基础。图5为青年员工互相学习交流时的场景。

（a）交流耐压局部放电

（b）接地导通现场

图5　青年员工互相学习交流

3. 创建“土专家”上讲台学习交流平台

班组创建了“土专家”上讲台学习交流平台，给员工提供了展现自我的平台。针对员工想提高的弱项，提高培训工作的针对性、实用性，使培训工作真正服务于现场，指导现场实践，培训效果也更加行之有效，班组成员的技术水平获得了更快的提升如图6～图9所示。

（a）实训室老师傅授课培训

（b）班组老师傅授课

图6　授课培训

图7　谐波讲课

图8　SF_6气体湿度培训

图9　串联补偿原理、接线培训

2014 年 12 月 23 日，电气试验一班任素君师傅依靠丰富的谐波测试工作经验走上讲台，她给大伙讲的内容是“谐波测试流程”。第二天就要去枣营进行 35kV 系统谐波测试工作的 10 名青年员工拿着小本本，细心地记录下来。任师傅结合自己的工作经验，拿出了自己的看家本领，既讲理论又讲实际操作，大家听得津津有味。

2017 年 1 月 14 日，“对于东垣 10kV 电缆进行试验，特别是进行交流耐压试验的工作，我参加工作以来还没参加过这个项目。”电气试验一班负责人李红磊说，“林班先模拟现场给我们培训指导一下吧！”由于试验设备容量有限需要进行补偿增加试验设备，班长林长海放下手头的工作，耐心热情地对电缆设备进行了介绍，对电缆试验进行了试验原理讲解、试验设备容量计算，对试验接线及试验中的注意事项详细地进行了解说，并指导大家进行实际接线操作，使年轻的班组成员心理有了底，对工作充满了信心！

轮流当老师，一块小黑板，地点不确定。自创建“土专家”上讲台学习交流平台以来，“全员”上讲台已成为电气试验一班的一景。班组生产任务重，标准高、要求严。以往培训都是请专家上大课，但班组人员不集中，场地有限制，大多数生产一线职工无法参加。而现在，大家轮流当老师，把自己的一技之长传授给大家。由于上课的内容贴近实际，实用性强，职工听课的积极性格外高。

多样的培训方式不仅能提高新员工的理论知识储备和实践能力，也能提升老师傅们的总结归纳和授课能力。

（三）建立公正严格的绩效考核机制

建立公正严格的绩效考核机制，班组依据中心绩效管理制度，制定出适用于班组的绩效考核细则。

绩效考核详细规定出每个员工的主要工作项目，以及如何衡量员工工作的好坏。班长根据考核结果对相应的员工进行奖励或者惩罚，并且每月绩效考核结果与工资挂钩。这样保证绩效管理工作有效进行，进而保证班组管理水平不断提升，实现了班组零闲置浪费与零应付浪费。

对在竞赛活动中表现突出的个人，优先推荐工区、公司年度先进个人。将竞赛成绩与员工月度绩效积分表相挂钩，使绩效积分向竞赛活动成绩突出的员工倾斜。对获得竞赛年度优胜员工，根据具体成绩，在优秀技能人才评选、教育培训等方面给予优先考虑。

通过这样一系列以奖励为主的手段，调动员工由内而外的积极性，班组青年职工纷纷主动要求多承担任务、承担更重的工作，从而得到锻炼和成长的机会，将被动的工作变为了正面有效的竞争机制。班组经验丰富的老师傅不但作为这些年轻人的护航者而且作为公平的裁判人，在正能量的带动下，促进着班组技术的传承。绩效考核机制讨论现场如图 10 所示。

图10　绩效考核机制讨论现场

三、实施效果

在“一制两台”强管理实施短短几年时间里，班组先后 2 次当选省公司“标准化建设标杆班组”，1 次当选“抗暴雪保供电”先进班组，1 次当选国网石家庄供电公司“先进班组”，1 次当选国网河北省电力公司“先进班组”，1 次在省公司竞赛中获团体第一名，荣获“安全生产示范岗”“零违章班组”等多项荣誉，多个 QC 成果及技术创新获国网河北省电力公司一等奖。班组自搭建“一制两台”大管理以来，班组人员的进步热情和集体凝聚力在培训活动中彰显得淋漓尽致。经实践证明，本培训方法具有效果好、推广简易等特点，有效地提高了班组的整体工作能力和技术水平。

“五精细十服务”营业窗口工作法

班组：国网邢台供电公司营业及电费室营业二班

一、产生背景

邢台中兴营业厅是邢台市地区唯一一家国网A级营业厅，担负着整个邢台市区高低压用户、职工用户等34万余电力用户的供用电服务任务，营业窗口服务人员的服务行为、服务技能和服务水平直接关系着国家电网的企业形象。随着电子信息技术和信息的飞速发展，广大电力用户对电力营销服务的要求日益增高、需求日益增多、诉求日益增大，因此，窗口服务人员亟须增强服务技能，提高服务水平，提升服务效率，优化服务措施，以求增加群众满意度，全面满足电力用户的用电需求。

二、主要做法

（一）行为规范精细化

1. “文明服务十个一”

（1）一身着装：工作期间穿着统一制服，服装熨烫整齐，不得有污损。工号牌及党徽需佩戴于制服外左上方。夏季着裙装时，衬衫需束在裙中，着无色丝袜，如图1所示。

（2）一个手势：为客户指示方向时，上身略向前倾，手臂要自下而上从身体前自然划过，且与身体呈45°角；手臂伸直，五指自然并拢，掌心稍稍向上，用目光配合手势指示方向；手势范围在腰部以上，下颌以下，如图2所示。

（3）一个微笑：注视对方，以“三米六齿”原则为准，即对方进入3m范围内时向对方微笑，微笑至多以露出六颗牙齿为准，微笑的口型发“七”或“茄”的口音，如图3所示。

图1　一身着装

图2　一个手势

图3 一个微笑

（4）一个眼神：直视对方，为避免让对方感到压力，可注视对方两眼中部。交谈时视线不要离开对方。面对客户时，避免眼珠不停转动和不停急速眨眼，如图4所示。

图4 一个眼神

（5）一面镜子：班组准备一面妆容镜，上面粘贴有服务人员标准照。工作期间将头发盘起，佩戴统一发饰；化淡妆，确认口、鼻、眼处无异物，手部清洁，不留长指甲，不涂颜色鲜艳的指甲油，如图 5 所示。

图5　一面镜子

（6）一声问好：当客户到达营业柜台时，要伸出右手，手掌伸直，四指自然并拢，示意客户坐下，同时对客户说“您好，请坐”，如图 6 所示。

图6　一声问好

（7）一句敬语：在为客户办理业务时，应使用文明礼貌用语，如：“请”“谢谢”“对不起”“请问您办理什么业务？”“很高兴能为您服务”“请您稍候”“谢谢您的建议”等，如图 7 所示。

图7　一句敬语

（8）一句指导：遇到需要用户填写的用电申请表、签订合同内容时，要耐心予以指导。对待用户的询问，要不厌其烦地指导、答复，如图 8 所示。

图8　一句指导

（9）一声再见：当客户办结业务离开柜台之后，面带微笑、目光迎视客户，同时对客户说："感谢您的光临，再见"，如图 9 所示。

图9　一声再见

（10）一个标准姿势：①坐姿：头部挺直，双目平视，下颌内收，身体端正，两肩放松。勿倚靠座椅背部，挺胸收腹，上身微微前倾，坐时占椅面 2/3 面积。两腿靠紧并垂直于地面或交叉重叠斜侧，但要注意将腿内向回收，双手交叠自然放于双膝上。②站姿：抬头，双目平视前方，下颌微微内收，颈部挺直，挺胸直腰收腹。双脚并拢，脚尖分开呈 V 字形，双臂自然下垂，将双手自然放置在小腹前，右手叠加在左手上，如图 10 所示。

2. 亲情服务十个不

（1）不推诿：当用户来到营业柜台办理业务时，无论专业是否相关，都要切实履行首问负责制，谁处理，谁就负责处理到底。对无法立即处理或答复的事项，应记录客户联系电话，告知答复时限，认真核查处理后答复客户。

（2）不闲聊：在岗工作期间，不得相互聊天或交头接耳，保持工作场所相对安静。

（3）不私用：在工作期间，不得在岗位上拨打或接听电话、查看短信、上网等于与工作无关的事情。如遇紧急事件需使用移动电话时，必须请示当班值班长，经同意后离开柜台至后台使用移动电话，不得影响客户感知。

（4）不脱岗：在岗工作时，不得擅自相互串岗、脱岗或离岗，不得从事与客户服务无关的事情。

（5）不高声：在接待客户时，应正确使用普通话，声调适中；语气轻柔和缓；

语速适中，每分钟 120 个字左右。在解答客户问题时，应使用简单易懂的语言，尽量不使用专业术语。

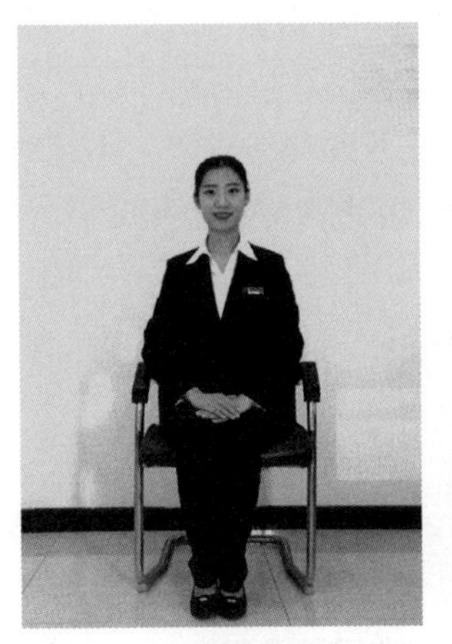

（a）坐姿

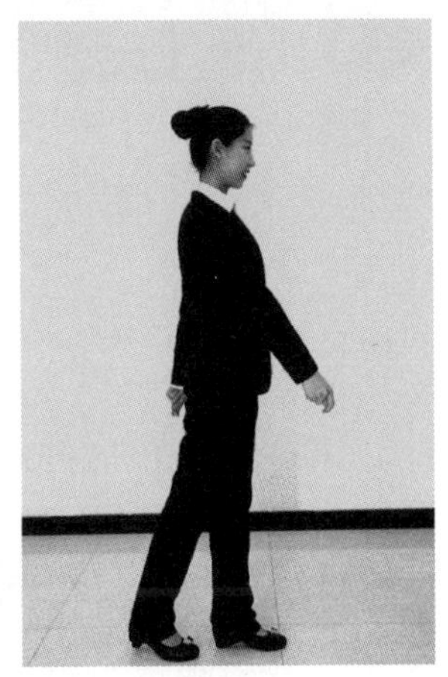

（b）站姿

图10　一个标准姿势

（6）不拒绝：当用户提出用电需求或者其他要求时，不可直接拒绝用户，切实履行好首问负责制，向其他专业、部分询问；确实无法答复的，委婉说明，争取用户理解。

（7）不违诺：接待客户时，对用户承诺的事项应予以兑现。对于不能承诺的事项，应告知客户原因，并争取客户理解。

（8）不妄言：对不确定的问题，应按照知识库或者疑难问题解答手册给予规范答复。

切忌随意答复客户，形成投诉隐患。

（9）不冷漠：在岗工作时，应做到热心、细心、快乐、自信。业务问题应全力帮助用户解决；非业务问题，如主动为行动不便的老人开关门，认真照管临时走丢的儿童等。

（10）不拖延：在岗工作时，牢记用电业务办理的时限，不超时限快速办结；答应用户的事情要尽早完成；掌上电力 APP 报装 4h 之内完成派单。

亲情服务如图 11 所示。

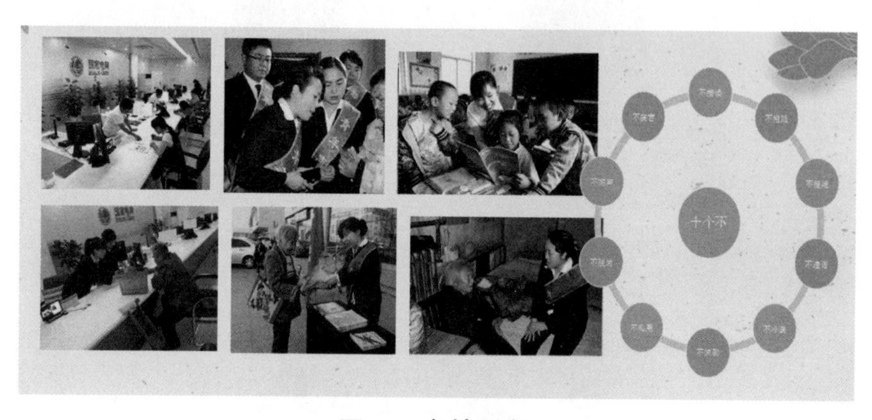

图11　亲情服务

（二）时间控制精细化

（1）高速服务：严格落实“限时办结制”，实现前台受理高速服务和互联网 + 信息化的可靠服务。按照省营销〔62〕号文相关规定，用电业务办理时间为 20min。在此基础上将办理时限按照业务类型进一步细分，并将办理时限缩短，形成低压业务 10min、高压业务 15min、故障报修 5min、咨询业务 10min 的限时办结制，实现前台受理高速服务。总体而言，平均每件业务办理时间缩短 5.7min，业务办理效率总体提升 42.5%（图 12）。

（2）可靠服务：互联网 + 电力营销服务方式将报装时限和缴费时限缩短了 11 倍之多（图 13）。

（三）环境整理精细化

1. 效率服务六习惯

依照《整理艺术》中提出的“以效率为中心，分类定位整合”方法，强调工作行为

“细节决定成败”，以方便、高效为目的，推行效率行为六个好习惯，推动效率服务革新：一是计算机桌面整洁精简，防止计算机桌面文件堆积降低查找、运行速度；二是无用文档随时删除，防止计算机垃圾文件过多；三是个人文档分类归纳，牢记“一个口袋”归纳原则，定期整理个人文档，防止文件在每台计算机零散存放，并与公共文档区分开来；四是办公桌面整洁干净，防止文件文具等乱堆乱放；五是纸质文件收纳整理，用户工单、档案等及时装入文件盒，放置在指定位置，不乱放；六是用途统一的办公用品摆放统一，如桌牌统一放在柜台左侧，花盆统一放在柜台右转角等。

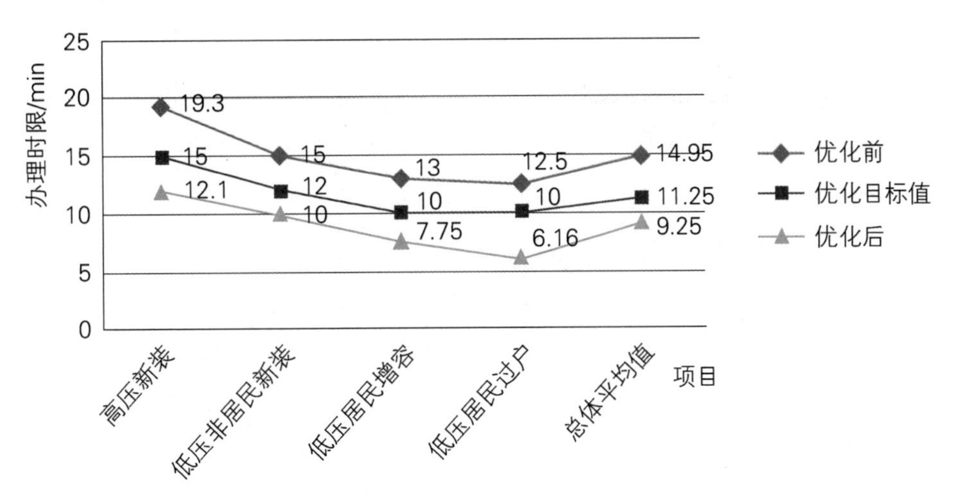

图12　平均办理时限对比表

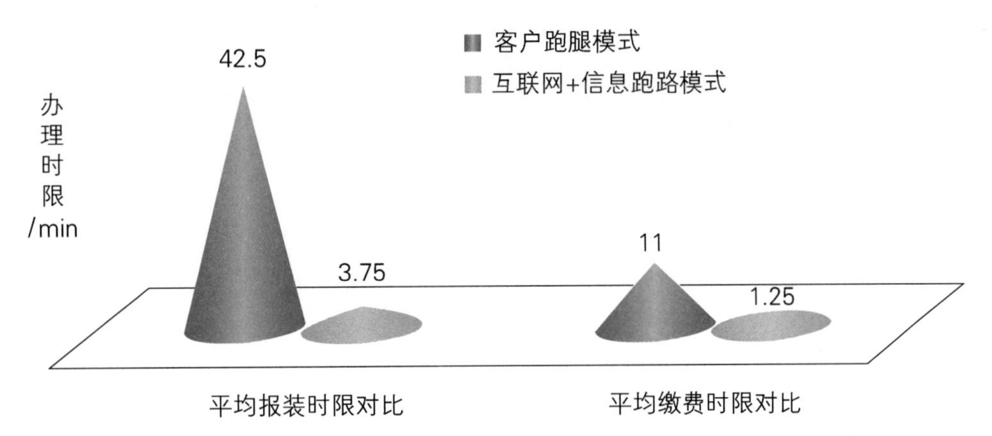

注：客户跑腿模式时限包括在途时间

图13　传统模式与互联网+模式办理时限对比图

2. 精益服务六检查

一检查大厅内外卫生情况，包括大厅门外卫生、地面卫生、柜台整洁、花草绿植等；二检查智能化设备运行情况，包括自助缴费机、叫号机、多功能书写台、电子意见簿等；三检查工作人员仪容仪表情况，包括工装整洁、工牌佩戴、桌牌摆放、束发等；四检查业务办理资料齐全情况，包括业务告知书、用电申请表、供用电合同等；五检查服务设施情况，如检查休息区座椅、饮水机、资料阅览架、老花镜等；六检查大厅秩序情况，如有无紧急情况、突发事件、秩序混乱等。

（四）特色岗位精细化

（1）七色彩虹专业服务（图 14）。在营业厅设立七色彩虹服务岗，分别是综合引领岗、专家咨询岗、巡视监督岗、党员示范岗、班组服务明星岗、英语服务岗、手语服务岗，提供满足不同用户需求类型的专业服务。

图14 七色彩虹服务岗

（2）爱心服务（图 15）。针对残疾人士、老弱妇孺等弱势群体提供爱心服务。

（五）咨询导向精细化

1. 超前主动服务

与用户交流时，倾听用户咨询，并非简单地满足客户直接提出的表浅性需求，而是要通过细心观察、互动交流去挖掘客户的潜在需求，动态地为客户提供服务决策，变传统“滞后被动服务”为“超前主动服务”，如图16所示的“查询电量”导向图说明：以用户反应的有效信息为中心，通过在实践中不断地摸索和积累经验，梳理办理业务使常见的问题和特殊问题，制作成咨询导向图，加强了工作人员的业务规范度，提高了窗口服务人员解决问题的能力。

图15　爱心服务

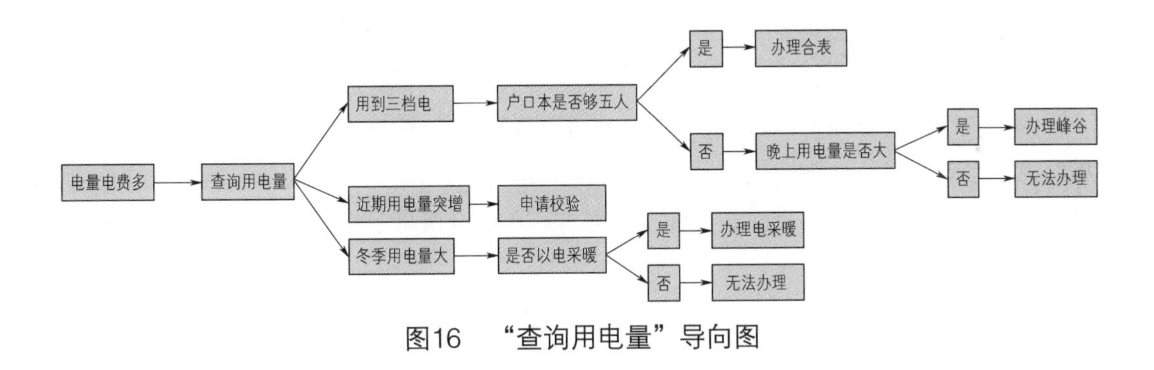

图16　“查询用电量”导向图

2. 知识性服务

提取用户咨询时的关键字信息，以用户的用电信息为依据，运用自己的专业知识和经验，在头脑内对信息进行分辨、筛选，为用户提供最适合的服务，追求更高、更深层次的知识性服务。如图17所示的“过户”导向图说明：梳理实践中积累的与过户有关的问题，罗列该业务存在的各种可能性，以用户的实际情况为准，分别分类解答。

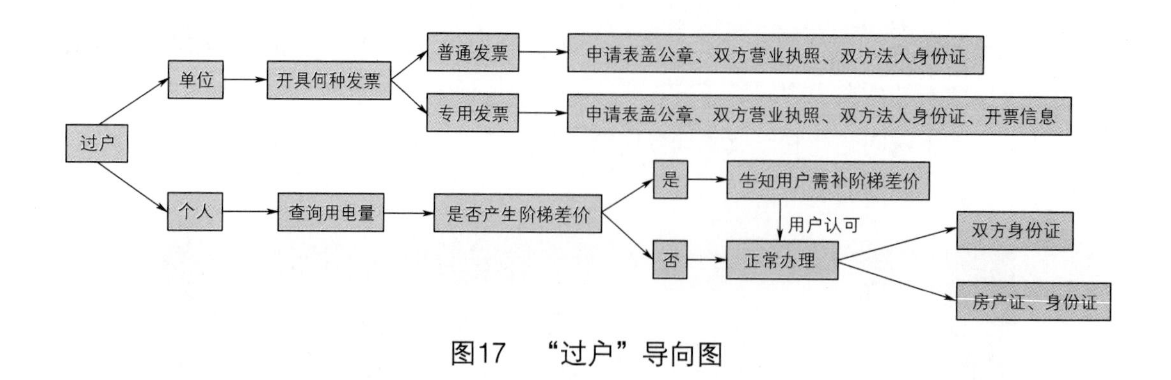

图17 “过户”导向图

三、实施效果

1. 班组成员人员素质全面提升

通过对服务行为、服务时限、服务环境、服务岗位和服务流程的细化、量化、具体化，全面提高了窗口工作人员的服务规范度，提升了窗口工作人员的服务技能和解决问题的能力，窗口工作人员的业务素质飞速进步，大大提升了优质服务水平。

2. 营业专业内容制度化保证

“五精细十服务”工作法和班组轮值制度、评价管理制度首尾呼应，形成了营业二班一整套可以沿袭的服务体系和管理模式，班组工作朝着规范化、制度化、常态化方向良好发展，为之后的营业专业工作奠定了坚实的基础。

3. 群众满意度显著提高，投诉率下降

为用户服务是班组工作的核心内容，自班组实施“五精细十服务”工作法以来，窗口服务越来越规范化、制度化，尤其是服务行为的规范，如文明服务和亲情服务的举措受到广大电力用户好评一片，老百姓在“来有迎声去有送声”中获得较高的服务体验，营销服务的群众满意度直线上升。

依托信息化　以数据为指引
助力反窃精准化

班组：国网青县供电公司营销部用电检查及反窃电班

一、产生背景

近年来，随着社会经济的发展和用电量的不断增加，个别用户受利益驱动，不择手段地窃取电能。用电检查是营销管理工作的一项重要内容，而查窃电又是用电检查的重点和难点。在法制化环境下，用电检查需要运用法律手段对窃电者给予强有力的打击。用电检查工作在公司领导的统一指挥下取得了显著成效，有力地维护了正常的供用电秩序，保障了企业顺利发展。

2016 年以来，青县公司认真贯彻落实省、市公司反窃电工作部署，进一步加强对反窃电工作的组织领导，创新工作方法及措施，收到良好效果。

二、主要做法

（1）深化两种意识。一是深化反窃电工作的紧迫意识。新时期公司面临着前所未有的经营压力和严峻的挑战，加大营销管理力度、打击窃电违法行为、积极开展堵漏增收、稳步提升经济效益是大势所趋。二是深化反窃电工作的责任意识。坚持守土有责，对当前窃电形势的复杂性、严峻性有清醒认识，从维护国家能源和国有资产安全的高度，从维护供用电秩序和电网安全以及公司合法权益的高度，切实增强全员反窃工作责任意识。

（2）宣传发动到位。召开专项会议，教育职工不参与窃电，不引导他人窃电。通过报纸、电视、广播、传单、条幅等形式向社会广泛宣传，公布举报电话，营造浓厚的全社会反窃电氛围。各供电所先后采取入企业、进校园、到集市的形式开展宣传活动 20 余次，发放宣传材料 3 万余份，“电是商品，窃电违法”的理念深入人心。

（3）营业普查到位。青县公司一直十分重视用电营业普查工作，将长期零电量用户、近期电量忽高忽低异常电量用户、与同类别相比电量明显偏少用户、频繁发生烧表、丢表等用户及餐饮、娱乐、洗浴、网吧、快捷酒店等具有地域性、行业性、季节性特点的窃电高发客户列为重点排查对象。在节假日或夜间对沿街的商业门市、娱乐场所、饭店等小动力用户进行突击检查，对检查出来的问题，进行认真分析并采取相应的有效措施。

（4）队伍建设到位。为构建“依法治电、打防结合、标本兼治”的反窃电及违约用电综合防治体系，青县公司建立并落实反窃电常态工作机制，成立了以公司主管领导为组长、相关专业部室主任及供电所长为成员的“反窃电及违约用电工作领导小组”，制定《青县供电公司反窃电活动实施方案》，下发《反窃电检查大纲》。各供电所也进一步明确专人负责用电检查工作，自上而下形成了反窃电工作网络。充实“用电稽查班”人员力量，配备专用车辆和监测工具，注重对稽查人员进行专业技术培训，聘请反窃电经验丰富的专业人员向稽查人员传经授业，提高反窃电技能，坚决执行《反窃电管理制度》和《现场查窃电工作指导卡》等，使反窃电工作规范化、法制化。

（5）考核执行到位。认真贯彻执行省公司关于查窃电奖惩规定严格落实奖惩，并进一步细化有关条款，在查窃电过程中，公司明确由供电所查出的将追补电量计入供电所售电量；若由营销部稽查人员查处的，追补电量不计入供电所售电量，并将对相关供电所责任人按规定进行考核，追究相关人员的责任。

（6）警企联动。加强各供电所、用电稽查班与电力派出所的联系，形成共同打击窃电行为的联动机制，进一步加大社会宣传力度，增强客户依法用电意识，营造严厉打击窃电违法犯罪活动和依法用电的良好氛围。

（7）研发“用电稽查现场查询系统”，可同时下载相关高低压线路表计数据，现场对线损进行检验，用电稽查一改过去等着供电所算线损，算完线损再分析，有了怀疑再去查的滞后工作局面，变被动等待为主动出击，动作快，效果好。引进“反窃电机器人”“新型变压器特性测试仪”，从事后稽查向源头预防转变。随着用电信息采集系统、营销稽查监控系统、SG186 系统、线损分析系统等各类系统工具的不断应用（图 1 ~ 图 4），青县公司用电稽查各项业务流程逐步规范，专业分工逐步明确，管理制度逐步到位。以前用电检查采用现场检查、手工抄录、统计和计算的工作方式已经不能满足现在用电检查工作需要。为了更好地反窃降损，提高用电检查的准确性、及时性，降低人力物力，通过各系统模块的深化应用，及时筛查各类异常数据，实现了精准反窃。利用用电信息系统筛选的异常主要包括表计失压、失流及反向电量异常；利用营销稽查监控平台筛查居民大电量、多月不用的零度户、超容用电、两部制电价执行异常；利用SG186系统自定义功能筛选配变暂停、业扩超时限，发现用户的违约用电情况；利用线损分析系统筛选异常低压台区及异常的10kV线路。

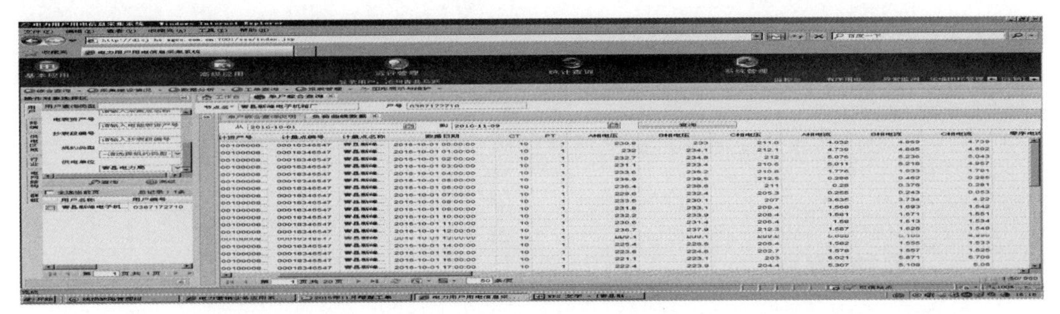

图1　利用河北电力公司用电信息采集系统筛查失压、断相、失流异常

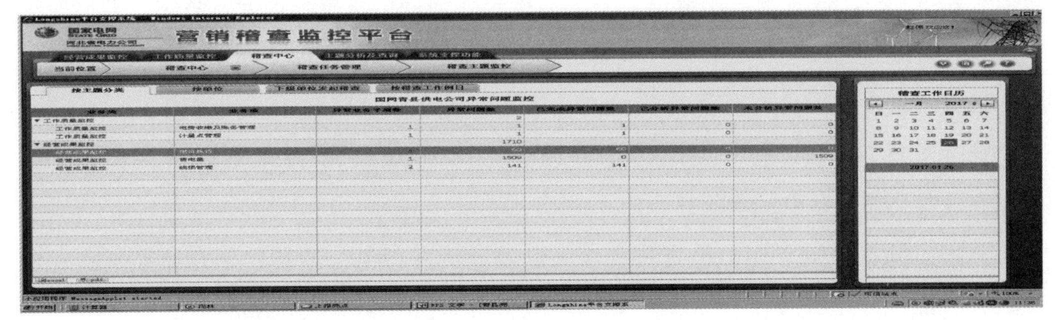

图2　利用营销稽查监控平台系统筛查电价执行异常

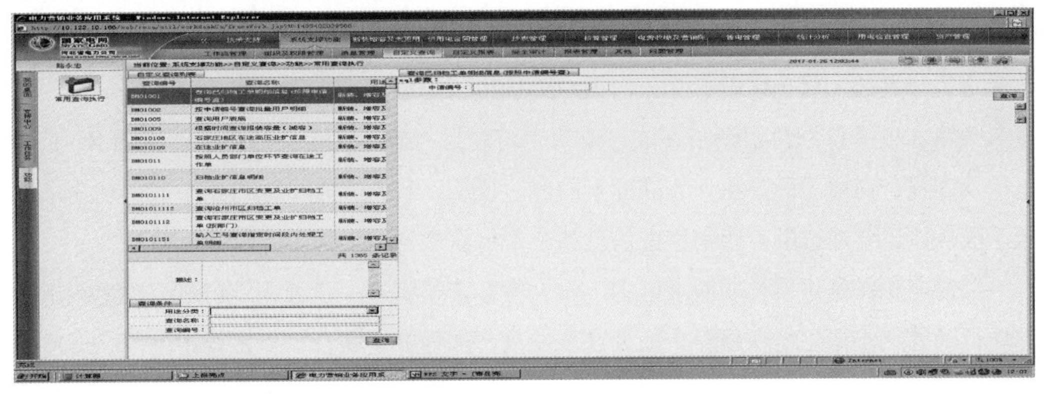

图3　利用营销SG186系统筛查暂停配变、业扩超时限等违约用电异常

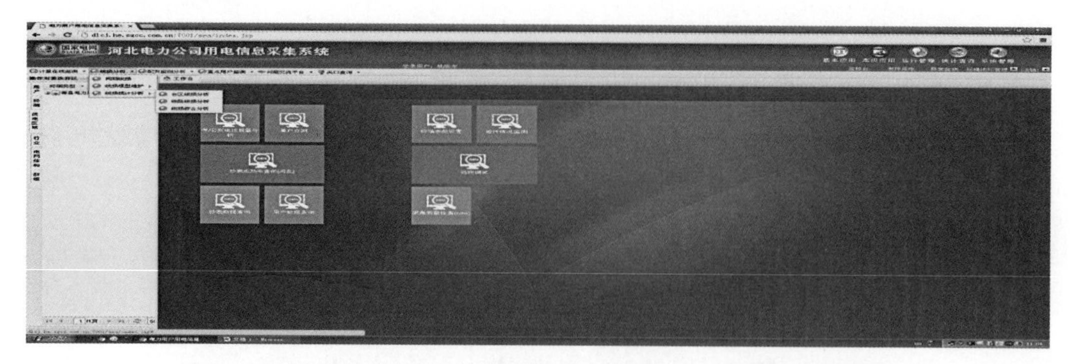

图4　利用线损分析系统筛查低压台区及10kV线损异常数据

三、实施效果

2016年，青县供电公司加大营业普查管理力度，规范用电档案管理，利用营销稽查监控系统、SG186系统、用电信息采集系统及线损分析系统筛选异常数据，开展专项用电检查。通过加强电量、电价、电费、线损等经营指标的监控，能够第一时间发现风险，最大限度保障了公司经营成果，2016年查处违章24户、查处窃电101户，两项共计追补电量1843041kW·h，追补电费及违约电费1725728.24元，增收金额全市排名第一，超额完成市公司反窃电的增收任务。

典型案例：2016年用电检查班查获一起农业机井窃电，经营销稽查监控平台发现该户在排灌期间电量较小，对该户进行用电检查未发现异常，现场没有农田灌溉，由于干旱少雨，其他线路台区机井配变都已经使用，其他机井排灌用户现场负荷基本高达100A电流，全天24h运转。再次现场查看该户农田已经灌溉但该户表计未走，现场表箱表封完整，打开该户表箱发现计费表计B、C相电压线脱落，表计零线拆除，造成该户计费表计失效，属于窃电行为，对该户当场进行停电处理，按《供用电规则》第一百零三条第5项进行处罚，经调查该户未动表箱表封，通过表箱的抄表孔，拆除B、C相电压及零线，窃电手段隐秘，查获此案的经过说明，日常检查中除运用一般的反窃电技术手段外，还要通过电力营销稽查信息整合平台发现营销工作中的异常。

反窃电工作是一项长期而艰巨的工作，青县公司将进一步细化反窃电、反违约用电专项行动方案，强化组织领导，加大宣传发动，加强警企联合，丰富查窃手段，形成反窃电、反违约用电长效机制，实现堵漏增收、降本增效，维护公司合法权益和正常的供用电秩序，形成诚信用电的良好氛围。通过定期对存在的异常信息数据进行筛查，梳理异常数据类别及异常产生原因，有针对地将稽查任务进行细分，开展专项用电检查；通过日分析、周通报、月考核，并定期通报异常数据整改进度实现了数据指引、精准反窃、源头治理，极大提升了反窃降损效果，规避了营销风险，净化了用电环境。

周分析，层层传递压力
月评比，处处彰显生机

班组：国网望都县供电公司黄庄供电所营业班

一、产生背景

2016 年，黄庄供电所安全生产、电费回收、线损管理等各项工作指标均名列前茅，但是优质服务工作仍然存在一定问题，服务类投诉时有发生。究其原因，就是个别员工只知埋头工作，不问优质服务。产生这样的结果，不是短时间造成的，而是长时间的积累，以往员工只是一门心思地完成主要生产指标，而忽略了最为重要的优质服务工作，往往只是因为一个小小的细节，一句简单的回答，就造成了客户心中的不满，从而引发投诉，而员工却不以为意，没有引起足够的重视。这样长期以来，形成了一个恶性的循环，给优质服务工作带来了很大困难。

要改变现状，必须让全体员工对优质服务工作有一个新的理解和认识，把优质服务同样作为一个重点工作来抓。2016 年 4 月，何文涛所长召集三员三班进行研究分析，制订了周分析、月评比活动细则，成立专门的组织机构，严格按照时间节点对优质服务工作进行统一的培训、学习、分析和管理。

开展周分析、月评比活动的目的，就是不断提高全体员工的优质服务意识，通过分析研究解决优质服务工作中存在的问题，避免各类投诉的发生；通过总结改善工作作风，激发员工的主观能动性，全面、全员、全方位、全过程地完成优质服务工作。

二、主要做法

开展周分析活动，主要是利用每周二安全活动时间，供电所全体人员参加，对市公司通报的各类投诉进行学习，针对投诉的发生和处理情况，营销员、营业班长和综合班人员进行发言，阐述自己的观点和看法，吸取其中的教训，讨论如何避免类似的投诉不在自己身边发生，最后由所长进行点评和总结。通过分析讨论，全体员工能够从服务质量、服务态度、沟通技巧和工作责任等环节中找到自身存在的不足，通过对比找出差距，然后进行改正，有效地避免了类似投诉的发生。

例如 2016 年 11 月 22 日，供电所对 11 月 15 日二十里铺村因表计错接线引发投诉的学习分析过程中，全所职工纷纷主动发言，对本所存在的问题进行了分析和讨论，个别存在问题的包村人员表现出了焦灼和急切的心情，因为在这起投诉中，他们发现了自己存在的问题，感觉到了投诉和通报带来的压力，无形中改变了他们的工作态度和责任心。仅仅是因为一次小小的疏忽，带来的后果如此严重，正是通过这样的学习和分析，使他们充分认识到自己的责任。他们的行为，代表着一个供电所的使命感和荣辱感，没有理由不让他们把压力改变为动力。这样一来，无需所长再给他们更多的叮嘱和指派，他们也会尽心尽力地把这项工作做好。

2016 年 9 月 20 日，周分析活动学习某供电所员工因个人情绪问题与客户发生语言冲突引发投诉。活动期间通过员工发言，何文涛所长发现营业班班长耿微情绪比较低落，这个情况立即引起了他的高度重视。会后，何文涛所长组织供电所骨干人员与耿微进行座谈，对其发生的情绪变化进行了解与沟通。原来，耿微因为近期工作压力较大，加之怀孕 8 个月临近产期，各方面因素造成情绪比较低落。得知这一情况后，何文涛所长立即安排综合班班长葛莲玮对耿微进行专门的谈心和帮扶，对其生活、工作中的困难进行帮助解决，同时提出了要求，绝不能因为个人情绪影响到工作。通过一系列帮扶活动，耿微打开了心结，身心愉快地投入到工作中，以高度的责任心和责任感，获得了客户的认可和好评。

供电所每月的最后一周，进行月度评比活动，针对一个月的优质服务情况进行总结，截至 2017 年 2 月底，共计表扬 17 人次，批评 3 人次，谈话 2 人次，考核 2 人次。通过表彰鼓励，激发了广大员工的积极性，同时通过批评谈话考核，对工作态度不积极、敷衍塞责以及产生投诉的员工进行帮扶教育，使他们有了更多的压力，为下一步业务水平的不断提高奠定了基础，起到了一定的鞭策作用。

三、实施效果

黄庄供电所通过实施周分析、月评比活动以来，大大提高了员工的优质服务意识，增强了员工的荣辱感和使命感，一系列的学习分析活动，让全体员工对优质服务工作的重要性有了全新的认识，现在的员工不只是仅仅知道完成各项工作指标，优质服务工作同样深入人心也是一项不可或缺的主要工作。提高了认识，自然会得到重视，优质服务工作目前在全所员工心中根深蒂固，他们充分发挥主观能动性，发挥自己的聪明才智，为如何减少投诉及如何更进一步地提高优质服务水平献计献策，不断突破新的领域。

从2016年9月至2017年3月，通过开展周分析、月评比活动，黄庄供电所人员素质大幅度提高，未发生服务类投诉，达到了预期的效果。

成绩的取得离不开上级领导的关心和全体员工的努力，黄庄供电所虽然在营销服务方面取得了一些成绩，但是依然存在一定的问题和差距。

（1）员工沟通技巧有待提高。好的态度只能针对一些要求较低的客户，面对具有更高需求的客户，员工同样应该具备更为全面的沟通技巧。

（2）员工主动服务意识有待提高。以目前的服务水平和质量来看，一些员工只是被动的服务，而缺少一种主动服务的意识。

（3）员工综合技能有待提高。目前面对客户的营业厅服务人员，对电力知识的综合技能不能全面了解，往往被客户问到不知所措，给客户留下不好的印象。

面对存在的问题，如何进行改进？首先应该继续加大培训力度，申请上级多提供一些条件，聘请高级讲师为大家进行授课，不断提高员工的优质服务能力和技巧，提高员工的应变能力和综合素质，避免不该发生的投诉发生。在此基础上，供电所不断推进更多形势的分析教育活动，凝聚全体员工之力，打造更多更好的平台，既能寓教于乐又能提炼好的经验，为杜绝服务类投诉的发生奠定坚实的基础。

抓专业管理延伸　促整体水平提升

班组： 国网枣强县供电公司营销部

一、产生背景

在当前的大数据模式下，传统的运营监控模式和理念已经无法满足企业的发展需求。为此，公司积极筹备，引入数字经济理念，于 2015 年 8 月在全市率先成立运营监控稽查中心，将电力大数据的增长作为一种思维定式的全新改变和管理体制及技术路线的综合革新，打造企业的数据中心，借助现代化信息手段，对企业的各项经营业务活动进行全天候、全方位、全流程的在线监测和分析。

二、工作方法

采取集中办公模式，集合发展建设部、调度控制分中心、运维检修部、营销部四个部门、八个模块，实现了“四纵八横”的管理模式。其中营销专业以采集监控为龙头，与营销检测的量、价、费信息及稽查系统相结合；生产专业以正常运维为目标，借助 PMS2.0 系统，分别对三相不平衡、变压器重过载、低电压等数据进行监控；调控专业借助 D5000 系统模块，实现无功调整功能，并对跳闸接地状况及负荷变化实现实时观测目的；发建专业通过对综上数据进行整合、分析，推进线损管理工作。八大模块同时使用，彼此之间相互提供数据支撑，有效地保证了监控数据的科学性。在此基础上，各专业人员在实施本专业监控工作任务的同时，实行跨专业 AB 角色岗位配置，打破了专业间的管理壁垒，解决了专业间协调不畅的问题，通过专业集成的办公手段，跨部门、跨专业、跨系统集中统筹数据，涵盖了四个部门的多向检测，最终实现“横向到边、纵向到底、业务覆盖全面、数据全在线”的监控目标。

三、实施效果

（1）工作效率显著提高。采取集中办公模式，开展公司层面监控稽查工作，实现跨专业、跨系统、跨部门融合，对企业的各项经营业务活动进行全天候、全方位、全流程的在线监测和分析，各项指标的专业管理由“被动管理”变为“主动监测分析”，并有针对性地开展工作，为企业科学决策提供强有力的数据支撑，有效地提高了工作效率。

（2）经营效益显著提升。2016 年 1—10 月公司售电量同比增长 11.25%，综合线损率同比下降 3.29 个百分点，其中，35kV 线损率同比下降 0.95 个百分点，10kV 线损率同比下降 1.01 个百分点，有损线损率同比下降 1.11 个百分点，0.4kV 线损率同比下降 0.63 个百分点，高损台区数量降幅达 59.79%，售电增量和线损降幅均位居衡水农电系统首位。

（3）装置及设备运行水平显著提高。综合采集成功率同比提高 2.55%，专公变综合指标同比提高 1.59%，两项指标均位居衡水农电系统前列，10kV 线路和 0.4kV 线路平均功率因数均达到 0.85 以上，供电可靠率提高 0.05 个百分点。

（4）供用电秩序进一步规范。2016 年 1—10 月共发现窃电、违约用电 68 户，累计追补经济效益 90.18 万元，先后将不良信用的企业和个人报送至河北省诚信管理体系，在保证企业利益的同时，有效震慑了不良用电行为，维护了正常的经营秩序。

第四篇 班组创新建设

创新“FAST”思维 促进创新活动生机勃勃

班组：国网保定供电公司变电检修室二次检修三班

一、产生背景

发现突出问题、解决实际问题是创新活动的出发点和落脚点。目前，二次检修三班共有员工16人，其中研究生6人、本科生9人、本科以下1人，人员平均年龄30岁，是一个年轻、富有朝气的班组。班组成员思想活，方法多，创新意识强。为更大程度地发掘班组成员的创新能力，实现“以学习为引领，以问题为导向，以践行为检验”，得到看得见、摸得到的实施效果，以“FAST”模式为骨架、以问题为导向的创新活动应运而生。

二、主要做法

（一）Find——聚焦生产工作中的实际问题

面对智能电网、智能设备的发展和智能化技术等各种新兴技术的强劲发展势头，掌握新技术并对出现的各种各样的新式难题找出症结、作出准确应对已是刻不容缓。立足“发现突出问题，解决实际问题”这一出发点与基准点，班组鼓励班组成员积极发现生产及管理工作中出现的实际问题，努力发掘技术新要点，准确把握工作中的瓶颈问题，找出可以提升改进的环节，提升工作效率，提高工作质量。

基于这一原则，班组成员在工作中目的性更强，同时避免了员工只为解决当前工作中出现的问题而进行单一思考，促进员工进行拓展思考，及时归纳总结工作中出现的类似现象，实现纵向思维和横向思维的同时开发。

（二）Appraise——评估改进问题的可能性

新兴技术方兴未艾，它们的普及应用给实际生产工作带来了更加多元化的新问题。

在日常工作中，班组成员对多次出现具有典型性的问题进行分析总结，并整理成表，然后从中发现可以进行突破解决的问题。

虽然问题的发现源于生产工作，目的是为了解决实际问题，但鉴于创新改进活动需要综合考虑多种因素，最终在确定创新课题时建立了综合评估系统，并对所发现的问题进行了多方面因素的综合评估。其中包括问题改进空间、问题改进的可行性、问题改进所需成本、问题改进后带来的实际效益以及无形效益等。

建立切实可行、行之有效的综合评估系统，有助于在活动过程中方向更加明确，避免人力、物力等资源的浪费，使活动更好更快地驶入正轨。

（三）Strategy——制定并实施切实可行的改进策略

目标既定，如何完成便成为活动进一步开展的当务之急。制定切实可行的改进策略是活动中的重中之重。在这个阶段，班组采取了多种渠道促使班组成员最大程度发挥个人潜能，挖掘个人创新及解决问题的能力。

在制定可行性策略时，班组采用头脑风暴与个人分析两大途径并驾齐驱。小组成员在提出课题后，定期组织会议对课题进行讨论分析，然后就如同“剥洋葱”一样开始一层层剥，分析症结，找到要因，再通过头脑风暴提出解决思路，确定最终方案。最终方案确定后，小组将任务划分至各个小组，由各小组制定负责部分的对策并付诸实施，并定期将小组实施完成情况进行汇报总结，经班组成员全体讨论进行评价，提出改进意见。

通过完成 Strategy 模块，针对发现的问题提出了切实可行的执行策略，使原本问题得到了有效解决，将已经剥开的“洋葱”恢复了原状。

（四）Test——实际测试创新成果

活动的最终目的就是服务于现场，提高工作效率，提升工作质量。为检验成果的可行性以及产生效益，班组成员将活动成果应用于现场实际工作当中，通过实际工作验证成果是否能快速准确地解决工作中的突出问题，打破现有瓶颈，使成果服务于现场生产工作。

通过将成果在现场工作中的一系列应用与实践，班组的创新成果都取得了不俗的效果，获得了良好的反映。例如，班组的成果“智能变电站光纤链路自动校核装置的研发”在智能变电站的日常工作中提升了光纤链路校核的效率，为后期智能设备的调试留足了时间。不仅如此，在整个活动中班组积极进行了多方拓展，例如活动的一些“附属产品”如《智能变电站验收作业指导书》《220kV 智能线路保护校验作业指导书》等，也为现场作业提供了很好的指导和依据。

三、实施效果

通过以“FAST”模式为骨架、以问题为导向的创新活动，新型问题在现地现物的条件下都得到了行之有效的解决，提升了工作效率，简化了工作程序，避免了人力物力资源的浪费，使现有资源得到了最大程度的利用。

不仅如此，随着活动的逐渐推进，班组成员在享受深入学习带来的乐趣的同时，综合能力也得到了大幅提升，逻辑思维能力与沟通水平也有了显著提高，对个人的积极性和创造力也进行了深入的挖掘。班组先后获得全国优秀质量管理小组、河北省优秀质量管理小组称号。

凝练“三种精神” 建设一流班组

班组：国网石家庄供电公司配网抢修指挥班

一、产生背景

国网石家庄供电公司电力调度控制中心配网抢修指挥班是一个由15名青年员工组成，充满活力的年轻班组。主要负责石家庄市1.58万km^2、410万电力客户的配电网抢修指挥工作。自2014年1月成立以来，班组以凝练“三种精神”为载体，以“万强创新工作室”为牵引，通过班组管理创新、技术创新、质量创新活动的深入开展，有效激活了班组这个企业的“细胞”，提高了班组生产和管理水平，成为一支勇于创新、善打硬仗的一流班组。

二、主要做法

配网抢修指挥班遵循以人为本、共同发展的理念，注重培育爱岗敬业、积极探索、艰苦奋斗、勇于创新的配网抢修指挥人员。班组成立以来，在实际工作中，坚持团结协作、集思广益，注重因地制宜、发挥专长，最大限度地发挥每个成员的潜能和智慧，有力地推动了各项工作的深入开展。

（一）努力超越，勇攀高峰的学习精神

配网抢修指挥班的努力方向是把班组打造成一个学习型组织。班组提出愿景：“打造国内一流的高素质团队，让人人成为创新能手”，成立了“万强创新工作室”。在班长带领下，班里开展“三个三”人才培养模式，即三个贴近，三个适应，三个延伸。三个贴近，即贴近本职，贴近专业，贴近工作；三个适应，即与配电网的发展相适应，与专业理论相适应，与承担的任务相适应；三个延伸，即向完成抢修任务延伸，向关联知识延伸，向未来配电网发展方向延伸。具体实施“一人一课题、一师带一徒、一岗一轮换、一周一主题”的四个“一对一”学习法，极大地激发了全班学技术、练技能、搞创新的积极性。班组成员在很短的时间内就全面掌握了配网异常及事故处理管理执行文件、

配网检修工作票管理等相关配网专业技术知识，为配网抢修指挥各项工作的开展打下良好基础。

同时，配网抢修指挥班始终坚持有目的地培养青年职工，让他们在实践中得到靶向锻炼，积极组织选派青年职工参与技术攻关活动。攻关课题结束时，参加人员撰写论文、技术报告，参加论文讨论研究。自觉、自发、自主学习已成为班集体和个人生活中的习惯。仅 2014 年就有 17 人次完成 QC 成果 12 项，11 篇技术论文参加公司的论文交流。班长万强对自己的“绝活” 配电网抢修指挥故障研判控制技能也毫不保留，主动向年轻职工传授技艺。他组织研发的《缩短配网故障停电时间》《缩短配网临时操作票出票时间》《缩短故障点柱上开关定位时间》三项 QC 成果打出的“组合拳”，成为配网抢修过程中解决难题的“金钥匙”，将石家庄配网抢修指挥工作质量提升到一个新的高度。

（二）追求卓越，打造精品的创新精神

“追求卓越、勇攀高峰、打造精品”是配网抢修指挥班的工作追求。结合班组实际，鼓励班组成员立足岗位，持续创新，大力开展“集体研讨、相互学习、举一反三”活动，形成了依托创新、打造精品的浓厚氛围。

配网抢修指挥班最主要的工作就是在配网发生故障时，对故障点柱上开关快速进行故障研判、定位分析。公司定下了每次故障定位时间不大于 60min 的质量目标。但通过对 2013 年 1—6 月的故障点柱上开关定位情况进行调查分析，发现定位的平均耗时达到了 79min/ 次，没有达到标准，与电网的安全和客户的优质服务要求存在差距。面对困难，配网抢修指挥班深入分析查找原因，并借“经验交流传帮带，一专多能促成才”活动，深入公司相关部门、班组进行调研，获取了交叉配合专业的实际数据和技术指导，进行统计、分析与标准对照，最终确认了产生问题的 3 个主要原因。

为解决这一难题，班组多次召开创新课题揭牌班会，集思广益，制定措施。综合运用 TPM 法、“统筹”法、自动化等手段，及时掌握线路连接关系，缩短审核故障点柱上开关线路图时间。同时，引入 5S 质量管理办法，优化抢修指挥流程，缩短确认非低压用户故障时间。通过不懈的努力，对 2013 年 7—12 月的 213 次故障点柱上开关定位时间进行效果检查，定位时间达到了平均 52min/ 次。2014 年，经过公司制度性的推广和成果转化，故障点柱上开关定位时间进一步稳定在 50min/ 次，有力地提升了配网故障处理的效率，减少了每次事故的停电时间，年均创造经济效益 100 余万元。这一成果也获得了 2014 年“中电联（第五届）全国电力行业职工创新成果二等奖”、2014 年国家电网公司优秀 QC 成果一等奖，2014 年河北省职工技术创新成果一等奖，并在全国进

行推广。

（三）凝聚人心，和谐奋进的团队精神

配网抢修指挥班是一个和谐奋进的团队，大家共同学习、共同进步、共同发展。通过深入推行内部事务公开和民主管理制度，充分尊重员工、关爱员工、凝聚人心，促进了班组与企业、班组与员工的和谐。充分利用班会这个载体，通过班会进行有效沟通，促进班组工作顺利开展。凡是班内建设、技术改造或涉及员工切身利益的问题，都提前向每个员工征求意见，大家集思广益，通过员工讨论形成一致的意见，并严格按照计划、扩展、回收、实施、结论、追踪、提升七步执行程序进行落实，确保各项工作收到良好的效果。积极开展班组建设“争先夺旗”活动，表扬先进，鼓励后进，有效的沟通机制如同班组工作的黏合剂、润滑剂，激发了全体成员做好本职工作的积极性，工作成效事半功倍。

班组有不少参加工作一两年的青年员工，他们的专业技术素质和职业心理素质都不成熟，对于某些复杂工作还难以胜任，甚至一些年轻的员工为此背负了沉重的心理压力。班组在提升青年职工专业素质的同时，创建了“阳光访谈室”（心理舒缓中心），了解青年员工思想工作生活情况，有针对性地开展思想工作，解决实际困难，使青年职工感受到集体的温暖。这样，大家的心贴得更紧了，心更齐了，都能自觉地服从班组的整体利益，主动开展技术攻关成为了大家的经常行为，班组管理在强有力的推动下，实现了螺旋上升，各项指标均位于河北南网前列，为配网的管理提供了坚实的保障。

三、实施效果

石家庄供电公司配网抢修指挥班作为河北南网第一个专业配网抢修指挥班组，在“万强创新工作室”的牵引下，努力精炼“三种精神”，打造一流班组，率先树立起河北南网配网抢修指挥业务标杆，为河北南网配网抢修业务平台的进一步创新完善提供经验基础。班组先后获得“全国能源化学工会华北电力工委劳模创新工作室”“河北省创新工作室”“河北省优秀质量管理小组”“全国优秀质量管理小组”“先进生产班组”等荣誉。班长万强也获得河北省五一劳动奖章、国家电网公司劳动模范、国家电网公司十佳服务之星、河北省电力公司优秀人才、河北省电力公司杰出青年岗位能手、国网公司优秀兼职培训师、石家庄供电公司十大杰出青年等荣誉称号。

创新倒闸操作模式　提升电网管控水平

班组：国网邯郸供电公司电网调控班

一、产生背景

"三集五大"变革以来，电网倒闸操作职责和流程在"大运行"与"大检修"体系间发生了改变，并且随着"变电运维一体化""调控一体化"技术进步，倒闸操作流程和风险管控要点在不断变化，体现在以下4个方面：

（1）实施"调控一体化"运行模式后，变电站实现了无人值守，远方遥控操作职责由"大检修"体系移交至"大运行"体系，成为调控机构一项新型工作项目，因此急需明确两个体系间倒闸操作职责分工、协作流程和考核标准，否则将不利于倒闸操作安全规范的开展。

（2）实施"调控一体化"运行模式之后，改由调控中心监控员遥控拉路，且大容量拉路集中在一处操作难以短时完成，这样因职责分工变化给电网安全运行带来新的风险点，必须尽快研发批量拉路功能以便解决这一难题。

（3）设备事故跳闸后电网运行方式即刻发生变化，由于变电站无人值守，重合闸、备自投、继电保护等安全装置不能及时跟随一次设备状态而调整，导致一次、二次设备状态不匹配时间较长，给电网安全运行带来新的威胁，急需通过技术升级，增加二次设备远方控制功能，提高电网倒闸操作的灵活性，以抵御电网非正常方式运行风险。

（4）随着遥控操作常态化开展，无功电压调整、接地故障拉路、系统倒方式、过负荷限电及事故拉路等操作全部由调控中心远方遥控来完成，监控员人均年遥控操作量达到10000项以上，亟待创新遥控操作模式，提升作业效率，减轻劳动负担。

二、主要做法

为充分发挥"变电运维一体化"与"调控一体化"协作优势，电网调控班以提升电网运行安全和效益为目标，依托省地县一体化智能电网调度技术平台，在前期广泛开展单设备遥控操作的基础上，探索电网倒闸操作新模式，通过明确职责分工、优化业务流程、完善制度标准、强化考核落实、控制运作风险等闭环管理，在创新生产组织管理方式、压缩管理链条，实现运行管理减负增效以及保障电网安全稳定运行等方面作出了积极的贡献，用实践证明了体系协同的技术优势和管理优势。

（一）明确职责分工，优化业务流程

梳理原有的倒闸操作管理制度，经过标准流程与实际业务比对，建立了倒闸操作项目一览表，结合河北南网实际划定了遥控操作范围，明确变电运维人员和调控中心监控员倒闸操作分工，即：对于10kV及以上出线开关满足技术条件的倒闸操作，由调控中心采用远方遥控方式完成；对于不满足技术条件的倒闸操作，依靠变电运维人员完成。由此做到了倒闸操作横向界限明晰，并确立了部门职责、岗位职责与流程角色的对应关系。

“变电运维一体化”与“调控一体化”模式下，电网倒闸操作分为变电运维人员现场执行和调控中心监控员遥控执行两种模式。其中现场倒闸操作流程未发生变化，但遥控操作流程需要优化重组，由调控中心调度员与监控员协同完成，无需变电运维人员再到站操作，压缩了倒闸操作管理层级和业务链条。执行遥控操作过程中，操作人和监护人严格执行填票、审批、预演、唱票、复诵、操作、检查等作业流程；如遇遥控操作异常，需通知变电运维人员进行现场检查。

原有倒闸操作模式需要变电运维人员到站操作，但是由于受路况、车辆、天气等诸多因素制约，经常会造成运维人员不能准时到站，导致电网安全措施落实的时效性较差，还存在一定的行车安全风险。开展遥控倒方式操作，有效解决了上述问题。例如2015年3月6日，省调要求落实220kV魏县站单母线安全措施，调控中心对供电小区内110kV广平、龙王庙变电站进行了4次遥控倒方式操作，节省了大量人力物力，且运维人员行车安全风险明显降低。目前，遥控倒方式操作已广泛地应用于河北南部电网。

（二）完善制度体系，制定作业标准

以《国家电网调度控制管理规程》通用制度为蓝本，结合河北南网实际，开展了倒闸操作制度体系完备性和适应性检查，补充制定了《河北南部电网监控操作管理规定》，明确110kV和220kV出线开关由地调遥控，10kV和35kV出线开关由县调遥控，划清了纵向管理界面，提高了制度体系的适用性。

充分吸收“变电运维一体化”优秀管理经验，将变电运维人员使用的《倒闸操作票》

转化为调控中心监控员应用的《遥控操作票》，制定了相应的《遥控操作票执行标准》与遥控操作流程相匹配。在OMS系统平台上推广应用遥控操作票管理系统，实现了遥控操作票网上审批、在线流转、远程审计，达到了“同业务、同标准”的规范化管理目标。

（三）建立考核体系，严控作业风险

建立健全远方遥控操作安全责任考核体系，明确遥控操作覆盖率、遥控操作成功率的指标定义、统计方法、责任部门、考核标准，并纳入省公司同业对标指标体系，实施省对地、地对县逐级调控工作评价，每月开展对标和考核，全面提升遥控操作管理水平。

加强遥控操作全过程风险管控，对于大型和复杂的遥控操作，在充分辨识倒闸操作危险点的基础上，提前编制远方遥控操作方案，并执行审批、发布流程，明确遥控危险点具体的管控措施，确保遥控操作安全、规范开展。根据方案要求，监控员提前一天与变电运维人员沟通，检查现场设备无影响遥控操作的缺陷，商定操作顺序；监控员提前完成相关遥控操作票的填写、审核工作，组织开展模拟下令和遥控操作演习，检验准备工作质量。遥控操作执行期间，各级调控中心安排领导、专责到岗、到位监督协调，提高遥控操作安全管控级别。

（四）持续总结经验，提升运转绩效

每月对遥控操作执行情况进行统计分析，从而积累经验。特别是大型倒闸操作任务执行后，调控班在两个工作日内组织变电运维和变电检修等相关单位，系统性地进行倒闸操作分析并形成报告，通过后评估的方式总结经验，改进不足，持续完善管理体系。

以上闭环管理夯实了遥控操作管理基础，并以解决问题为导向，调控专业联合变电运维和变电检修等专业，持续推进省地县一体化智能电网调度技术平台实用化，研发出批量遥控功能，破解了事故拉路难题。采用程序化遥控操作降低了遥控操作劳动强度，实施二次设备远方遥控改造提升了电网控制能力，“大运行”与“大检修”体系协同运转成效得到持续改进和逐步提升。

例如，针对仅凭单一开关事故拉路已无法满足电网安全应急要求这一事实，河北电力调度控制中心与国网邯郸供电公司联合研发了任意定制的“批量遥控”功能。将需要同时并行操作的多个设备编程列入同一个操作序列，一次启动的同时发出多条跳闸命令，可“1s内”实现不同厂站多台开关跳闸，精确完成不同量级和不同路次的操作任务。在迎峰度冬、迎峰度夏等电网高峰负荷期间，应用该功能可有效防止设备故障过载情况的发生，有效提升了电网应急处置水平。

三、实施效果

（一）提高了电网运行经济效益

通过明确变电运维人员和调控中心监控员倒闸操作分工，构建遥控操作流程后，电网倒方式、接地故障查找等倒闸操作不再需要变电运维人员到站，2015年，邯郸公司减少变电运维人员到站操作536次，节省人员1608人次，节约行车里程超过16000km；调控中心通过优化遥控操作流程，采用程序化遥控，使每台开关操作用时由4min缩短到不足1min，每座110kV、220kV变电站检修试验倒闸操作用时分别节省30min和1h以上。

（二）降低了电网运行安全风险

开展电网倒闸操作危险点辨识，严控职责分工、流程变更给电网安全运行带来的风险。研发和应用任意定制的批量遥控功能，可在3min内精确完成不同量级和不同路次电网事故应急拉路，守住了电网安全运行最后一道防线；实施二次设备遥控改造，可实时完成一次、二次设备状态匹配操作，较原先缩短用时20min，电网安全控制能力进一步增强。变电站全停检修，监控员将全站设备遥控转为热备用状态，变电运维人员在设备不带电情况下完成现场操作，彻底杜绝了带负荷拉刀闸、带电挂接地线、误入带电间隔等恶性事故，2015年，邯郸电网遥控全停220kV名府等变电站5座，人身安全和电网安全均得到可靠保障。

（三）提升了电网运行重要指标

通过制定作业标准、落实风险管控、开展统计分析，全面强化了遥控操作闭环管理，倒闸操作指标保持在较高水平，电网非正方式时间明显缩短。2015年，邯郸电网遥控操作122877项无异常，遥控操作覆盖率和成功率均达到100%，35kV级以上电网非正方式缩短了456h。

创新系统和业务融合方式
建立项目高效控制体系

班组：国网河北信通公司运检四班

一、产生背景

随着国家电网公司“两级法人、三（四）级管理”的总体架构建设，国网河北省电力公司积极稳妥推进县公司“子改分”工作，实现市县公司一体化管理，信息通信分公司承担了81家县公司、26套信息系统的适应性调整和数据切换工作，其中运检四班承担了ERP、财务管控、PMS2.0等核心系统调整和数据切换。2015年11月30日项目启动，2016年1月20日完成全部系统切换，时间紧任务重，对项目管理和业务协同能力提出了考验和要求。

二、主要做法

班组成立了以ERP、财务管控、PMS2.0系统专家和项目管理专家为核心的专业管控组，根据非业务核心系统2016年1月1日切换，核心业务系统2016年1月20日切换的步骤，厘清各系统间的切换时序和切换计划，创新性地提出了业务保障工作分类，包括切换前提、切换配合和切换保障，保证项目计划快速执行和项目管控高效运转。

（一）分析系统与业务联系，制定切换时序

1. 识别重点，厘清关系

通过评估26套信息系统调整对业务的影响，确立了以“人、财、物”业务黏合度较高的系统为主线，将系统分为三类。一是与“三集约”业务紧密关联的核心信息系统，包括ERP、财务管控；二是支撑“五大”体系运行的专业信息系统，包括营销系统、PMS2.0、规划计划等；三是信息化办公综合管理系统，包括员工报销、协同办公、教育

培训、邮件和统一目录等。

进一步梳理核心系统、专业系统和办公系统的业务流程、集成关系，确立了26套信息系统相互间功能、数据的依赖程度，如图1所示。

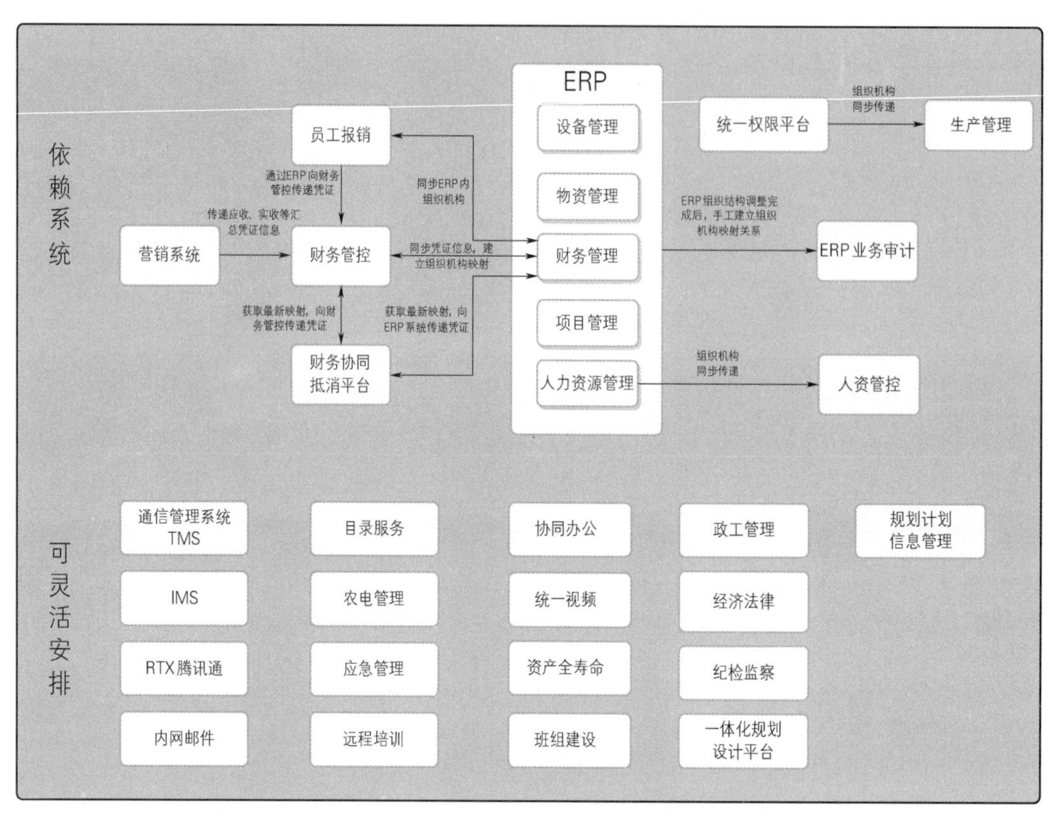

图1 “子改分”适应性调整涉及系统业务关联关系

2. 倒排工期，管控时差

通过细化、分析26套信息系统切换计划，准确定位影响“子改分”信息系统适应性调整工期的关键路径。围绕ERP、财务管控系统各专业模块功能调整和数据切换计划，依托各项工作依赖关系，衔接各系统切换计划，形成了国网河北电力公司“子改分”适应性调整切换时序表，管控整体切换工作总时差和各项工作的自由时差，部分样例如图2所示。

（二）重定义业务融合点，管控业务保障

“子改分”信息系统适应性调整包含26套在运信息系统，涉及省公司多个业务部

(a)

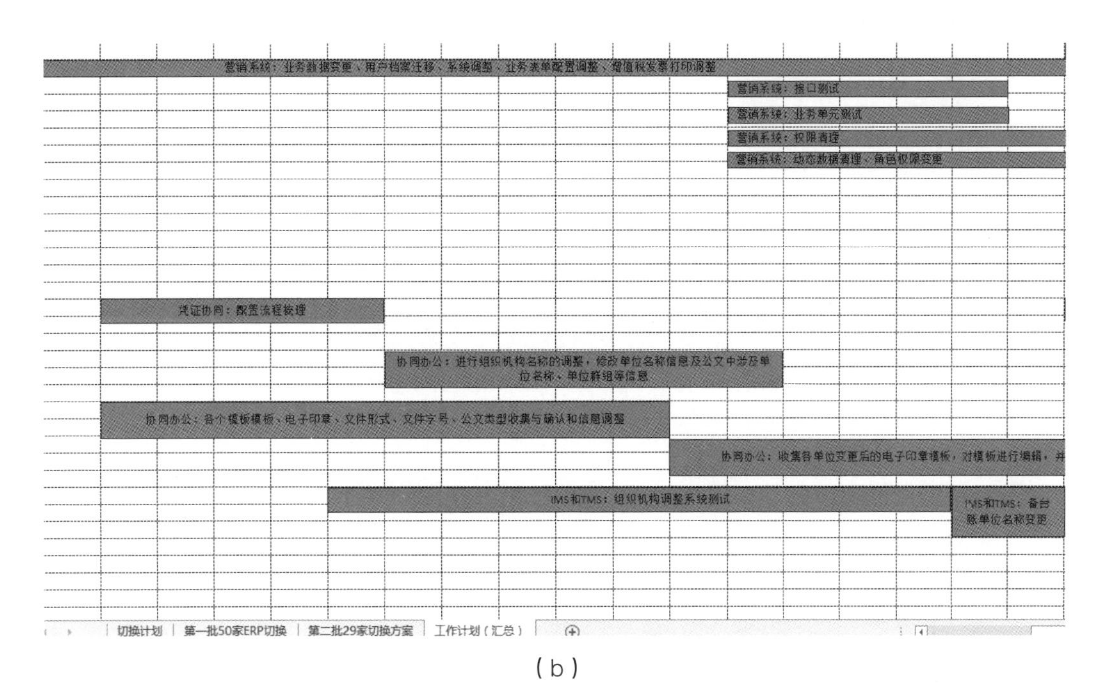

(b)

图2　国网河北电力公司“子改分”适应性调整切换时序表样例

门和81家县公司共同参与，系统集成度广，业务耦合度高。系统调整过程中，各条业务线的工作开展横向、纵向相互关联、制约，系统切换过程中既要保证新业务的顺畅开展，又要保证在途业务的完整切换，系统调整与业务配合工作需紧密衔接。

管控组组织各系统团队，全面梳理了系统切换过程中需业务部门配合、完成的工作事项，明确了业务保障工作具体操作部门或单位，并制定了详细工作计划。同时，根据每项业务保障性工作，对信息系统适应性调整的影响程度和保障类型进行了评估和重定义。业务保障工作类型被细化为切换前提、切换保障、切换配合三类（表1），将所有业务保障性工作性质和影响更加准确传递到各部门和各单位，增强业务部门责任意识，推动业务切换准备工作。管控组日常工作中，实时跟踪业务保障工作进度，并依靠与业务部门的碰头会、周会、工作组例会、专项会议等多种形式积极推进，为系统调整与切换工作的如期进行提供了组织保障。表1为国网河北电力公司“子改分”适应性调整业务部门配合事项清单。

表1　国网河北电力公司“子改分”适应性调整业务部门配合事项清单举例

序号	责任部门	开始日期	结束日期	工作类型	配合事项	系统	状态
1	人资部	—	2016年1月1日前	切换配合	通知各切换单位1月1—10日在原子公司暂停工资核算；在原子公司1月5—10日暂停1月人事操作	ERP系统	完成
2			2016年1月20日前	切换配合	完成各切换单位ERP系统人资模块组织机构更名及单位属性的变更	ERP系统	未开始
3		2015年12月14日	2015年12月25日	切换前提	2015年12月25日人资部明确各单位规范名称及简称、部门级的组织架构及规范名称	ERP系统、财务管控系统	延期
4	办公室		2015年12月26日前	切换前提	2015年12月26日前提供各切换单位实物章的印模	协同办公系统	完成
5	发展部	2015年12月27日	2015年12月28日	切换配合	完成未关闭项目新编码的申请并提供给财务部	ERP系统	未开始
6		2016年1月2日	2016年1月2日	切换配合	完成ERP系统内各切换单位在分公司创建未关闭的项目	ERP系统	未开始
7	营销部	2015年12月27日	2015年12月27日	切换配合	营销部2015年12月27日8:30关闭营销系统2015年12月应收，不再向财务管控系统传递应收汇总凭证数据	营销系统	完成

续表

序号	责任部门	开始日期	结束日期	工作类型	配合事项	系统	状态
8	财务部	2015年12月16日	2015年12月20日	切换前提	MDM系统申请ERP系统及财务管控系统应用的组织机构、责任中心、利润中心、基金中心等财务主数据的申请及下发操作	ERP系统、财务管控系统	完成
9		2015年12月15日	2015年12月28日	切换配合	组织各单位完成ERP系统未流转完毕的固定资产工作流	ERP系统	未开始
10	物资部	2015年12月14日	2015年12月25日	切换配合	组织各切换单位2015年12月20日前，完成ERP系统内已收货物资采购合同的发票催交工作，未在12月20前取得发票的采购合同的收发货业务必须于2015年12月25日前完成冲销操作	ERP系统	未开始
11	各项目管理部门	2015年12月14日	2015年12月25日	切换配合	组织各切换单位2015年12月20日前，完成ERP系统内已进行服务确认的服务采购合同发票催交工作，未在12月20日前缺的发票的服务采购业务必须在2015年12月25前完成冲销操作	ERP系统	未开始
12	科信部	2015年12月14日	2015年12月15日	切换保障	落实第二批“子改分”工作实施人员（共计人员30名）的办公场地及办公设备	ERP系统、财务管控系统	未开始
13			2015年12月25日	切换保障	组织各切换单位在2015年12月28日至2016年1月18日期间暂停录入设备台账	ERP系统	未开始

（三）开拓信息共享渠道，监控执行过程

1．关键环节，预警跟踪

根据《国网河北电力公司“子改分”适应性调整切换时序表》，结合3个类型的业务保障工作，将系统调整和业务前提、配合工作进行关联、融合，明晰“子改分”调整工作关键路径中的关键环节，形成各业务部门、信息部门均能理解，并能从中找到本部门或本单位工作的新式里程碑——整体切换重要节点里程碑，进行系统、业务整体工作管控，如图3所示。

通过工作周报、专题会议和项目简报，在事前、事中、事后进行重点工作提醒，完成时间和后续影响预警评估、结果展示和通报，提升业务部门在信息系统调整过程中的参与度和重视度，样例见表2。

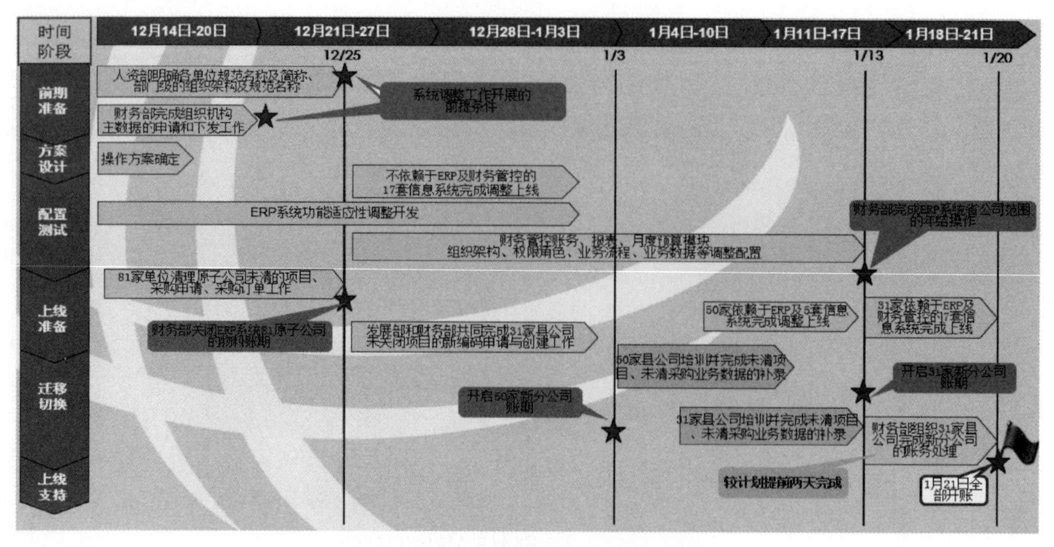

图3 整体切换重要节点里程碑

表 2　　　　　　　　　重点工作预警跟踪周滚动表（部分）

序号	工 作 描 述	时间要求	责任部门	状态
1	组织各切换单位2015年12月20日前，完成ERP系统内已收货物资采购合同的发票催交工作，未在12月20前取得发票的采购合同的收发货业务或服务确认业务必须全部冲销；ERP项目组每天（12月7—20日）出具数据提前预警需要催交发票的剩余数量	2015年 12月20日前	各切换单位	进行中
2	组织各切换单位2015年12月20日前，完成ERP系统内已进行服务确认的服务采购合同发票催交工作，对于无法取得发票但已服务确认的合同，采购业务必须在2015年12月25前完成冲销操作；ERP项目组每天（12月7—20日）出具数据提前预警需要催交发票的剩余数量	2015年 12月20日前	各项目部门	进行中
3	2015年12月18—12月20日组织物资管理专业关键用户进行ERP系统的用户测试；建议抽调物资公司、南宫、安平两个县共5名用户到项目组现场参与测试，人资、设备、项目模块安排关键用户在本单位进行测试	2015年 12月18—20日	物资部、科信部	未开始

续表

序号	工　作　描　述	时间要求	责任部门	状态
4	2015年12月21—22日组织ERP系统物资管理专业最终用户的培训工作；建议分两批开展，要求项目管理、运检、物资每个专业至少1人参加，约300人，培训场地要求能够投影讲解，容纳150人听讲，不需要用户进行相关操作	2015年12月21—22日	物资部、科信部	未开始
5	组织各切换单位开展ERP系统内项目状态核查，保证12月20日前各切换单位ERP系统内项目状态与实际情况相符，由于已关闭项目不进行明细数据切换，系统切换后，该部分项目将无法进行相关业务操作	2015年12月20日前	各项目管理部门、科信部	未开始
6	2015年12月20日组织各切换单位完成并关闭成本性项目和需年内完工的资本性项目	2015年12月20日前	各项目管理部门、科信部	未开始

2. 量化过程，数字监控

建立详细工作量化模式，对于耗时简短、形式单一的不可量化事件，采用“0”“1”模式；对于过程较长、复杂多样的时间，若目标值明确，则采用百分比进行量化；若目标值不明确，则采用计件方式量化。

一是采用百分比量化26套信息系统适应性调整总体完成情况，辅以环比量化进展幅度；二是针对核心系统采用百分比和计件方式，对功能调整、接口集成、权限调整和数据准备、运维支撑等工作进行记录、量化和跟踪，根据数据增长量和环比，发现工作停滞、缓慢等现象，通过问题反馈机制和汇报机制，及时开展业务组织协调和技术难点问题攻关；三是采用百分比和“0”“1”模式，对信息化办公系统调整和业务保障工作进展情况进行量化，监控前置任务完成情况，敦促业务部门和县公司尽快完成切换前的业务准备工作。

三、实施效果

通过各系统调整实施计划衔接，并与事前、事中、事后业务保障工作融合，形成国网河北电力公司“子改分”项目推进进度表，专业上管控各系统、各模块适应性调整进度。两个月期间，实现了信息系统在组织机构、角色权限、业务流程、系统功能、集成接口和业务数据方面的调整，累计调整各层级组织机构 9397 个、人员岗位权限角色 3.6 万个、各系统账号 8443 个、系统流程 60 个、系统功能 280 个、系统接口 68 个、业务数据导入 1667 万条，组织系统功能测试 300 多次、业务流程测试 60 多次；业务上推动业务部门和县公司业务准备工作，组织培训用户 400 多人次；组织相关会议 63 次、相关文档及成果 70 份，操作方案文档 3 份、各专业数据通报 7 次、应急预案 3 份，提报一级检修计划 2 条，实现了项目计划快速执行、项目管控高效运转，2016 年 1 月 20 日圆满完成了“子改分”26 套信息系统调整和数据切换支持任务，体现了新的管控模式的适应性和高效性，展现了运检四班（ERP 及生产系统班）“能打仗、打胜仗”的能力。

以国网河北省电力公司积极稳妥推进县公司“子改分”工作为契机，公司统筹 26 个信息系统适应性调整和切换，运检四班在涉及多专业、多部门、多单位的复杂项目环境下，积极探索了信息系统在运维阶段进行调整，特别是公司级层面涵盖多系统调整工作的业务融合模式。该模式在县公司“子改分”工作推进过程中，将数据、系统、部门、专业、单位等多方资源、力量进行了整合，达到了对专项工作的有力支持和高效管控。

节能型防振锤加固金具运用保障输电设备安全运行

班组：国网衡水供电公司输电运检室带电作业班

一、产生背景

线路运行在野外环境受风霜雪雨影响，导线易反复振动，节能型防振锤螺栓易松动从而发生跑位。2010—2012年，衡水地区共有9条220kV线路安装了共计8286个节能型防振锤。自2011年开始，发现节能型防振锤出现了大面积跑位现象，严重影响了输电设备的安全运行。

为了解决这一问题，班组根据实际经验提出创新性方法，研制出了“节能型防振锤加固金具”。

二、主要做法

节能型防振锤加固金具主要由固定钢片和预绞丝两部分组成。固定钢片由钢板整体打造而成，紧密贴合防振锤握紧导线后安装点的弧度，在固定钢片下端贴合防振锤紧固螺丝处设计了防止六脚螺丝转动的卡槽，安装后可防止螺丝松动；在固定钢片贴近防振锤咬合部位的外端设计有两个焊点，焊点相距2cm，用于配合预绞丝对防振锤的紧固。预绞丝可根据导线直径进行选择，用于对固定钢片的固定，并能进一步防止防振锤跑位。

如图1所示，进行加固金具的现场安装时，首先使用扳手对防振锤的螺栓进行人工紧固，然后把固定钢片紧密贴合防振锤的外侧弧度，并将预绞丝居中对准钢片位置，使预绞丝位于钢片的两个固定焊点之间，顺线路方向进行缠绕，缠绕完成即安装完毕。

图1 加固金具现场安装效果图

三、实施效果

2015 年 6 月，分别在 9 条线路 9 基杆塔共计 54 个节能型防振锤上安装了预绞丝和钢片加固金具。跑位情况统计结果显示，半年共跑位 0 次，效果显著。

目前该工具已经取得国家实用新型专利，该项目已经获得省公司批准，列入 2016 年大修，年底全部安装完成。采用此方法，可大大节省大修费用，同时缩短停电时间，提高供电可靠性。

“务实进取，厚积薄发”
打造良好基础
促进职工技术创新工作全面发展

班组：国网正定县供电公司萤光创新工作室

一、产生背景

县级单位在开展创新工作的过程中，一方面，由于基层班组人员存在老龄化的不利条件，同时新入企职工对一线生产环境不了解，所学专业知识无法有效地与实际生产工作相结合，导致创新成果上报数量匮乏，同时成果质量普遍较低；另一方面，由于创新工作属于较为前沿的工作，公司广大职工普遍存在创新与己无关的思想，加之日常工作繁琐复杂，导致参与创新工作的人员寥寥无几。考虑到以上原因，公司尝试通过部室对标、供电所对标以及绩效考核等多种形式促进公司创新工作开展，但收效甚微，所以公司现急需一种有效的管理模式来提高全员创新热情以及提升创新成果数量。

二、主要做法

多措并举创新管理模式，以新思路开展创新工作、以新目标树立创新热情、以新方法培育创新人才、以新理念烘托创新氛围，巩固自身基础，扎实开展各项工作，以“心急吃不了热豆腐”“好饭不怕晚”的态度，静下心来搞创新，确保创新工作务实避虚，全面提高创新成果数量及质量。

（一）摸清创新全过程管控，为职工创新把准脉

积极学习、探索创新方式方法，通过收看国网河北省电力公司“班组建设大讲堂”，参加国网石家庄市供电公司班组建设流动讲堂，与国网石家庄市供电公司“十佳”示范创新工作室开展合创工作，向先进学习、向先进取经、向先进看齐，了解掌握当今创新

工作开展的新局势、大方向，加入国网石家庄市供电公司众创微信群，随时了解国网石家庄市供电公司各创新工作室创新工作开展现状，交流创新思路，探讨创新模式，建立创新流程管控，将所学到的管理模式与国网正定县供电公司实际情况有机结合，为基层职工量身定做创新体系，从问题的发现、项目的提出到成果研发、上报、推广，做到一站式全程跟踪服务，为职工开展创新工作保驾护航。

（二）找准自身定位，为职工创新找准方向

清楚认识到公司创新工作开展时间较晚、人才与技术储备较为薄弱等劣势，虽然公司萤光创新工作室于2015年先后荣获国网石家庄市供电公司“十佳”示范创新工作室、国网河北省电力公司创新工作室等荣誉称号，但与国网石家庄市供电公司单东阳、吴灏、万强等优秀创新工作室相比，自身差距仍十分明显。萤光创新工作室找准定位，首先以在国网石家庄市供电公司创新发布会上取得成绩为目标，制定一套可行性较高的全年创新计划，为公司创新工作减轻思想负担，从而让参与创新的人员能够找准方向，激发全员创新热情。

（三）依托技能提升站，建立职工创新人才队伍

创新工作不同于其他日常工作，对参与工作的人员素质要求较高，参与创新工作首先要具备一定的专业知识储备以及一线工作经验。以此为切入点，萤光创新工作室转变以往“师带徒”的传统做法，鼓励新老职工互帮互助，倡导老师傅在传授现场工作经验的同时多向新入职大学生虚心请教专业知识，激励新入职大学生在公司各项技能竞赛、各专业岗位上勇于争先，为公司创新工作提供源源不断的人才储备。

（四）传播创新理念，营造人人创新的良好氛围

利用微信群、小视频、随手拍、大家讲等多种新方式，为广大干部职工详细介绍创新工作在社会进步、公司发展中所起到的举足轻重的作用。同时运用一些引人入胜的宣传视频让广大职工对创新工作产生浓厚的兴趣，促进职工自主创新的积极性，在公司范围内营造一种“我要创新，我想创新”的良好氛围。

三、实施效果

自2013年萤光创新工作室成立以来，经过多年的尝试以及不懈努力，工作室现有

国网河北省电力公司优秀职工技术创新成果一等奖 2 项、二等奖 1 项，国网石家庄市供电公司优秀职工技术创新成果 4 项，国家专利 14 项，工作室荣获国网石家庄市供电公司“十佳”示范创新工作室，国网河北省电力公司创新工作室荣誉称号，成立萤光创新小队，培养优秀青年员工 33 人，培养优秀专家人才 7 人。

运用断路器分（合）闸电磁铁出力测试仪　降低断路器设备缺陷

班组：国网保定供电公司变电检修室变电检修一班

一、产生背景

断路器是对电网设备进行控制与保护的关键一次设备，通过它的操作实现对电气设备运行状态的转换。电网出现故障时，通过与保护装置配合及时切除故障，保证系统的安全、稳定运行。

断路器分合闸电磁铁是实现断路器操作的关键部件，其承担着分合闸电信号到机构机械动作之间的转化传递作用。分合闸回路接通后，电磁铁励磁顶动掣子，触发机构动作。

以往变电检修班组只能通过分合闸低电压试验判断机构是否能够可靠动作，没有检测电磁铁工况、老化程度的测试手段。试验手段的缺乏导致现场作业中时常出现以下问题：

（1）当低电压试验指标不合格时，没有具体手段判断是由于电磁铁老化出力不足还是由于机构卡涩而造成的，导致盲目地反复调节机构，费时费力。

（2）电磁铁和机构配合不当导致电磁铁频繁烧毁，同时引发断路器拒分拒合故障，造成严重的电网事故和大面积停电。

（3）虽然低电压试验指标合格，但由于操作频繁等原因电磁铁已经劣化出力不足，无法及时监测其状态并及时更换，设备依然存在拒动风险。

（4）由于无法掌握电磁铁备件的状况，现场消缺时经常因为更换电磁铁后低电压参数不合格而反复拆卸机构，反复更换电磁铁备件。

鉴于此，我们研发了断路器分合闸电磁铁出力测试仪，填补了断路器检修方面的这一空白，有效地降低了断路器设备缺陷。

二、主要做法

断路器分合闸电磁铁出力测试仪由压力处理、显示装置和测试传感器组成，分合闸电磁铁通电励磁后，其锁闩向分（合）闸扣板方向顶动，经过空程后达到最大出力，顶动分（合）闸掣子，触发机械机构动作。以上是电磁铁触发机构动作的全过程，通过对这一过程的分析，我们制作了原尺寸模拟分合闸电磁铁动作空间的夹具，对被测电磁铁进行固定，在掣子对应位置处设置高精度压力传感器。测试流程见图 1，利用断路器分合闸电磁铁出力测试仪给电磁铁施加电压，压力传感器将其输出压力传输至主机，最终经过处理计算，出力的峰值在显示屏上直观地显示出来。

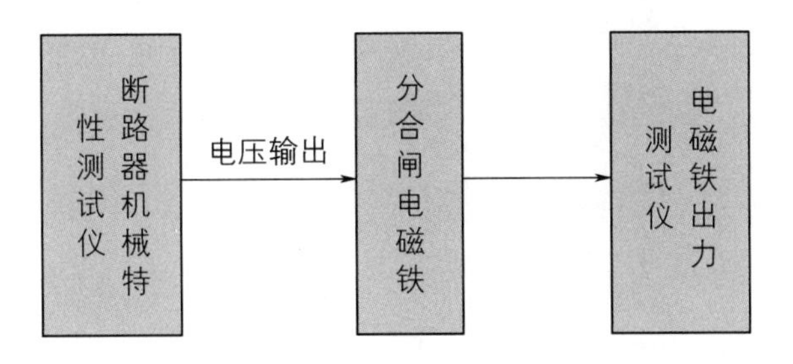

图1　测试流程

测试时将电磁铁固定在定位底座上，传感器固定在对应位置，利用断路器机械特性测试仪给电磁铁施加励磁电压，传感器将感受到的电磁铁锁闩顶动压力传至测试主机，主机中的压力信号处理、显示装置将测试结果实时、直观地显示出来，并实现自动存储，便于读取查找，工作原理见图 2。

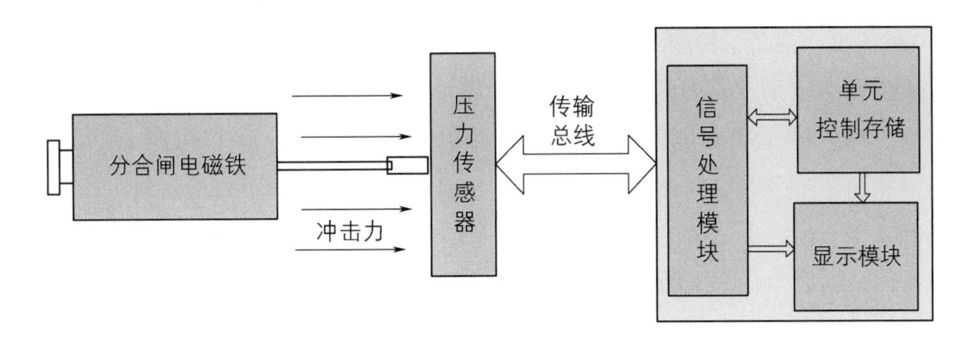

图2　工作原理示意图

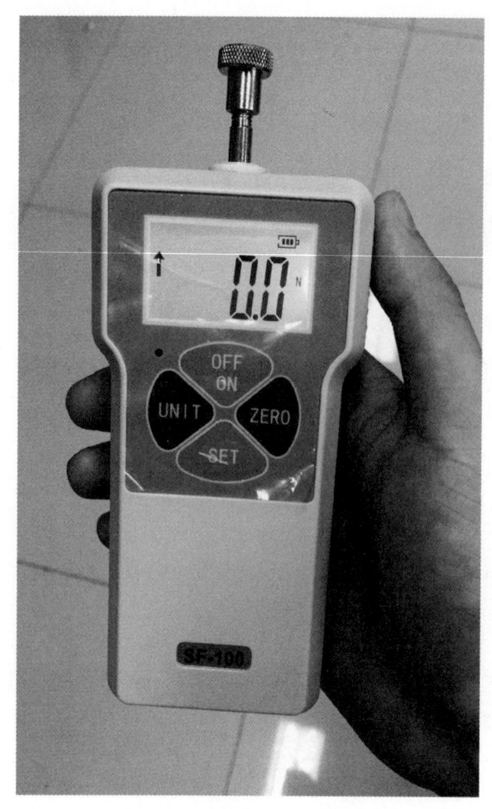

图3　控制显示单元

仪器显示屏采用数显显示，控制显示单元见图3，读数直观方便，测试结果可以自由选择磅（Lb）、千克（kg）、牛（N）3种显示单位，并且实现自动相互换算，量程覆盖0~100N，完全满足所有型号电磁铁的测试需求，负荷分度为0.01，实现高精度测量。同时，具备超量程自动报警功能，当测试负荷超过满量程时，内置的蜂鸣器会连续鸣叫，实现自保护。

仪器采用锂充电电池作为电源，容量设计指标为12V、12Ah蓄电池系统，满足全天候供电需求。自带过流保护、短路保护、电流反充保护、反接保护、欠压保护等全部保护功能，实现多重智能安全防护。

三、实施效果

仪器操作便捷、重量轻，单人即可完成操作；在进行断路器例行试验时可以利用本成果对电磁铁出力状态进行测试，准确判断机构状态，避免由于电磁铁问题而导致的机械机构调节不当。

利用本成果可以提前判断电磁铁备件质量，杜绝由于备件问题而造成的操动机构反复拆卸，极大地降低了作业强度，避免了无意义的反复操作。仪器应用数字显示，操作简单，0秒显示，提高了检测工作效率，高精度的电子压力传感器保证了测量的高精度。

自成果诞生以来，先后应用于马坊站、前卫站等站的检修工作，以及30余次消缺工作之中。共对66台手车断路器及307个电磁铁备件应用此仪器（表1）。共发现了4个电容器组断路器分（合）闸电磁铁存在老化现象，及时进行了更换；发现13个备件存在标准电压下出力不足情况，提前排除了隐患。由于避免了反复拆卸、调节机构，断路器控制回路断线及合不上闸缺陷处理的平均时间得到了有效降低，尤其对于基于VS1型机构设计的手车开关，消缺平均时间从120min下降到55min，检修效率得到极大提升。本成果填补了断路器分合闸操动机构状态检修和诊断的空白，实现了分合闸电磁铁出力的精确测量，检修人员有了判别电磁铁状态的试验手段，极大地降低了人员作业强度，缩短了检修时间，提高了供电质量，为公司的优质服务工作再添有力保障。

表1　　　　应 用 简 况 一 览

<table>
<tr><th colspan="4">检修试验</th><th colspan="2">消缺工作（VS1型）电磁铁更换用时</th><th colspan="2">备件排查</th></tr>
<tr><td colspan="2">马坊站</td><td colspan="2">前卫站</td><td>应用前/min</td><td>应用后/min</td><td>排查数目/个</td><td>307</td></tr>
<tr><td>试验数量/次</td><td>15</td><td>试验数量/次</td><td>32</td><td rowspan="2">120</td><td rowspan="2">55</td><td rowspan="2">不合格数目/个</td><td rowspan="2">13</td></tr>
<tr><td>发现隐患/次</td><td>1</td><td>发现隐患/个</td><td>3</td></tr>
</table>

成果适用于所有型号的一体式电磁铁，能够应用在绝大多数型号的断路器例行试验和消缺工作中，此经验也相应适合在河北省电力公司变电检修和配电检修领域全面推广。

闭环管理　科学处置
集中监控缺陷管理

班组：国网邯郸供电公司电力调控中心电网调控班

一、产生背景

大运行模式下，电网集中监控缺陷管理方面存在以下 3 点不足之处：

一是缺陷难以准确定性。原有的缺陷管理制度只是明确了现场设备的缺陷分类及处置要求，对集中监控缺陷没有进行统一的分类，直接造成监控员难以对集中监控系统缺陷进行准确定性。

二是缺陷处置效率不高。没有一个完善的集中监控缺陷管理制度，缺陷处置过程中容易出现责任不清、处置效率低下的问题。例如，设备通信中断是常见的一种缺陷，有可能涉及自动化、通信、检修 3 个专业，在“一对多”的管理模式下，调控员要同时面对 3 个专业，缺陷处置效率不高。

三是缺陷处置进度难以掌控。由于缺乏一个统一的缺陷流转和管理平台，监控各类缺陷只是简单罗列地记录在一个 Excel 表上（图 1），不能很好地实时动态地掌握缺陷处理程度，缺陷管理难度高。

二、主要做法

集中监控缺陷处置管理工作属于公司核心业务之一，直接关系到电网的安全运行和可靠供电，电网调控班按照“闭环管理，科学处置”的原则，实施集中监控缺陷的全过程管理。通过采取制度建设、平台搭建、管理提升等多项措施，全面优化了集中监控缺陷管理流程，提升了电网设备健康水平。

（一）编制和实施集中监控缺陷管理细则

根据电网集中监控特点，率先在河北南网组织编制了《邯郸供电公司调控机构集中监控缺陷管理细则（试行）》（图 2），并在地、县两级调控中心推广实施，实现了集中监控缺陷管理制度覆盖率 100%的目标，该管理细则主要内容包括以下内容：

站名	时间	发现人	信号	何时向何人报告	消除时间	消除情况	是否消除	消除人	验收人
齐村	2014-12-27	贾少英	齐村站齐电2线120LFP-941通讯中断				否		
团城	2014-12-27	贾少英	110kV母线测控通讯中断		无	核实监控画面正常	是		王志恒
团城	2014-12-27	贾少英	团城站2号变1WJ保护装置通讯中断		无	核实监控画面正常	是		王志恒
团城	2014-12-27	贾少英	团城站2号变2WJ保护装置通讯中断		无	核实监控画面正常	是		王志恒
团城	2014-12-27	贾少英	团城站3号变1WJ保护装置通讯中断		无	核实监控画面正常	是		王志恒
团城	2014-12-27	贾少英	团城站3号变2WJ保护装置通讯中断		无	核实监控画面正常	是		王志恒
苑水	2014-12-27	贾少英	苑水站264PSL603保护通讯中断				否		
苑水	2014-12-27	贾少英	苑水站265PSL603保护通讯中断				否		
贺兰	2014-12-27	贾少英	贺兰站2942断路器保护装置通讯中断				否		
贺兰	2014-12-27	贾少英	贺兰站2943断路器保护装置通讯中断				否		
贺兰	2014-12-27	贾少英	贺夏线LFP0901A保护装置通讯中断				否		
贺兰	2014-12-27	贾少英	贺兰站2941短引线保护装置通讯中断动作（频繁发）				否		
郝村	2014-12-27	王志恒	070、071保护装置通讯中断				否		
娄山	2014-12-27	王志恒	341、342、049、050保护装置通讯中断				否		
邯钢	2014-12-27	王志恒	08、04、42、634保护装置通讯中断				否		
纵横	2014-12-27	王志恒	333、335、033、082、062、034保护装置通讯中断				否		
常赦	2014-12-27	王志恒	110KV母线测控、194、195保护装置通讯中断				否		
河渠	2014-12-27	王志恒	001、331、361、335、181、182保护装置通讯中断				否		
安庄	2014-12-27	王志恒	2号主变2WJ保护装置通讯中断				否		
团城	2014-12-27	王志恒	2、3号主变1、2WJ保护装置通讯中断		无	核实监控画面正常	是		王志恒
新兴	2014-12-27	王志恒	631、632、633、634、640、643、645、648、654保护装置通讯中断				否		
裕华	2014-12-27	王志恒	047、049保护装置通讯中断				否		
磁山	2014-12-27	王志恒	333、337保护装置通讯中断				否		
均河	2014-12-27	王志恒	101保护装置通讯中断				否		
更乐	2014-12-27	王志恒	336保护装置通讯中断				否		
槐树	2014-12-27	王志恒	363保护装置通讯中断				否		

图1　集中监控缺陷统计表

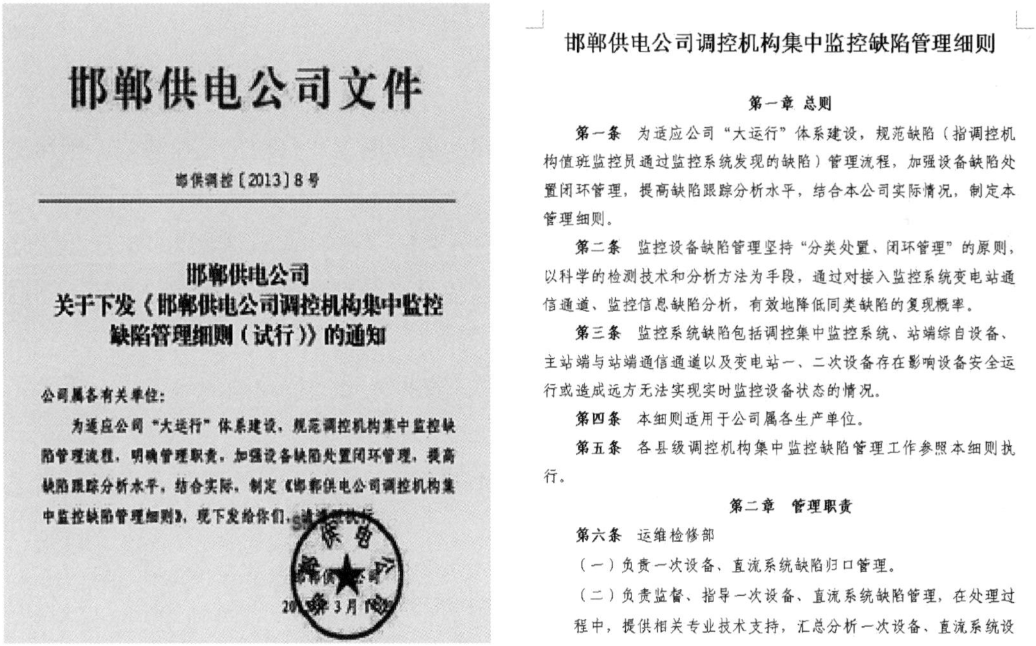

邯郸供电公司文件

邯供调控〔2013〕8号

邯郸供电公司
关于下发《邯郸供电公司调控机构集中监控缺陷管理细则（试行）》的通知

公司属各有关单位：

为适应公司“大运行”体系建设，规范调控机构集中监控缺陷管理流程，明确管理职责，加强设备缺陷处置闭环管理，提高缺陷跟踪分析水平，结合实际，制定《邯郸供电公司调控机构集中监控缺陷管理细则》，现下发给你们，请遵照执行。

邯郸供电公司调控机构集中监控缺陷管理细则

第一章 总则

第一条 为适应公司“大运行”体系建设，规范缺陷（指调控机构值班监控员通过监控系统发现的缺陷）管理流程，加强设备缺陷处置闭环管理，提高缺陷跟踪分析水平，结合本公司实际情况，制定本管理细则。

第二条 监控设备缺陷管理坚持“分类处置、闭环管理”的原则，以科学的检测技术和分析方法为手段，通过对接入监控系统变电站通信通道、监控信息缺陷分析，有效地降低同类缺陷的复现概率。

第三条 监控系统缺陷包括调控集中监控系统、站端综自设备、主站端与站端通信通道以及变电站一、二次设备存在影响设备安全运行或造成远方无法实现实时监控设备状态的情况。

第四条 本细则适用于公司属各生产单位。

第五条 各县级调控机构集中监控缺陷管理工作参照本细则执行。

第二章 管理职责

第六条 运维检修部

（一）负责一次设备、直流系统缺陷归口管理。

（二）负责监督、指导一次设备、直流系统缺陷管理，在处理过程中，提供相关专业技术支持，汇总分析一次设备、直流系统设

图2　《邯郸供电公司调控机构集中监控缺陷管理细则（试行）》

（1）明确了监控缺陷范围和处置原则。

1）范围。包括调控集中监控系统、站端综自设备、主站端与站端通信通道以及变电站一次、二次设备存在影响设备安全运行或造成远程无法实现实时监控设备状态的情况。

2）处置原则。以科学的检测技术和分析方法为手段，坚持“分类处置、闭环管理”的原则。

（2）明确了电力调度控制中心、运维检修部、安全监察质量部、基建部、信息通信分公司、检修试验工区、变电运维工区等各单位的缺陷处置管理职责，实现了分工明确，责任清晰。

（3）按照对监控设备的影响程度，将集中监控缺陷分为危急、严重、一般三类，并分别明确了各类缺陷的处置要求。

（二）明确集中监控缺陷处置工作流程

针对原“一对多”管理模式下集中监控缺陷处置效率不高的情况，班组统筹考量人员处置能力、业务量等因素，进一步明确了集中监控缺陷处置流程，将“一对多”管理模式改进为“一对一”管理流程，实现了集中监控缺陷的全过程闭环管理。

集中监控缺陷处置流程如下：

（1）值班监控员发现自动化系统缺陷后，首先进行初步分析判断，并将缺陷内容录入 OMS 系统，流转给调控专责、自动化值班员。

（2）自动化值班员接到缺陷信息后，若判断为自动化专业缺陷，则进行缺陷消除工作，消除完毕后，将该缺陷反馈给值班监控员；若判断为非自动化专业缺陷，则通过 OMS 系统将该缺陷流转至自动化专责。

（3）自动化专责接到缺陷信息后，若判断为通信专业缺陷，则安排人员进行缺陷消除工作，消除完毕后，将该缺陷反馈给值班监控员；若判断为非通信专业缺陷，则通过 OMS 系统将该缺陷流转至检修工区的检修专责。

（4）检修工区的检修专责接到缺陷信息后，安排人员进行缺陷消除工作，消除完毕后，将该缺陷反馈给值班监控员。

（5）值班监控员接到缺陷验收信息后，对缺陷进行验收，并将验收合格的缺陷进行归档。

（三）应用缺陷管理平台提升缺陷管理效率

（1）应用 OMS 缺陷管理平台，为调控、自动化、通信、检修试验、变电运维等各专业人员搭建起一个统一的缺陷流转和管理平台，实现了“发现报送、甄别定级、处理消缺、验收归档”的闭环管理流程。

（2）应用 OMS 缺陷管理平台，实现了监控缺陷的高效流转和记录追溯，为进一步建立内控机制和提升精益化管理提供了技术支持。

（四）建立起周总结、月分析、季度综合治理的工作机制

班组每周对设备监控告警信息和集中监控缺陷处置情况进行全面的统计分析，并及时督促相关专业完成缺陷处置和流转工作；每月组织召开月度分析会（图 3），全面分析监控运行中发现的问题，对误报、漏报、频发信号、信息处置等进行重点分析，提出整改要求和相关事宜。并且要求检修试验工区每月配合做好集中监控缺陷统计（包括已消除、未消除），形成月度缺陷汇总表和缺陷分析报告上报调控中心；每季度对上一季度设备监控运行情况进行分析总结，对周期内缺陷处理率和缺陷处理及时率进行统计分析，并结合二次专业季度运行分析会议，通报本季度集中监控缺陷处置情况，制定下季度集中缺陷处置计划和建议。该工作机制的建立特别有利于的“家族型缺陷”“同类型缺陷”的整治，从根本上提升了设备的健康水平。

（a）

（b）

图3　每月组织召开月度分析会

三、实施效果

电网调控班结合集中监控缺陷管理要求，成立了集中监控缺陷工作考评小组，并将

缺陷处置完成情况列入调控员业绩考核项目之一，实现了集中监控缺陷管理工作的实时监督和考核，通过专业评估，主要取得以下效果：

（1）集中监控缺陷定性准确，最大限度地减少了信息沉淀和误判，并且将“一对多”管理模式改进为“一对一”管理流程，缺陷处置效率明显提升。

（2）实现了集中监控缺陷网上流转、闭环管理。各单位、各部门缺陷处置职责清晰，分工明确，流程节点衔接紧密，确保了缺陷的高效处理，缺陷管理水平明显提升。

（3）通过建立缺陷追溯、分析、总结机制，找到了“家族型缺陷”规律，有效地提升了缺陷处置效率，降低了“同类型缺陷”的复现概率。各类缺陷处置真正做到了可控、能控、在控，电网安全运行水平明显提升。

后勤维修专业绩效考评体系

班组：国网沧州供电公司综合报修维修服务中心

一、产生背景

国网河北省电力公司沧州供电分公司后勤维修专业长期以来一直存在着用工多样化、项目多专业化、工作过程不确定性等多重因素。因此该专业一直难以制定出行之有效的绩效，这不仅不利于后勤保障工作的服务提升，还降低了员工的工作积极性，对员工的综合能力提升也起到了制约的作用。对此，我公司针对维修专业的实际情况，系统分析各类问题，制定出了较为完善的绩效考核体系。

二、主要做法

为了绩效体系制定得科学合理，被考评对象认可接受，我们首先成立了由工程主管牵头的绩效体系制定小组。以往绩效均按员工个人考勤、业主投诉、安全措施、工作完成情况为主计算，绩效所涉及的方面少，考核数据粗狂、单一（图 1）。并没按照相应的维修工作内容及维修工作量进行计算，这样的绩效考核涉及项目少，动态评价不足，不能准确地体现每位员工的维修工作量及完成率，导致考核结果没有明显差异，并没有强有效的约束力，从而失去了考核的意义。

___月份个人绩效统计表

姓名			本月天数	
日期	考勤情况	业主投诉	安全措施	工作完成情况
1				
2				
3				
4				
5				

图1　以前绩效考核表

新的绩效体系将班队长和班组成员分别进行考核。班队长对工程主管负责，仅对其管理工作进行考核，不对其维修工作量进行考核。主要体现在班组日常管理工作、总维修工作的完成率、未完成项目数、安全生产、文明施工等方面（表1）。

（一）班队长绩效评分内容

（1）提出奖金数的50%作为考核项。

（2）安全生产。班组月度维修工作无安全事故得分，有安全事故，依据标准进行扣除。

（3）文明施工。班组成员的考勤、工作服、维修规范行为等多方面考核，以最后业主满意度为标准，达95%以上则加分，95%以下扣分。

（4）班组长的考勤为标准。

（5）维修工作完成率。根据每月维修队总工作票的完成率（95%以上）为依据。

表1　　班队长月度绩效考核表

月份	日常管理工作	总维修工作完成率	未完成项目数	安全生产	文明施工	备注
1	完成	98%	8项	完成	完成	
2	完成	96%	15项	完成	2月15日维修未戴安全帽	

（二）班组员工绩效评分内容

（1）确定维修基础依据，首先提取了前一年度3月、6月、9月、12月以及本年一季度共计7个月的维修单作为基础数据，计算出每月的平均维修票数；接着由预算专责对相应维修项目计算工作量以及维修人数；然后可以计算出每位维修人员月平均工作数量，上下浮动5%以此作为基数。

（2）确定绩效奖金占奖金总额的比例。每月提取每位员工奖金的50%（500～800元）作为绩效奖金。

（3）变更工作票格式，规范填写内容，设定不同权重，明确填写各维修工作的负责人和工作人。以前当班组员工拿到工作票时（图2），会依据维修分类由班队长进行派工，但派工时并没有明确出负责人及工作人。导致大家干活时勤快的、技术好的、多干的和其他人员并没有什么不同。而各种维修工作也没有轻重缓急之分，各种维修项目权重都一样，毫无区别。所以新的工作票将权重加入，明确出了单项工作负责人及工作人员（图 3），让维修工作分工更加细致，为个人月度考核作出了依据。

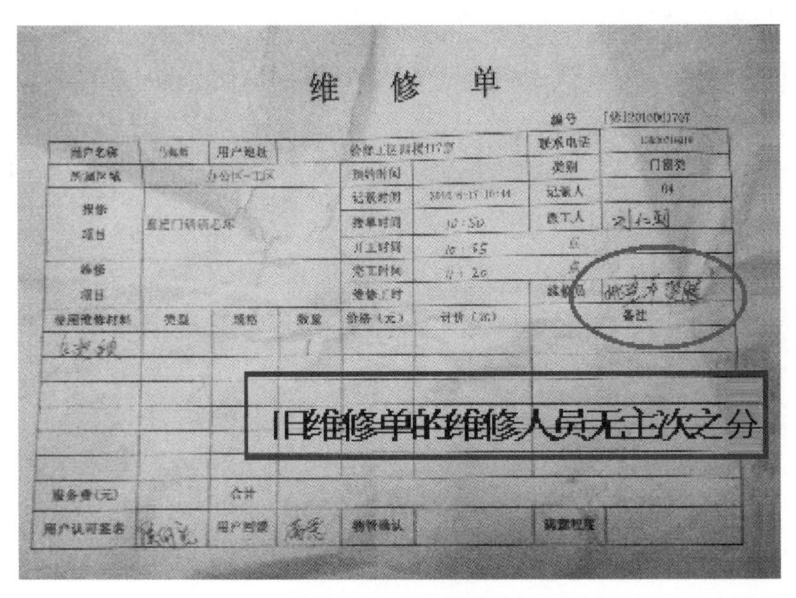

维　修　单

编号

用户名称　用户地址　联系电话

所属区域　办公区-工区　预约时间　类别　门窗类

报修项目　记录时间　记录人　04

接单时间　10:50　派工人

开工时间　10:55

维修项目　完工时间　11:20

维修工时　维修员

使用维修材料　类型　规格　数量　价格（元）　计价（元）　备注

旧维修单的维修人员无主次之分

服务费（元）　合计

用户认可签名　用户回访　物管确认　满意程度

图2　旧工作票

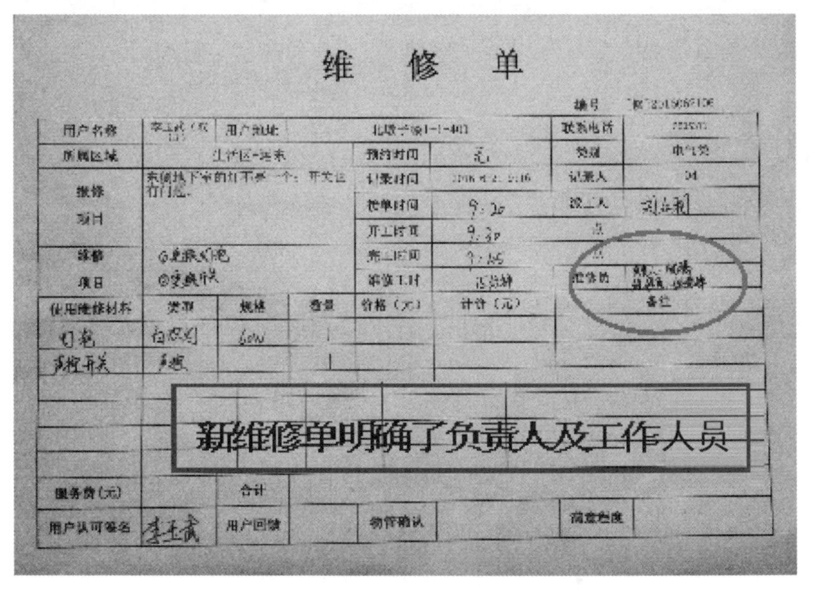

维　修　单

编号

用户名称　用户地址　联系电话

所属区域　生活区　预约时间　类别　电气类

报修项目　记录时间　记录人　04

接单时间　9:20　派工人

开工时间　9:30

维修项目　完工时间　9:55

维修工时　维修员

使用维修材料　类型　规格　数量　价格（元）　计价（元）　备注

灯泡　白炽灯　60W　1

新维修单明确了负责人及工作人员

服务费（元）　合计

用户认可签名　用户回访　物管确认　满意程度

图3　新工作票

（4）调整安全生产、文明施工的权重各为10%。安全生产方面是指日常常规的安全生产作业，并没发生安全事故，发现一次扣除一次，月底进行统计。一旦发生安全事故，则不可以此依据来进行考核。届时会依据事故的程度对其进行考核，情节特别严重的由公司领导班子及主管人员共同商议处理办法。

（5）班组建设中的日常工作转换为绩效得分列入个人分数。如负责维修队设备设施台账定期更新、每月的投稿新闻报道、对日常工器具管理、劳保用品管理工作等，均列入绩效中进行考核。规定相应工作的考评系数，完成可奖励，没完成进行扣除。

（6）确定特殊维修项目专题讨论评分的规则。针对遇到的急难险重任务，根据维修项目的具体情况进行专题讨论评分。综合维修队不定期会遇到一些急难险重的维修任务，由于任务的特殊性，对于维修来说相对难度或紧迫性要大于日常维修工作，所以针对该问题必须讨论评分规则，保证绩效考核的公平性。

（7）最后共同讨论各类型工作的权重，确定不同工作的权重。将月度工作票进行汇总（表2），梳理出总工作量，然后计算个人完成的维修工作量占总工作量的百分比。根据总工程量 / 总人数计算出平均值，以平均值为标准，个人所占的比重超则加分，低则扣除。

表2　　综合报修服务中心2月人员月度绩效考核权重汇总

月度绩效考核权重汇总						
人员	本月维修项目总量	本月权重总值	个人本月维修权重	个人日常工作权重	个人本月总权重	本月占有率/%
王福森	226	915	61	5	66	7
孟庆贺	226	915	115	0	115	13
孙景华	226	915	74	0	74	8
武宝发	226	915	113	0	113	12
黄金学	226	915	147	0	147	16
郭立新	226	915	97	0	97	11
姚碧峰	226	915	131	5	136	15
贺　腾	226	915	94	10	104	11
张晨光	226	915	52	5	57	6
马　昆	226	915	1	5	6	1

三、实施效果

（1）绩效更公平、更透明。将考核权重汇总进行公开，使得每位员工都清晰地看到各个员工的工作量，做到心中有数。

（2）提高了员工的积极性，新的量化准则的出现，使得多劳多得深入人心，大大提高了员工的工作积极性。

（3）促使维修工作保质保量完成，新的考核中不仅将工作量作为了考核依据之一，工程完成满意率也同样占有比例，改掉过去“将就维修”的现象，保质保量地完成维修工作。

（4）考核具体，涉及面全，促使员工全面发展。新的考核不仅仅只考核维修工作，在多个方面进行了考核，有利于综合性维修人才的培养，塑造公司好的形象。

构建供电所优质服务培训体系

班组：国网河北省电力公司培训中心电力营销培训一室

一、产生背景

（一）供电所营业类和服务类投诉的人为因素是治理重点

自 2015 年 3 月至 2016 年 5 月，国网河北省电力公司共发生 8985 起各类投诉。从图 1 可以发现，通过有效治理，供电质量投诉有了明显下降，而营业投诉与服务投诉一直居高不下。因此，营业投诉与服务投诉成为投诉治理工作的重点。

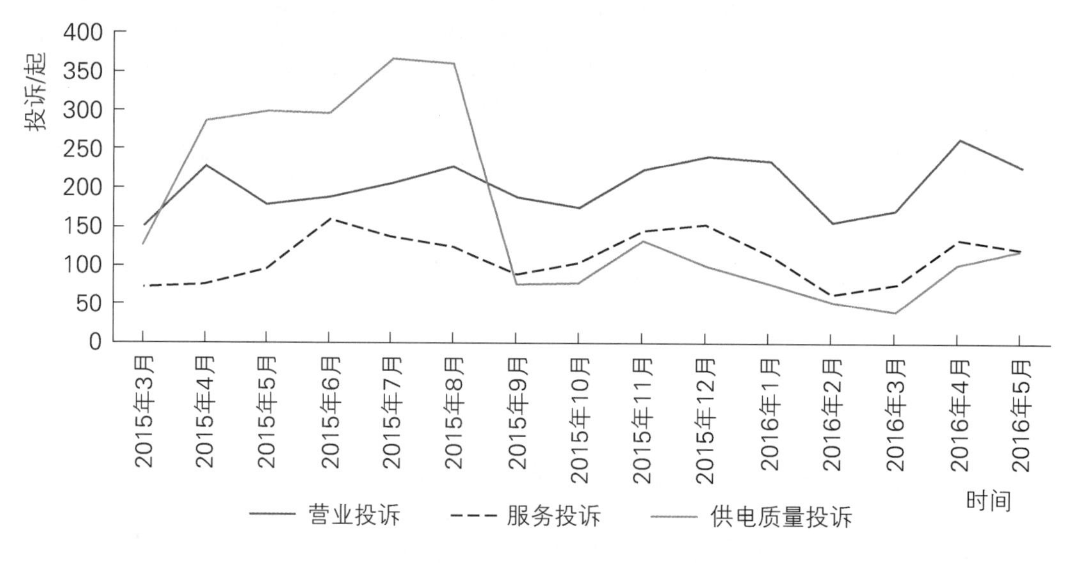

图1　国网河北省电力公司投诉统计图

从图 2 可以发现，国网河北省电力公司 2016 年第一季度营业投诉占比高达 48.38%，服务投诉占比达到 21.98%，二者之和超过 70%，这两类投诉有一个共同特点，大多是在服务中由于“人”的因素引发的，而由于“设备”的因素引发的投诉，如供电质量投诉、停送电投诉、电网建设投诉量相对较低。

（二）供电所内部的问题

目前供电所一线服务人员队伍中存在多方面的问题，比较突出的就是员工学历水平、专业程度与服务意识 3 个方面，这些问题严重制约了我们优质服务水平的提升。

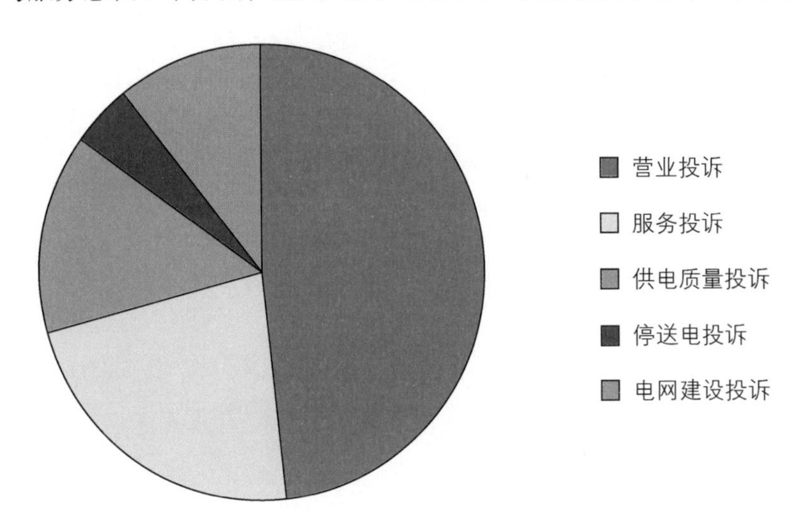

图2　国网河北省电力公司第一季度投诉比例

此外，河北省电力公司均通过各种技术手段与考核措施加强对于设备和员工的管理，并试图通过强化管理降低投诉。随着技术手段的不断更新，管理制度的不断出台，供电质量投诉、电网建设投诉、停送电投诉数量大幅下降，但营业投诉和服务投诉并没有明显下降，究其原因是供电所一线员工的心态发生了变化，是员工主动服务的意识出现了问题，是复杂的管理制度导致员工工作主动性出现了问题。

二、主要做法

（一）以企业文化全面落地推动员工"三个提升"，保障优质服务目标的实现

培训体系的核心目标（图 3）是贯彻企业文化五统一，践行文化管理，创新供电所优质服务培训体系，并高效落地。培训体系贴近基层供电所营销服务工作，将员工"三个能力"建设作为核心目标。提升一线服务的客户感知，降低投诉风险。

强化认识，转变思维，明确提出优质服务是国网生命线；转变作风，引导基层供

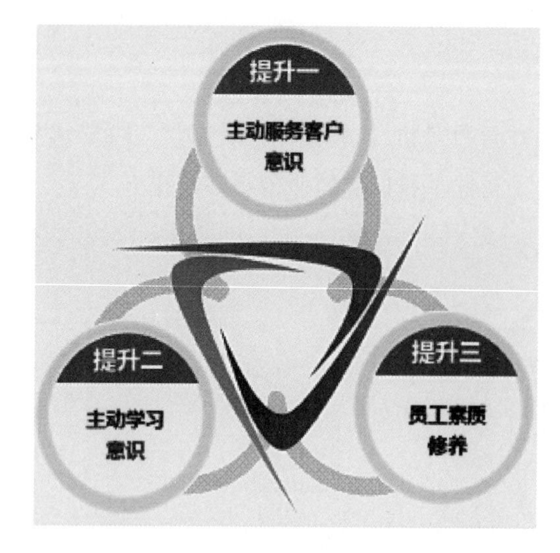

图3　培训体系核心目标示意图

电所一线人员做到主动服务、用心服务、服务到家；规范行为，深化“五位一体”协同机制，坚持客户为导向，关注一线营销服务岗位流程执行的效能，制度标准的统一；提升技能，落实“三个十条”服务行为，重点就服务意识、服务规范、服务素养、投诉治理等进行课程体系和培训资源的建设，打造精准、高效、闭环的培训体系，使优质服务目标得以实现。

（二）构建“对象分层、内容分阶”的培训体系，提升培训的针对性

1. 创建阶梯式课程体系

课程体系是培训体系的灵魂。遵循培训教育规律和人才队伍成长规律，围绕“服务提升、制度执行、团队共创”，构建对象分层、主题分块、内容分阶的实效性、针对性、系统性的菜单式课程体系。实现由易到难、由简到繁、先必要再重要的培训专题内容规划，针对供电所目前存在的实际问题，开发出供电所优质服务课程体系。

按照“团队、制度、服务”3 个方面为供电所构建了 3 个大类、14 个小类、50 门课程的课程体系。针对供电所的实际情况，根据学员的工作分工将课程体系分为供电所营业厅一线员工与供电所所长课程体系两个层次。按课程的内容深度不同将课程体系分成Ⅰ、Ⅱ、Ⅲ 3 个阶段，由浅入深循序渐进，让学习更有针对性。第Ⅰ阶段是基础阶段，重在提升思维、心智和行为规范；第Ⅱ阶段是提升阶段，重在提升能力、素养和问题解决；第Ⅲ阶段是发展阶段，重在提升创新、影响力和修养（具体课程设置见图 4）。

2. 培训学习资源建设

培养内部导师团培育本地种子讲师队伍，满足巡讲培训需要。选培 5 名内训师组建内部导师团，完成围绕业务规范、制度标准、服务素养的内部精品课开发，承担基层巡讲和试点县区营销内训师培养职责。

开发具有针对性、实效性的优质服务课程和学习资源库。先后开发了《供电所优质服务案例化精品课程》《以服务关键点、投诉风险点为主题的移动学习微课库》，《供

电所营销服务经典百问口袋书》《供电所营业服务投诉治理案例集》和《供电所营业服务风险点分析及预控措施合集》正在策划和编辑。

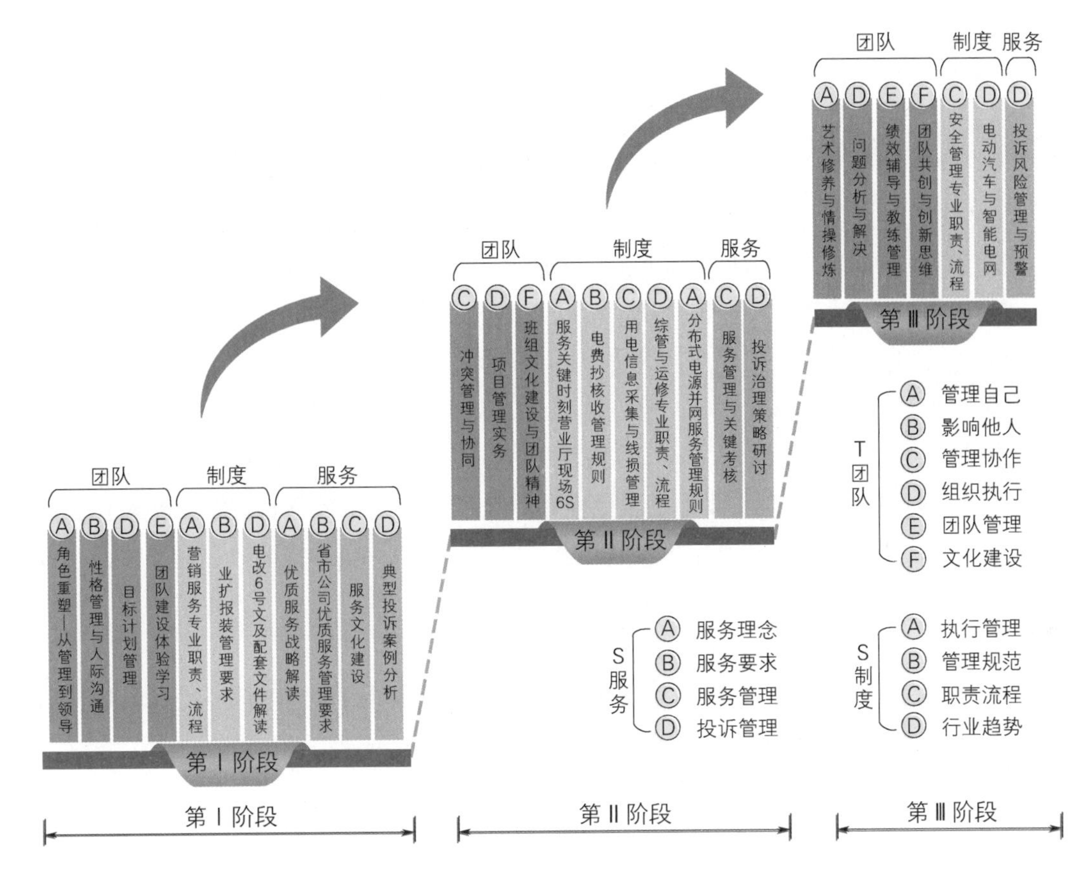

图4 供电所所长优质服务提升精品课程体系

（三）采用“全时”学习模式，确保培训效果落地

以“全时”学习理念解决培训效果落地难题。课堂上，在老师引导与同学帮助下掌握知识与技能；工作中，以“行动计划表”为指引完成从知到行的转变；闲暇时，通过微信公众号、移动学习平台完成知识与技能的填补、个人修养的提升，确保以服务意识为核心，服务技能与个人素养并重的培训体系落到实处。

1．创新项目管理思维，高效组织实施培训

首先，培训前准确把握战略实现、组织环境、问题改善的客观需求，首先抓好“做正确培训”的方向关，保证课程内容的系统性、精准性与针对性；其次，抓好“正确做培训”的执行关，使用适用于成人学习的案例教学、互动式教学、体验式教学、互联网学习等多种学习方式，提升培训效果；最后，抓好“培训出成效”的应用关，重视氛围环境营造的竞赛评优管理、成果质量导向的行动学习辅导。

2. 创新“送教基层”培训方式，有效降低培训成本

通过“送教基层·大篷车”活动，改变了原来让学员集中到上级培训中心来学习的传统模式。把课程送到基层单位、把老师送到基层单位，有效地节约了基层人员的培训时间和经济支出，使学习成本大大降低。把方便留给一线，把时间留给一线，让广大学员在家门口也能享受到省级培训水平的超值服务，得到广大学员的一致好评。

3. 创新体验式教学管理、案例式内化课程的培训开发模式

深化人才培养策略，强化培训的实用性和多元化。关注聚焦目标、主题明确、内容实用的案例设计，强化形式多样、重视体验、引导辅导的教学管理，实现以内容要点讲授、案例研讨分析、跨界学习体验、“互联网 +”移动学习的教学互动管理。

（1）体验式教学管理。观摩通信企业前台，了解同类服务型企业在工作时长、现场投诉异议处理、客户引导服务的规范要求。根据频发投诉场景或业务办理场景，模拟客户进行过程体验，挖掘客户服务过程中的问题风险点，建立对应的前置解决方案和培训支撑。

（2）案例式内化课程。聚焦客户服务关键风险点和问题点，模拟一线岗位的管理场景、服务场景，以客户沟通或服务投诉等案例为基础进行课程设计。

4. 创新“互联网 +”微信移动学习平台的教学互动模式

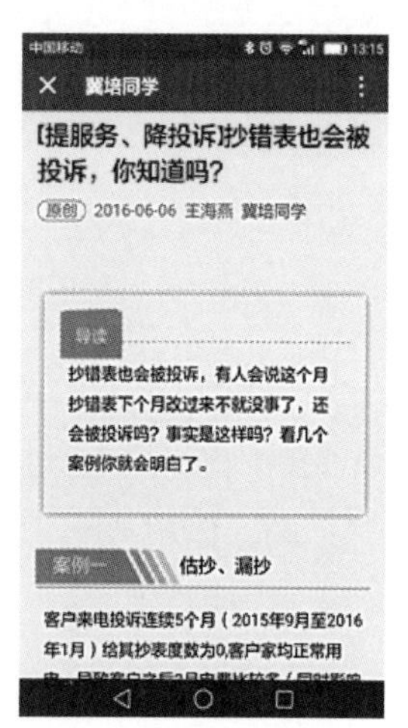

图5 “冀培同学”微信公众号

按照课程体系中“团队、制度、服务”3个模块的设计，将课程中的精华内容进行提炼与优化，以单元精品课知识点为基础，设计成适合移动学习平台的微课程与短文章供一线员工进行碎片化学习。

以“冀培同学”微信公众号为载体，开设“提服务、降投诉”专栏推送相关的学习内容，包括微课、文章，有效解决了一线服务人员的工学矛盾（图 5）。支撑一线供电所人员持续学习，累计发布“提服务、降投诉”专题文章 30 余篇，累计阅读量达 4000 人次。

引入游戏化学习模式，开发基于 H5 的游戏化学习模块，增强移动学习的乐趣，让员工能够通过碎片化时间快乐学习。

开发专家 APP，由营销各专业专家通过网络互动服务，为

供电一线员工解惑答疑。

（四）以培训转化为目标，动态跟进应用效果

以“团队、制度、服务”三种文化建设为指引，开展县公司“优管理、提服务、降投诉”劳动竞赛，组织开展供电所服务之星、管理之星、文化之星的评选与竞赛活动。结合分岗位培训案例库建设、服务管理风险点梳理、供电所团队文化建设、供电所所长领导力，探索建立“供电所服务管理健康辅导体系”，作为供电所优质服务提升的量化辅导手段。

以“行动计划表”为工具，开展“专题课程作业”为内容的供电所“创服务品牌、建共好团队”的改善活动，作为项目组辅导支持各基层供电所优质服务提升培训落地的重要抓手。学员依靠团队优势，以学习行动计划表为指导，以行动学习法为创新工具，开展了多项管理创新和技术革新活动，项目组应用了一系列专业化的辅导工具，跟踪、辅导、促动学员开展行动学习和最佳实践活动。项目实施过程中共收到学员的行动计划150余份，提供现场辅导与帮助4次，收到最佳实践案例10份。

三、实施效果

本次培训项目的实施涉及22个县、195个供电所、355名学员，采用送教下乡的培训方式有效地降低了基层单位培训成本近50万元（交通费和住宿费），节约培训时间700余人·天。

通过4个月的项目推广，每月对几百个的供电所进行监控暗访，发现供电所违规行为已从原来的每月上百起下降为不到10起；通过暗访、监控、调研部分供电所营业厅，在服务规范、服务素养礼仪方面明显改善，很好地实现了员工队伍从他律到自律的状态，极大地激发了自主意识，一批学习型、服务型、和谐型供电所正在创建，成效显著。

电费回收风险“多级管控”体制的推广与应用

班组：国网正定县供电公司营销部

一、产生背景

电费是供电企业的经营成果，是电力系统维持正常产、供、销的经济链条。电费回收指标是电网企业经营管理的重要指标，也是“十三五”规划的战略指标。然而，随着我国经济进入新常态，受经济转型、电量增长放缓成为新常态，需要进一步高度重视电费回收，近期主要表现为“四降一升”（经济增速下降、工业品价格下降、实体企业盈利下降、财政收入增幅下降、经济风险发生概率上升），部分生产企业，特别是个别中小型代工与配套企业，受国内外需求不足等因素的影响，经营困难。生产企业经营状况并不乐观，部分企业减产甚至关停。预期未来几年内国内经济以及电量增长仍将保持减速换挡的态势。在用电户经营风险不断加大的背景下，电费回收压力越发增加。如何采取行之有效的措施防范欠费风险，完成电费回收任务，已成为我公司各项工作的重中之重。

随着售电公司与电力公司抢占供电区域和客户，竞争较为激烈，正定电力公司在确保电费颗粒归仓的同时，也急需提高电能质量与优质服务，以保证当前电力市场的存量和增量。如何在提高客户忠诚度与美誉度的基础上，在稳定客户市场乃至扩大市场的基础上，回收电费是当前面临的重大挑战。

另外，就正定公司内部客户而言，高压用户有 1992 户，已安装预付费装置用户为 1015 户（其中费控预付费装置 200 户，本地费程智能电能表 815 户），近一半用户未安装预付费装置，存在电费回收风险；低压用户 23.8 万（其中 1 万用户为本地费控智能电能表），已实现智能表全覆盖，电费回收风险较小。在新常态经济下，正定县经济结构不断优化升级，加之受国内市场需求减弱和部分行业产能过剩的影响，企业盈利空间受到挤压，客户企业经营受到挑战，钢铁、水泥等高耗能企业支付能力普遍下降，客户企业经营不善，随时会导致资金链断裂，供电企业电费回收风险随之急剧增长，这些给供电公司电费回收带来巨大风险。

二、主要做法

（一）电费回收风险按照“一体四制”进行管控

面对巨大的电费回收压力，正定县供电公司以“体系科学、闭环管控、机制健全、保障有序”为原则，按照“立制、造势、强体”的思路，建立了电费回收风险管控“一体四制”（图 1）的管理模式，实现了电费风险“可控、能控、在控”。

“一体”，即通过深化全面风险管理，建立全过程风险防控体系，是电费回收风险防控的核心，是为“立制”。该体系通过建立健全管理标准与制度，实现了风险管理规范化、标准化、闭环化。“四制”，即全员责任落实机制、全面宣传引导机制、价值感化机制和止损保障机制，是电费回收风险防控的保障。通过建立全员责任落实机制和全面宣传引导机制，实现“造势”，即从组织保障和文化引领两条主线，引导意识、创造氛围，为防控体系的落地创造良好的环境；通过建立价值感化机制和止损保障机制，实现“强体”，即以“价值内生”“能力外延”为驱动，通过“四化服务”提升服务形象与价值，通过资源整合实现各方借力，全方位强化了自身抗风险水平，降低了整体的电费风险水平。

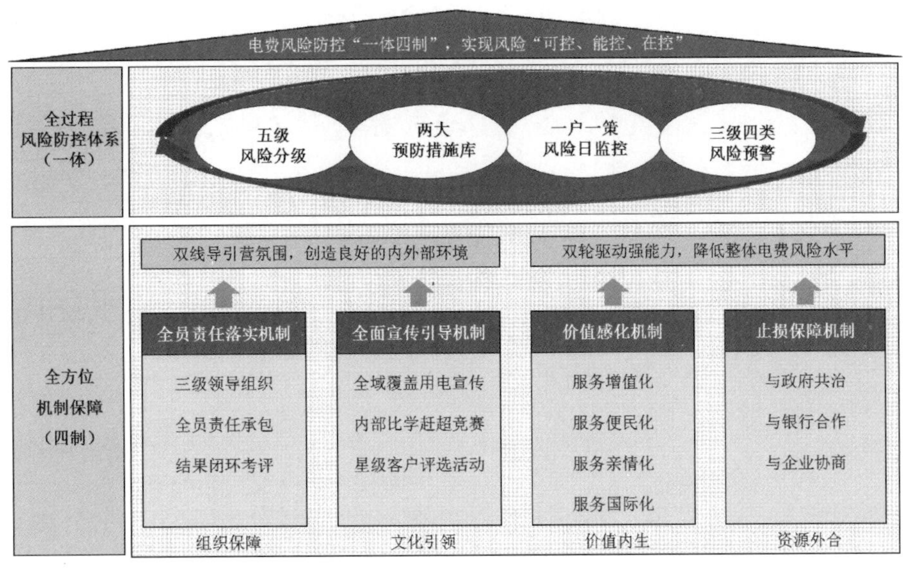

图1　电费回收风险管控“一体四制”的主要内容

（二）深化全面风险管理，建立全过程风险管控体系

超前控制，制定电费回收预警，供电企业建立和完善电费回收预警制度，及时发布预警信息，超前采取相应措施，防范和控制电费回收风险。电费回收预警按发布渠道分为单位内部的预警和特定客户的预警，按严重程度分为黄色、橙色、红色3个级别。

建立健全风险管理常态化机制，制定一系列管理标准与制度，建立“五级风险分级”标准，搭建“两大预防措施库”，通过“一户一策风险日管控”和“三级四类风险预警”，实现了风险管理规范化、标准化、闭环化，风险管理能力显著增强，确保电费风险可识别、可防范、可监测、可处置。

从内部数据分析入手，分析历史欠费客户的共同特点，建立量化的电费风险评级标准，实现对全部客户风险评级。结合地区经济形势与社会动态，客户电费风险评级指标主要包括用电客户供电电压等级、电费结算方式、电费额度占比、缴费情况、生产经营状况、信用程度、用电行为等，形成用电客户电费风险评级标准，将客户划分为A、B、C、D、E共5个级别，分别对应“极高风险”“高风险”“一般风险”“低风险”“极低风险”（表1）。实行月度定期评级与不定期评级相结合的方式，遵循“宽升严降”的原则，及时对全部客户电费风险进行动态评级，以有针对性地制定防控措施，提前开展风险控制行动。

表1　　用电客户电费风险评级标准

用户风险等级	供电电压等级	电费结算方式	缴费情况	生产经营情况
A级，极高风险	35kV及以上（金源化工）	承兑支付	（1）有信用污点、缴费记录不良。 （2）用电量极大	（1）国家限制类、淘汰类的极高耗企业饮食。 （2）用电主体不固定（滚动性强、租赁户用电、临时用电、用电人经常变化）
B级，高风险	35kV及以上		良好	良好
	10kV	非费控用户	（1）有信用污点、缴费记录不良。 （2）用电量较大	（1）国家限制类、淘汰类的极高耗企业饮食。 （2）用电主体不固定（滚动性强、租赁户用电、临时用电、用电人经常变化）

续表

用户风险等级	供电电压等级	电费结算方式	缴费情况	生产经营情况
C 级，一般风险	10kV	非费控用户	良好	良好
	10kV	费控用户	（1）有信用污点、缴费记录不良。 （2）用电量一般	用电主体不固定（滚动性强、租赁户用电、临时用电、用电人经常变化）
D 级，低风险	10kV	费控用户	良好	良好
	低压	费控用户	（1）有信用污点、缴费记录不良。 （2）用电量较少	用电主体不固定（滚动性强、租赁户用电、临时用电、用电人经常变化）
E 级，极低风险	低压	费控用户	良好	良好

（三）双线导引营氛围，创造良好的内外部环境

如图 2 所示，以全员目标管理为导向，建立全员责任落实机制，实现责任纵横分解、层层落实，管控结果闭环总结考评；以文化引领为导向，通过开展全域覆盖的用电宣传活动、内部比学赶超竞赛和外部缴费星级客户评定，营造良好的文化氛围，创造有序的电费回收防控体系的落实环境。

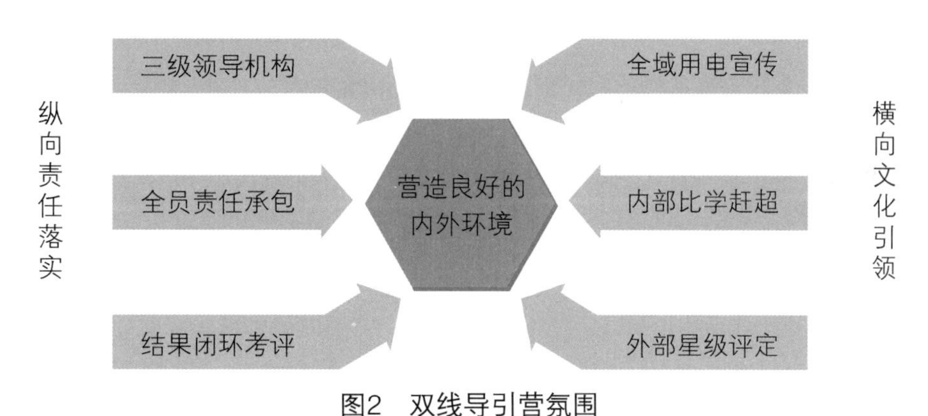

图2　双线导引营氛围

（四）用户多渠道缴费，降低整体电费风险水平

电费回收引进科技手段，拓宽客户缴费渠道：①多银行实时缴费系统；②客户自助缴费机；③电话银行缴费；④网上银行、支付宝缴费。

电费回收依据自动化、信息化、互动化平台建设，依据SG186系统、营配调贯通成果及其他业务融合，进一步开展电费回收的治理与功能优化，完善综合数据平台建设，形成公司业务链的融合，形成“全公司一张网”。

（五）规范电力市场秩序，改变电力结算方式

规范电力市场秩序，施行新型电力结算方式，新用户采取费控智能电能表，规避电费回收风险。多数用户一直沿用着“先用电后付费”的电费结算方式，思想观念改变较难，为欠费埋下隐患。开展电费风险管控工作，采用分步推进的方式，推行预交费购电制，开启了“先购电后用电”的缴费模式，改变了客户“先用电后付费”的陈旧缴费理念，促进客户对电力的认识从“公共产品”向“市场商品”的转变，不仅营造了有利于电费回收的社会环境，实现电费风险完全在控，而且为进一步实现电力需求侧改革奠定了重要的群众意识基础。

三、实施成效

正定县供电公司不断提高电费回收工作要求，积极创新方式方法，通过“一体四制”的构建及有效运作，有效地防控了电费回收风险，减少了国有资产流失，确保公司经营成果“颗粒归仓”。目前，正定县供电公司电费管理工作取得了突破性进展，低压用户推行远程费控付费购电比重增加了11个百分点。实现了“一个首家、两个连续、两个百分百”。“一个首家”，即首家提出电费管控“一体四制”管理方法；“两个连续”，即电费回收指标已连续36个月排名第一位，连续17个月实现了电费管理“两个百分百”；“两个百分百”即电费回收率100%、电费到账率100%。

在2017年年底建立新电费管理措施，依托“一体四制”电费回收风险管控体系，实现了电费回收率100%，电费到账率100%，保障了正定县稳定和实现跨越式发展。“一体四制”电费回收风险管控体系充分调动了各相关方的积极性和参与度，建立了互利共赢的合作机制，积极消纳了经济下行带来的负面影响，化解了电力供需矛盾，有效地防控了电费回收风险，化解了电力供需矛盾，做到了让政府放心、让客户满意。

以创新为引领　提高班组综合能力

班组：河北省送变电公司 111 一次施工队

一、产生背景

根据 2016 年石家庄 1000kV 特高压变电站施工任务的需要，结合特高压变电站新技术、新工艺、新设备、新理念的要求，作为第一次安装 100 万 GIS 安装和电抗器任务，必须适应当前形势，必须要有新的思路和新的理念。因此，必须通过学习和不断创新，才能敢于迎接新的挑战，不忘初心、不负众望，才能出色地完成电气安装任务。

二、主要做法

（一）明确目标，坚定信心，努力超越，勇攀高峰的学习精神

石家庄 1000kV 变电站新建工程是国家重点工程，为了保质量、创精品，111 队参加了项目部开工前誓师动员大会。会上，全体施工人员都表态发言：横下一条心，建好石家庄站。项目班子提出了“勇攀特高压建设高峰，展河北送变电铁军风采”的口号。要求全体员工要坚持一切服从于工程、服务于工程、保障于工程的管理要求，干出送变电人的独有风格，打出特高压变电站的品牌。在项目领导班子的带领下，一场艰巨的工程攻坚战打响了。

为了打造过硬的团队，该队开展了“三个三”人才培养模式，即三个贴近、三个适应、三个延伸。三个贴近，即贴近本职、贴近专业、贴近工作；三个适应，即与电网的发展相适应、与专业理论相适应、与承担的任务相适应；三个延伸，即向完成抢修任务延伸、向相关知识延伸、向未来电网发展方向延伸。具体实施“一人一课题、一师带一徒、一岗一轮换、一周一主题”的四个“一对一”学习法，极大地激发了全班学技术、练技能、搞创新的积极性。

（二）追求卓越，打造精品的创新精神

随着特高压入冀，2016年，111队担负石家庄100万GIS安装和电抗器安装任务，新的电压等级、新的质量理念要求111队在不断总结、完善创新、攻坚克难、主动作为、凝聚班组集体智慧，形成创新拳头。该班组全体员工在以安全为指导的前提条件下，团结拼搏，想方设法地完成生产任务。特别是多次面临临时性或突击检修任务时，他们凭着对工作的热情和爱岗敬业的精神，在车间员工面前树立了“一支敢打硬仗的队伍”的良好形象。

（三）凝聚人心，和谐奋进的团队精神

我们班是一个和谐奋进的团队，大家共同学习、共同进步、共同发展。我们深入推行内部事务公开和民主管理制度，充分尊重员工、关爱员工、凝聚人心，促进了班组与企业、班组与员工的和谐。我们班充分认识到班会的作用，通过班会进行有效沟通，促进班组工作顺利开展。我们班明文规定班长必须每日召开班前、班后会，每月月初召开工作发布会，月中召开检查工作会，月末召开总结工作会及每月一次的全体员工会议，凡是涉及班组内建设、技术创新或涉及员工切身利益的问题，都提前向每个员工征求意见，并在全体员工会上通过员工讨论形成一致的意见，并严格按照计划、开始、扩展、回收、结论、追踪六步执行程序进行落实，确保会议收到良好的效果。通过表扬先进，鼓励后进这一套有效的沟通机制，激发了全体成员做好本职工作的积极性。

（四）采取激励机制，加大奖惩力度

“水不激不活，人不激不奋。”为激发全员潜能，班组制定了《质量进度奖励办法》，开展了以“比干劲、比奉献、比成绩”为主题的劳动竞赛活动。项目部定期进行考核，并根据考核结果，按期兑现，对完成任务的重奖，完不成的重罚。鼓励先进，鞭策后进，有效地提高全体员工的工作积极性。

为了确保各阶段目标的实现，班组制定了周计划和日计划，并提出每天施行日例会制度来落实各项工作。当天问题决不过夜，以日保周，以周保月。日例会制度为各项工作效率的提高起到了积极的保障作用。

（五）推行“无尘化”施工现场，打造常态化作业环境

《国家电网公司输变电工程安全文明施工管理办法》落实到位，《施工安全管理

及风险控制方案》翔实可行，施工现场安全设施齐全、警示标识规范、材料摆放整齐，安全“六化”标准执行到位，安全文明施工氛围浓厚、秩序井然。111 队把影响 GIS 重要因素“防尘”作为控制重点，按照“安全色 + 无尘化”的施工管理，采用六级防尘措施，坚持的是精益求精的过程创优，“安全色 + 无尘化”创新，助力诞生了国网公司《1000kV GIS 移动式车间管理规定（试行）》《1000kV GIS 移动式车间验收标准（试行）》两个标准。

三、实施效果

在石家庄 1000kV 变电站，经过班组全体人员的共同努力，班组因进度快、质量好、管理规范，得到了业主极大的认可，树立了良好的企业形象；因管理细、质量优、完成产值高、安全环保措施到位，取得了有目共睹的成绩。广泛开展了“以绿色施工、工器具改良、文明施工、质量控制、经营管理”等为主要内容的合理化建议征集活动，共征集合理化建议 8 项。其中，公司开展“我为特高压建设献一策”活动。“安全色 + 无尘化”“GIS 六氟化硫充气车”“吊带专用挂架”“GIS 装配车间粉尘测试曲线图屏”等建议在策划和施工中推广运用，另外，“GIS 防尘综合措施”“移动式 GIS 安装工具箱”“小型移动接地块打眼套丝台钻”等创新成果，在公司科技创新奖项获得好成绩。

2016 年 9 月，国家电网公司副总经理刘泽洪、国家电网公司交流部主任孟庆强，河北省电力公司总经理刘克俭、党组书记钱平、副总经理白林杰等领导到石家庄 1000kV 变电站调研时，对班组所承担的石家庄 1000kV 变电站工程 GIS 安装任务给予高度评价。同年 10 月，交流部、直流公司、交流公司组织 12 家网、省公司、榆横—潍坊全线工程项目部、3 个换流站工程项目部等到石家庄参观调研，对 111 队所承担施工任务的石家庄 1000kV 变电站进行了高度赞赏。

第五篇

班组民主、思想及文化建设

立标划一 明德任责 打造“走心”班组

班组：国网保定供电公司变电检修室二次检修六班

一、产生背景

标准虽细，但仍没有完全融入班组各项工作；标准虽严，但不是所有的人都严格去遵守；标准虽高，但不是所有人都认为应当去以这样的高标准去管班组。基层班组管理仍存在较为严重的得过且过之心，这与提高优质服务、提升人民群众满意度背道而驰。而班组管理不同于公司大政策和大战略的制定与实施，它细入到“一言一行”，常态到“柴米油盐”，因此，班组管理者的举止行为和观感意识将直接影响班组整体能动性。如何抓住两个基本点，实现标准与文化相结合、准则与德行相统一，这是每个基层班组都必须考虑的问题。

二、主要做法

（一）统一标准认知，点滴毫末尽显方圆规矩

基层班组落实工作难以逃避，具有“一鼓作气，再而衰、三而竭”的现象。执行力度由强变弱者有之，执行标准由细到粗者有之。那么，立标的关键在于划一。统一的标准、统一的认知，才能有统一的执行强度和执行力度。统一的标准我们有了，我们缺少的是对标准认知的统一。标准明确的放在那，遵循与否，要靠班组全体人员对标准的认知有行事辄立标的严谨态度。

木就绳则直，金就砺则利。班组是最小的管理单元，班组管理行为则是最具体、最细致的一系列工作。既然不能像公司层面或工区层面那样大展望、大指挥，那么班组工作的细节标准就要很好地被落实，有工作就要遵循标准，标准就是完成工作的底线和红

线。观察标准执行情况要见微知著，事越做到细微之处，越能看出标准的精髓。班组成员之间、班组管理者之间，上下检查，内外兼管。否则大家做工作都持差不多的心态，日积月累，班组发展就会走样，失去规范的制约。公司在标准化建设方面投入了多年心血，业已建成了科学翔实的标准化管理体系。方圆既定，规矩已成，要求我们在标准执行方面要做到细致入微地对照标准，细到班组各项工作中去。

做到细还要习惯于细。执行与监督是一体的，监督管理不可缺少。班组管理需要纠微查细。做好容易，形成做好的习惯，就需要对不按标准执行的工作画底线、定红线，只要不达标就视为零。只有强制反射，才能形成标准即行为，规范即习惯的标准认知。

（二）明德方能任责，尽心尽职源于文化基底

班组建设硬生生地完全依靠标准是不行的。没有企业文化作为班组发展的土壤，作为承载班组管理模式转变、工作态度升华的支撑点，班组各项工作的开展将是流程呆板、活力匮乏的，这也将直接影响班组的工作质量。作为班组管理者，自身道德建设尤为重要，身体力行地诠释公司各项标准的实施目的，身先士卒地对各项工作严格要求、坚持不懈，将对班组其他人员带来工作环境的感染和激励。德不行，道不施。只有将职业道德、企业精神、班组文化和个人价值观相融合，才能引领团队共同，主动地完成工作。我们应当看到，生产班组在日常工作中有着与生俱来的凝聚力。一张工作票、一个工作现场，十余人的团队必须同心同德、尽心尽职，才能完成班组的一项生产工作。这个团队里，没有一个人是置身事外的。因此，班组管理者如不严格要求自己，时时刻刻展现出工作热情与岗位精神，那么其团队在没有标杆与领队的带领下，必将各自为政，敷衍了事，松散不堪。

只有明德，才能任责。文化引领的重要性就在于它深植在班组日常生活与工作中。班组文化是软实力，是一个班组的灵魂和精神。没有文化的积淀和引领，就不能维系一个由不同性格、不同观点、不同习惯的人整合在一起的一个团队。任责与责任不同，责任是带有派发与分配意义的。而任责，还是主动担当、自觉坚守的。要从分配到主动承担，这个过程没有优良的班组文化熏陶是做不到的。生产班组有着大量的临时性工作，人们如果只想着朝九晚五，不愿意把班组的工作当做自己的事、自家的事，班组建设也就无从做起，班组队伍也就不是一支能打硬仗的“走心”队伍。

三、实施效果

通过立标划一，将工作标准统一细化到各项具体工作的各个环节中去，从监督标准落实入手，强化班组成员标准意识，形成了基层团队统一的标准认知，达到了做事即按标准，执行即看标准，管理即想标准的良好工作习惯。

班组持续加强文化积累和道德培养，基层班组文化有效地提升了班组团队的向心力和战斗力；形成了班组管理以身作则，班组成员闻德而进，上下齐心，抢任务、争担责的工作环境；班组建设更加“入脑”，更加“走心”，企业“大家庭”思想更加根深蒂固，工作效率和工作热情得到了极大的提高。

加强思想建设的落实
谱写班组建设新篇章

班组：国网邯郸供电公司配电运检室配电运维一班

一、产生背景

企业千条线，班组一针穿。作为企业管理最基础的单元，班组建设在企业发展过程中起着不可忽视的作用。思想是行动的指南，行动是意识的具体体现，只有思想认识到位才能行动到位。要抓好班组建设，首先必须抓好对班组的思想建设。而针对班组成员的种种行为，如迟到、早退、无故旷工、现场安全管控上不到位、习惯性违章现场时有发生等行为的发生，归根结底是思想意识上不重视，工作态度上散漫。

针对此类现象的发生，配电运维一班坚持从提高班组成员的思想意识这一落脚点出发，依据公司及配电运检室的班组建设推进计划，制定了本班的班组建设工作推进计划，建立健全全员思想意识，互帮互助及监督机制，扎实开展了班组建设活动。

二、主要做法

（一）提高认识，统一思想

加强班组思想文化建设，提升了员工队伍综合素质，增强了大家的大局意识、竞争意识、责任意识，自觉为班组的发展献策出力。

无论大事小情，使班组每位员工都参与进来，提高员工的责任意识和思想意识，并通过换位思考，提出自己的想法，使每位员工能真正感同身受，明白自身的价值，避免了以往“各家自扫门前雪，哪管他人瓦上霜”的尴尬局面，同时为建设互助班组，增进班组员工的感情，提供了有利条件。

一个班组就是一个大家庭，一个和谐良好的班组环境能保证班组员工的思想稳定，提高班组员工的工作热情，有利于班组凝聚力和战斗力的生成，为全面推进班组建设的开展提供保障。

（二）把握关键，抓住重点

班组长是班组建设的关键所在，一个班组管理水平的好坏班组长的素质起着非常关键的作用。俗话说“火车跑得快，全靠车头带”“万马奔腾，需一马当先”。要搞好班组建设，班组长的作用异常重要，应积极从政治素质、技术业务素质、管理素质的方面提高自身的水平。班组长就是班组安全生产活动和各项工作的组织者，是现场施工直接指挥者和决策者，是“兵头将尾”。

身为班组长，不但对工作应尽心尽责，还应时刻关心班组员工的生活和工作，及时了解班组员工的思想动态。不论是日常的现场工作的严格标准作业，还是面对临时突发的抢修任务，其一言一行大家都看在眼里，应靠其实际行动和人格魅力带动和激励大家。

（三）加强培训，提高素质

班组需要培养和发扬班组员工终身学习的风气，不断进行充电，吸取新知识，创新思路。培训是班组思想文化建设的基础，应采取多种形式的学习，做到寓教于乐，并积极营造出“在工作中学习，在学习中工作”的良好氛围。

严格执行本班组的“N+1”的工作模式，即每天的工作现场结束后，都要抽出 1 小时进行工作总结和交流学习，事无巨细，不分大小，严格认真对待，积累一点一滴，在不知不觉中提高了班组员工的思想意识。

三、实施效果

通过一系列措施的认真实施，班组的建设取得了明显的成效，从之前的不闻不问到现在的互帮互助，从之前的迟到、早退到现在的兢兢业业，从之前的满足现状到现在的主动学习。

浅谈班组思想建设“一、二、三”

班组：国网保定供电公司变电检修室变电检修二班

一、产生背景

基层班组目前涉及的人员缺乏，有青黄不接的现象；班组年轻人留不住，迫切需要通过思想提升班组工作能力。

二、主要做法

按照班组思想建设理念、制度、行为3个方面的要求，班组从以下几个方面开展班组思想建设。

（一）加强班组精神文明建设

通过班组成员之间思想上互帮、作业上互控、技术上互教、生活上互助，把班组“四种精神”和“六大理念”融入到具体个工作中去，成为班组成员的共同行为导向，打造优秀班组团队。

（1）“四种精神”。“艰苦奋斗、勇于挑战”的拼搏精神；“顾全大局、通力合作”的团队精神；“纪律严明，敢打硬仗”的敬业精神；“忘我工作，不计得失”的奉献精神。

（2）“五大理念”。“用心工作、创新求效”的工作理念；“团队至上、共同发展”团队理念；“精细管理、节约成本”经营理念；“相互关爱、共保平安”的安全理念；“勤学苦练、岗位成才”的人才理念。

（二）加强班组物质文明建设

围绕“四化”推进班组物质文明建设：一是班组标识的标准化；二是班组环境学习化，以创建学习型班组为载体，通过开展学技练能、技能竞赛、技术创新等活动，营造班组学习氛围；三是宣传现场亮点化，以小组为团队，通过现场手续的执行、安全的把控等环节，奠定班组安全基础；四是班组管理民主化，提高班组民主管理水平，做到班务公开、奖惩分明、员工心平气顺。

（三）加强班组制度理念建设

一是按照“把责任体现在制度中，把效率融汇在制度中，把才智发挥在制度中”的工作思路，完善各项规章制度，让制度科学化、体系化、规模化；二是坚持重在基层、重在基本功、重在基础管理，全面推进班组标准化建设水平，树立“最高标准是全员标准、最佳状态是常态”的观念，激发班组成员学标、达标的热情，培养员工现场遵章守纪的自觉性，促进班组基本制度的落实、基础管理的到位。

（四）加强班组管理文化建设

规范班组岗位设置和安全管理，明确各岗位规范，提高班组运行效益，在班组层面构建人人讲安全、事事讲安全的现场安全意识。深入探讨班组新的管理思路、新的管理方法。如“班组一线管理法”：核心组在一线指挥、党员作用在一线发挥、问题在一线解决、经验在一线总结、待遇向一线倾斜、先进在一线选拔；“现场5S管理”：整理、整顿、清扫、清洁、素养。

（五）加强班组行为规范建设

加强班组成员的习惯养成，强化每位员工的行为习惯，力争创建具有特色的一线班组形象“八大行为习惯”：一是每周一下午开班会，对一周的工作安排进行布置的习惯；二是工作前安全交底、工作中严格遵守安全规程、工作后总结安全的习惯；三是每周一问、一季一考的学习习惯；四是第一时间发现问题、第一时间解决问题、从深层次防止问题发生的习惯；五是日事日毕、每日一清的习惯；六是精益求精、细中求实的习惯；七是工作讲原则、过程讲标准、行动讲纪律的习惯。

三、实施效果

通过开展班组思想建设，激发了员工“比、学、赶、超”的气势，在员工中产生了由“从前的要我学到今天的我要学”的良好氛围；引导员工“想事琢磨事”，不仅提升了班组管理效率，规范了作业现场，在员工的技能水平上也得到加强，员工的心态得到平衡，充分调动提高了每个员工的积极性和主动性。

做最好的自己　成就最好的我们

班组：国网保定供电分公司配电运检室电缆运检班

一、产生背景

配电运检工区电缆运检班共计 10 人，负责 18 条共计 31.6 km 110 kV 电缆线路，206 条共计 568 km 10 kV 电缆线路及其附属设备的运行检修工作。日常维护、抢修任务繁重，专业性强，技术含量高，迫切需要提高班组执行力解决日益增长的工作量和固定不变的人员之间的矛盾。电缆运检班是一个年轻的班组，班组大部分成员是从主网车间抽调而来，而且班组成员 10 人中 6 人是“80 后”，他们思维活跃、个性强，注重个人的发展，迫切需要增强班组的凝聚力，将班组成员团结在一起，激发班组员工的潜能，让大家迅速成长。

二、主要做法

（一）强化班组安全文化建设，做最安全的自己，成就最安全的我们

安全是班组工作的根本，将“要我安全”的安全理念转变为“我要安全，我能安全”安全文化，并将此文化贯穿在班组的每一项工作的全过程中。

坚持开展“三个一会儿”安全活动，即安全日上谈一会儿、工作之前想一会儿、警示室里看一会儿。促进了班组成员“我要安全”的意识养成。

安全的教育延伸至每个家庭。坚持班组安全教育与家庭安全叮咛相结合，多途径加强安全宣传教育，强化责任与守章意识。将班组员工家庭照统一放置在班组人员的办公桌前，那一张张照片，一张张笑脸，让员工感受到亲人的希冀和家庭的梦想，以亲情促安全、保平安。

开展“行走安全进行时”活动，通过去现场的途中、工作间隙等时段，对当天的工作的内容、重点、危险点进行相互考问，对要处理的事故进行初步的分析；在回单位的途中，进行当天工作的总结。助推班组安全文化建设由理念渗入实践，由无形化为有形，

由墙上、网上走进班组安全管理的每一项流程，形成班组安全生产的坚实的思想与氛围保障。

（二）强化班组学习文化建设，做最“上进”的自己，成就终身学习的我们

引导班组成员养成终身学习的理念，丰富班组成员的学习方式和方法。由以前的“定时”学改为“随时”学；按“计划”学改为按“需求”学。

开展“1+1 导航行动”，“1”帮助青年寻找适合自身的老师傅，签订“导师带徒”协议。“+1”为每位新员工不同阶段配备不同的“工作伙伴”，负责对新员工进行“传、帮、带”，促使员工迅速成长。

利用微信“快捷、方便、有图有真相”的特点，建立了班组微信群。现场工作负责人、现场监督人员将遇到的典型的、特殊的工作现场、事故现象拍下来，在微信群进行语音、图片发布，大家一起学习讨论；现场人员还会对工作现场的工作小技巧和小诀窍等经验进行分享。让员工特别是青年员工有更多实际现场工作经历，尽快熟悉掌握工作现场知识，掌握工作中可能存在的危险因素，增加现场工作、故障查找处理的经验。

开展“针对式”培训，对员工进行“干什么，学什么；缺什么，补什么；补什么，精什么”的精确式培训，员工的需求就是培训的方向，员工积极性高，能迅速通过“针对式”的、实战式的培训汲取养料，迅速实现“从人手到人才的”转变。

（三）强化班组执行文化建设，做最“诚信”的自己，成就最有执行力的我们

做实班组成员承载力分析，科学制定工作计划，合理分配工作项目。按照安全生产“三个百分百”的要求，针对“人”这一关键因素，开展了月、周、日“以人定量”为核心的生产承载力分析，对班组生产工作全过程进行精益化管理，实现了作业计划和人力、物力相匹配，作业项目和人员技能相适应，作业进度和计划时间相协调，避免和减少了“赶工期、抢时间、拼设备”的不安全状态，从管理源头预防了事故隐患的产生，也保证了计划工作的刚性执行，解决了管理性隐患。进一步梳理生产任务与人员配置的关系，保证安排的工作量在管理能力和生产能力的可控范围之内。

科学制定、实施精益绩效管理办法。根据班组建设的具体要求，按照客观实际，难易均衡的原则；厘清指标，多角度评判的原则；强调正向激励，与评先挂钩的原则。充分发扬民主，反复进行讨论、修改，最终形成了《电缆运检班精益绩效管理办法》。设

置班组绩效管理员，每日对班组成员工作完成情况进行绩效得分记录，并进行公示，民主地进行绩效管理。建立和执行绩效结果申诉制度，每月绩效结束后，班长都要同每位职工进行面谈，一起分析工作中存在的不足和出现的问题，了解员工在工作中的表现和遇到的困难并找出根源和改进问题的办法，并征求员工的意见和建议，及时发现和纠正偏差，避免小错误小偏差的累积酿成大错或造成无法挽回的损失，有效地推动了班组的民主建设，检验了绩效管理的合理程度及执行程度。

（四）强化班组以人为本文化建设，做最“有心”的自己，成就最和谐的我们

建立班组成员成长手册，就自己本职岗位特点，班组成员就工作实际开展讨论，用简洁的语言总结出个人和本班组的愿望及目标，让其有明确的发展方向和目标，激发其工作热情，提升团队凝聚力。

建立班组成员自己的文明档案，围绕公司日常生产、经营、管理等重点，将班组成员在工作、学习中的场景作为摄影素材，以简短精练的文字作为说明诠释，让班组成员讲述自己身边的故事，大力挖掘班组成员的文明事例，用典型先进案例弘扬先进，不断激励和鼓励班组成员向先进学习、向标杆看齐、向模范岗靠拢，形成“赶先进、比先进、超先进”的良好班组氛围。

用心倾听，从细节做起，做好有情绪员工的思想工作和心理疏导。制定班组帮扶制度，对确有困难急需帮扶的员工确保第一时间知情、第一时间帮扶，切实帮助员工排忧解难，及时向上级反映问题，使员工的问题能够得到更多的帮助，彻底解决了困难职工的后顾之忧。

拓宽反映问题渠道。利用微信，让每位班组成员均可尽情地表达自己在工作岗位上的苦和乐、思和悟，不仅及时掌握员工的思想和工作动态，还可以将班组成员只有初步设想的潜在想法和建议进行汇总、提炼，形成班组创新的源泉，促进班组创新工作；利用闲谈及时了解班组成员的所思所想，及时疏导其工作压力和不良情绪，促进班组形成和谐气氛，增加班组的凝聚力。

三、实施效果

开展“做最好的自己　成就最好的我们”系列活动，通过“四个强化”文化建设，改变了班组成员的精神面貌和工作状态，电缆运检班 2013—2015 年度均获得了公司的

先进班组，班组共 10 人，5 人取得了技师资格，班组多名青年员工获得了公司的青年岗位能手；一名员工还获得了河北省电力公司配电电缆专业优秀专家人才；工区班组成员的创新能力得到了进一步的提升，创新成果“10kV 环网柜太阳能供电控制自动排风系统”入选国家电网公司《配网运检技术创新成果汇编》并在国网公司网页“精益生产板块－配电与电缆管理专栏”发布。班组成员在各大保电活动、检修抢修、志愿服务、优质服务中均大显身手，实现新突破，创造一流业绩，打造了具有配网特色的“配网攻坚急先锋”，极大地提升了班组的凝聚力和战斗力。

“快乐工作法” 营造和谐温馨供电所

班组： 国网峰峰供电公司新坡供电所

一、产生背景

营造和谐温馨供电所是践行社会主义核心价值观的要求。党的十八大报告将“和谐”纳入社会主义核心价值观的内容，提出“和谐”是社会持续健康发展的重要保证，要把构建社会主义“和谐”社会作为当前中华民族的共同奋斗目标。

营造和谐温馨供电所是供电所自身建设的需要。我公司供电所员工占全公司员工总数的 50%，是供电公司面向广大客户的重要服务窗口。随着供电所规范化建设、信息化建设、指标创先等工作的推进，员工工作压力增大，加之生活条件有限，人心不安、队伍不稳的问题日益突出。“快乐工作法” 营造和谐温馨供电所，有助于解决这些问题。

二、主要做法

（一）帮助员工树立信心，促进快乐工作

针对员工老龄化、低学历、岗位技能不高而带来工作效率不高、自信心不足、思想压力增大等问题，我所采取环环相扣、逐一击破的办法，开展“学习型班组”创建，开展“人人上讲台”“十分钟课堂”“好书大家读”等活动，一是摸准员工“到底缺什么”，二是查找哪些是员工普遍缺失的技能，三是采取傻瓜相机式输入的培训理念，确定岗位必备的几种基本技能，固化专业培训模板，一键式选择培训，以团队分享的方式互助共进，促进新老员工相互沟通、相互学习，取得了良好的成效。

（二）提升优质服务水平，构建内顺外和环境

一是传导“好心情”，供电所设计了一面“笑脸墙”，将员工最灿烂的笑脸、最贴心的话语，展示在营业厅门口，让前来办事的客户第一眼就能看到员工的“微笑”，感受到供电所浓郁温馨的氛围和员工真诚服务的赤诚之心；同时，“笑脸墙”也提醒员工

在每天走上工作岗位时能及时调整好自己的情绪，以轻松愉悦的心情对待新的一天。二是让“爱心”温暖四方，党员带头成立“爱心服务队”，深入客户、群众中开展义务服务活动，做到客户发生用电问题事事有着落、件件有回音；针对空巢老人等特殊用户，爱心服务队积极开展义务上门缴费服务，免费修理电灯电线，甚至帮助老人做家务。供电所的义举获得了当地群众的赞誉。

（三）转变安全意识，筑牢幸福底线

供电所设置了安全文化展示室，不但展出安全规程制度、事故案例等书面内容，更以供电所日常工作中发生故障时损毁的设备实物，时时提醒员工遵章守纪、严守安全底线。开展“安全文化进家庭”活动，组织员工家属实地参观供电所业务，由家人根据书面的安全流程来一一对照检查自己的亲人在工作中是否已将安全措施落实到位，提出意见，寄以期望，以家人的力量来关怀、监督员工注意安全。

（四）提升管理效能，减轻工作负担

供电所工作繁重是大多数员工抱怨的焦点。我所树立了具体的减负目标，同时又以目标来激发员工的主动性和自觉性，助推管理提升。为此，供电所确定了“三零目标”：

（1）每月电费提前结零。告诉员工在电费提前结零后，大家可以空出时间来参加学习培训、开展喜爱的文体活动；激励员工想方设法解决用户不愿接受代收预存业务的困难，电费每月均能完成结零目标。

（2）每月跳闸率逐渐向零靠拢。让员工明白：随着报修的大幅减少，冒着酷暑雷雨进行户外工作的几率也将大为减小，相应的记录资料也会随之减少，工作辛苦程度将会明显降低，以此激励员工提升线路设备管理水平，提高线路巡视维护质量，主动整改缺陷隐患，使报修率逐渐下降。

（3）重复工作为零。告诉员工：主动规范工作，保证质量，一次到位，避免浪费工作时间，减少加班加点，为此，我所提出了“每日对标工作法”，当日事当日毕，养成规范工作的行为习惯。

（五）改善供电所环境，提升员工精神面貌

公司从改善办公、学习、住宿 3 个方面入手，以整洁、实用为建设目标，对供电所外部环境进行绿化、整平，为员工配齐各种办公设施；开辟了员工培训室、读书阅览室、午间休息室，建立了员工活动室及户外锻炼场所。新的环境让人耳目一新，员工精神面

貌也随之改变。

（六）构建和谐文化，家的氛围暖人心

供电所设立了员工食堂，在用餐时组织大家围成一桌，遇有员工过生日，在小厨房添菜为员工共庆生日；工作上的矛盾、生活中的误会，在会餐的说说笑笑中实现化解；遇到员工有困难和问题，在饭桌上你一言我一语出主意想办法，融洽的团队关系和“家”的氛围在餐桌上逐渐形成。建立了新坡供电所微信群，大家经常会晒一些日常生活照片，发一下人生感悟，发一些生活小常识，然后大家互相交流，评一评赞一赞，不仅增强了大家的幸福感，而且拉近了大家的距离，释放了紧张的工作节奏。

三、实施效果

通过运用“快乐工作法”，新坡供电所实现了“四个明显提升”，即员工技能明显提升，管理基础明显提升，优质服务明显提升，安全管控明显提升。供电可靠率、电压合格率、客户满意度、安全生产等各项指标完成超过了既定目标，多次受到公司的绩效奖励。

1000kV 特高压北京西站“五维一体”班组建设典型经验

班组：国网河北检修公司 1000kV 特高压北京西站

一、产生背景

1000kV 特高压北京西站是河北南网首座特高压变电站，公司总经理张造海在公司五届六次职代会暨 2016 年工作会议中提出，全力做好特高压承接和运维工作，以打造特高压入冀首站精品工程为目标，坚持高起点谋划、高标准管理、高水平推进，努力把北京西站建设为公司变电运维水平高地、高端运维人才培养平台和班组文化建设示范基地。为严格落实公司要求，北京西站按照“五维一体”式班组建设工作思路，开展 1000kV 特高压北京西站生产准备工作。

二、主要做法

在 1000kV 特高压北京西站筹备过程中，按照“五维一体”式班组建设工作思路展开工作，即明确目标、技能提升、专业互通、文化建设、激励机制，做好特高压承接和运维工作。

（一）明确目标

特高压电网是国家能源资源优化配置需求、电网安全运行和社会综合效益的需要，特高压工作使命光荣、任务艰巨，责任重于泰山。北京西站全体人员明确目标，以身作则，全力以赴，持续提升特高压理论水平，严谨规范开展北京西站的筹备及投运工作。

（二）技能提升

（1）要明确班组技能提升理念，对于特高压工作，首先以精益化管理为指导，以建一流班组、员工技能提升为载体，强化班组建设，力争把员工培养成骨干，把骨干培养成人才，促进班组管理工作上档升位，把员工技能提升工作落实到班组，从而打牢安全生产现场管理的基础。

（2）要找准班组技能提升着力点。北京西站不断提升员工技能，每周由站长亲自组织员工学习技术，传达公司技能、创新精神，全员参加每个班组的班务会，技能提升QC小组会，并在会后开展交流总结，为大家技能提升指明了方向。

（3）理论联系实际是提升技能的关键。在实际工作中，我们遇到异常或者事故时，往往不知所措，生怕处理失误，原因在于虽然书本上或者师傅教过，但是工作实际中需要作出决断时却无从下手，根本没有实际验证过，心里没底。

技能提升应是主动的，自己应充分利用新站投运的有利契机，做好学习、工作计划，在设备安装调试阶段，结合入厂调试有针对性地重点学习，利用图纸、咨询厂家、说明书等，直接针对运维设备，掌握设备原理、机构，结合到各兄弟单位学习的异常及事故处理经验，夯实理论基础，提升专业技能。

（三）专业互通

按照公司对特高压变电站运维一体化工作要求，鉴于北京西站运维人员来自不同工区、不同专业，北京西站成员展开各专业交叉轮岗培训。

培训工作以内培和外培相结合、运维和检修相结合、学习和实践相结合，结合人员技能现状差异化开展。通过集中理论培训、已投运站跟班实习、厂家学习、现场培训等方式，持续提升全员的理论和技能水平。北京西站利用周末时间积极组织人员互讲互学，各个专业的成员就自己相关工作领域进行讲课，促使人员理论和技术水平进一步提高，为特高压运维一体化顺利开展打下坚实的基础。

（四）文化建设

企业文化决定着企业所作所为，所言所行，所思所想，企业文化建设是今后企业管理和企业竞争的关键。

北京西站全体员工在工作中将以国网公司企业文化要求为基准，实现以文化人、以文育人的目的；在生活中以社会主义核心价值观为基本，树立正确的世界观、人生观和价值观。北京西站以培养所有人员成为更加优秀的个体和充满集体主义精神的团队为目标，为让全员形成执著的信念、优良的品德、丰富的知识、过硬的本领，通过建立图书角，开展交流会等多种班组文化建设手段为人员增加知识面，扩展视野提供条件。

北京西站是一支集知识化、技术化、先进化、多元化为一体的朝气蓬勃、团结向上的队伍，工作中营造出勇挑重担，以脚踏实地、勤奋认真的工作作风，本着以人为本、安全第一的理念，以企业文化建设为契机，不断增强班组员工的凝聚力、向心力和创造力，激发班组员工的积极性、主动性和创造性，以科学分工、人性管理的方式不断提升班组人员的综合素质。

（五）激励机制

引导被激励者发扬好的行为，激发班组员工的积极性、主动性、创造性，以科学分工、人性管理的方式不断提升班组人员的综合素质。

奖惩分明是激励机制的直观手段。例如，通过站内简介、国网安规、专业技能等考试，将考试成绩排名，对成绩靠前的给予鼓励。站长定期对技能提升情况进行检查，检查专用“技能笔记”执行情况，较差的予以批评，较好的予以表扬，激发了大家学习的动力。同时，使大家清楚地了解自己的技能水平，营造“比、学、帮、赶、超”的良好氛围，塑造一支能打硬仗的高素质队伍。员工通过不断探索，根据实际情况，综合运用多种激励机制，把激励的手段和目的结合起来，改变思维模式，建立起适应北京西站要求和员工需求的开放的激励体系。

三、实施效果

在北京西站紧张的筹备过程中，我们通过开展“五维一体”式班组建设，人员深知使命光荣，任务艰巨，迎难而上；明确技能提升理念，找准技能提升着力点，理论联系实际提升技能；开展各类培训，跨专业学习，专业间互相交流，全面提高技术水平，并以考促学；建立图书角，开展交流会等多种班组文化建设手段为人员增加知识面，营造了良好的学习和工作氛围；奖惩分明，激励员工不断提升综合素质。5个方面相辅相成，互相促进，浑然一体。“五维一体”式班组建设推动了北京西站筹备工作的高效开展和稳步推进。

“四个三”班站文化引领

班组： 国网河北检修公司 1000kV 特高压保定站

一、产生背景

保定站作为新成立的二级单位，首要特点便是“新”，新的人员、新的环境带来队伍年轻化、干劲充足等优点的同时，也存在一些问题，如文化与站内工作融合程度不够、团队意识有待提升，在文化建设工作上，内容需要提炼、总结，共识有也待统一。为尽快推动文化建设、加快员工成长成才，增强团队创造力、凝聚力，保定站充分利用地缘优势，以党、团组织为载体，组织了一系列文化、教育活动，逐渐形成具有保定站特色的文化体系，为进一步做好特高压运维工作、打造河北南网特高压展示窗口夯实了基础。

二、主要做法

（一）树立“品德、品质、品牌”意识，注重文化引领

（1）目的。通过发挥党员、团员的模范先锋作用，带动全员保持艰苦奋斗、顽强拼搏的优良作风，滋养员工精神，树立良好品德；培养个人优秀品质，提高综合能力；多面展示特高压风采，传播特高压声音，打造特高压品牌。

（2）做法。

1）思想建设方面，以党团活动为契机，定期组织开展爱国主义教育活动，并以保定站地处革命老区为切入点，传承红色基因。目前已经开展的有狼牙山爱国主义教育、狼牙山小学共建活动。

2）在品质提升方面，2017 年开始，我站开展了“六个一”活动，即每天一万步、每月一本书、每月一部电影、每月一次演讲比赛、每季度一次文体活动、每年坚持一件事。以“六个一”活动为契机，培养个人优秀品质丰富业余生活，提高综合能力。

3）在品牌塑造方面，建立企业文化展室、编写反映特高压筹备过程的站志——《心路》《历程》，定期进行保定站感人故事征集，并利用新媒体手段，借助公司公众号检

小宝，制作 H5 等方式。

（二）追求“细致、精致、极致”理念，传承工匠精神

（1）目的。培养良好的工作作风，提高安全生产意识，追求规范管理，精细管理。

（2）做法。

1）做实规范管理，制定了定期意见征集的制度，建立有效的问题发现、提出、解决、跟踪闭环处理流程，保证发现问题绝不放过。意见征集采用不记名的形式，职工可以畅所欲言。

2）传承工匠精神，提出“做实每一次”的口号，每一次操作都精心，每一次巡视都严格，每一个问题都不放过。不草草了事、不敷衍塞责，发扬工匠的耐心、专心、细心精神，保证事事都用心，处处都精心。

3）选树典型，激发员工追求极致的热情。在站内选树技术典型、安全典型等模范人物，邀请其传授先进经验与心得，激发员工向优秀人员看齐的热情。

（三）崇尚“专注、专业、专家”品质，助力成长成才

（1）目的。提升保定站成员的业务技能，培养崇尚技术、乐于学习的良好氛围，加速员工成长成才。

（2）做法。

1）建立师徒关系，培育新成员学习途径。实行师徒连带学习模式，一荣俱荣，一损俱损，将师徒关系落到实处。

2）开展“我是大讲师”“技能比武”活动，通过制定每周学习计划，轮流授课，不论职务高低，年龄大小，每一位员工既是老师，又是学生，充分发挥人才的混合优势，互帮互带，实现全站人员专业素养的全面提升。

3）对各个方面均优秀人才进行深度培养，制定员工成长成才计划，并支持或组织其参加专业培训，参加高级别的专业比赛，打造河北省电力公司乃至国网公司的优秀专家人才，实现人才培养多元化。

（四）营造“创意、创新、创效”氛围，促进和谐发展

（1）目的。发挥年轻人敢想敢做的优势，培养员工的创新意识，调动员工创新的积极性。

（2）做法。

1）定期进行创意征集，鼓励员工自己发现问题、讨论问题、解决问题，设立张榜、揭榜问题解决模式，员工发现问题后可将问题提出并张贴于指定位置等待他人或自己揭榜、解决，对于解决重要问题的揭榜者，中心会给予一定的鼓励。

2）注重创意与创效之间的转化，成立“甄旭”创新工作室，邀请优秀的创新型人才、讲师对职工进行创新孵化流程的培训，提升职工的自主创新能力。

三、实施效果

保定站在企业文化建设过程中，通过抓住红色文化这一关键切入点，由浅入深，形成了以“四个三”为核心的保定站文化体系，并在推动生产经营、队伍建设等方面发挥了巨大作用。截至 2017 年 3 月，技能方面，保定站已完成五大项共计 74 人次的取证工作，具备了承接运维一体化的条件；技术方面，保定站成员主持的“500kV 变电站巡检机器人研发与应用”和“高压断路器状态监测系统研发与应用”项目分别获河北省电力公司科技成果一、二等奖，QC 成果“缩短液压碟簧机构断路器压力低报警处理时间”获河北省电力公司二等奖，目前正在开展河北省电力公司科技项目“基于振动检测信号的特高压组合电器故障预测分析系统技术研究”；文化方面，团队乐观向上，站内和谐温暖，思想共识积极向上。

实施“五心六有”工程
助推“三型”班组建设

班组：国网大名县供电公司黄金堤供电所

一、产生背景

班组是企业的细胞，是企业文化落地的基础载体。通过推进卓越文化进班组，培育建设团结、和谐，富有活力的基层班组家园，提升班组成员的凝聚力、向心力、战斗力，助推各项生产经营管理水平升级进位。长期以来，黄金堤供电所以企业文化建设示范点创建为引领，以“电网安全可靠，服务规范一流，打造国网星级供电所”为班组愿景，围绕“三降”，坚持“三个融入”，实施“五心六有”温馨家园工程，建设“三型”班组，努力打造一个让客户满意、员工舒心的“温馨家园”，推进卓越文化进班组。

二、主要做法

（一）构建“五心六有”建家机制，共建共享温馨家园

（1）建立岗位成才机制让员工安心。一是组织班组成员制定个人职业生涯规划，根据本人的能力特点，通过不同岗位的交流、角色转换，鼓励员工向复合型方向发展，引领班组成员在工作岗位上成就个人价值。二是健全班组专业技术人才“四方位”培养机制，设立班组学历、技能鉴定所长助学金、班组技术竞赛二次绩效奖励、岗位调整技能比武和推先评优技能积分办法，促进员工从“要我学”到“我要学”的转变。三是实施班组“讲、问、评”道德素养提升活动，开设“你说我讲大家谈”道德小讲堂，分享自己身边的道德小故事；结合《供电所员工行为规范和岗位工作规范手册》，开展周一班前互问互答，季度组织班组“文明之星”评选，打造专业优、道德好的“双料”人才。

（2）畅通意见表达渠道让员工顺心。一是开展“我的班组我的家园”职工小家

建设、安全、服务、增收节支合理化建议征集，听取员工小建议，发挥大作用，共建共享自己的小家；二是实施班组“三项沟通”法，通过设立心愿墙、意见箱、班组听证会，开展双向互动，化解员工心理疑问和障碍；三是开展“岗位转换体验”，我任一天班组长和所长做一天营业员、配电工岗位体验活动，分享工作心得，提高办理一线员工意见建设的效率，增进工作的互相理解。

（3）改善办公条件让员工贴心。一是结合“星级供电所”创建，对办公区进行整治改造，实施“三定、三化”管理，明确工作职责、工作流程、工作指标，开展集中化运营、专业化管理、规范化服务；二是以“共创优美环境，共享温馨家园”为目标，建设员工关注的吃、住等生活硬件设施，构建“家庭式”员工生活区；三是组织开展员工星级宿舍、员工厨艺比赛、所长周一下厨房、花卉菜园认领活动，为班组增添家的温馨。

（4）丰富员工业余文化生活让员工开心。一是开展班组“文体项目争冠军，专业管理做第一”文化竞赛活动，建设了职工活动室、健身房、篮球场硬件设施，活跃班组成员文化生活（图1、图2）。二是搭建小型的“书香之家”，以“礼仪道德、专业知识、管理方法、实用软件及信息技术、公文写作、语言表达”的（德、业、管、软、文、言）“新六艺”为重点，开展“学知识、长才干”职工读书和“我最喜欢的一本读物”评选活动，引导员工养成“爱读书、读好书、善读书”的良好习惯。

图1　丰富的文化生活一

图2　丰富的文化生活二

（5）组织关怀员工困难让员工暖心。一是建立员工互助小组，制订“对工作要像对自己的家事一样去干；对员工要像对自己的亲人一样去待；对同事要像对自己的朋友一样去处；对客户要像对自己的家人一样去爱”的“班组心灵公约”，让心灵公约成为指导员工行为的指南。二是通过落实“五必访”制度，每年重要节假日由所长带队，深入员工家中进行走访慰问，员工红白事主动问候，让员工感受到了“家”的关怀和温暖。

（6）六有。即开展职工小餐厅、小图书室、小培训室、小活动室、小浴室、小练兵场“六小”班组阵地建设，为职工营造温馨舒适的“小家”环境。

（二）建设“三型”班组，助推企业文化与中心工作同频共振

黄金堤供电所坚持把企业文化融入到中心工作，通过文化引领，建设最佳安全型班组、最优服务型班组、最强创新型班组。

（1）打造最佳工作表现，建设安全型班组。一是结合供电所党员多、比例大的情况，组织开展无违章“党员安全生产示范岗”“党员身边无违章”创建活动，充分发挥党员的先锋模范作用，强本固基，夯实安全生产基础，实现了全年安全无事故。二是实施安全隐患排查治理“三带、两挂、一结合”，即以班组长带领、三员带队、

党员模范带头，强化了隐患治理到位；以所内挂图、台区挂牌明确治理责任；以“下达隐患通知书与个案专项整改相结合”强化治理落实、落地。三是制定供电所年度安全重点管控“二十四节气表”，明确季节性安全管控重点，并结合岗位性质制订了安全员“八荣八耻”、技术员“三大纪律八项注意”和“一查两看三提”安措监督法，避免现场违章作业。四是打好“五个一”亲情安全文化牌，开展班前一声安全嘱咐、班中发一条平安微信、加班打一个安全提醒电话、征集一句安全寄语、桌面放一幅全家福的“家庭式亲情安全互动”活动，同筑安全防控红线。

（2）打造最优工作绩效，建设服务型班组。一是规范抢修服务的管理，发挥共产党员服务队作用，实施“十分钟抢修到位”管理和抢修服务重点客户登记制度，对所辖四条 10kV 线路采取党员带头“个案包干”“挂牌销号”办法，开展“提升服务——党员身边无投诉”比赛，实行月考评月兑现，达到了党员活动与工作绩效的无缝连接。二是建立“所长直通农户”服务机制，根据“农种、气候”特点开展用电服务，所长打出便民服务名片，全天候为客户用电义诊，并依托 23 个快捷抢修服务点，在农排用电高峰期，主动与农户沟通，服务到田间地头，解决农户用电困难，延伸服务管理的覆盖面。三是在营业厅创新实施“三通四零”工作方针，即常事畅通、难事疏通、急事融通；服务对象零距离，服务工作零差错，服务质量零投诉，服务管理零疏漏，使客户真切地体会到“贴心服务”，减少了客户投诉。

（3）打造最强高效团队，建设创新型班组。一是创新实施“工作表现积分 + 派工单奖励”的二次绩效考核激励机制，全面推行“目标任务制”，强化员工履职意识，呈现出了“你追我赶、奋勇争先”的工作局面；二是创新实施现场“流动营业厅”，坚持优质服务宣传“六进”活动，进田间、进农户、进社区、进学校、进集市、进工厂开展志愿服务，通过 POS 机为农户免费购电，变等待服务，向主动服务转变（图 3、图 4）。三是创新实施日常巡视、隐患排查、综合治理、状态评价、重点监测“五位一体”设备运行维护机制，全所故障报修一次解决率达 100%；四是创新实施“台区降损增效”活动，通过分线、分压、分台区细化线损率指标，加强同期线损分析与用电采集系统实时线损分析，强化台区线损管理；五是针对农排治理方面，率先对辖区内 1128 眼排灌机井进行费控磁卡表改造，解决了长期农排服务管理难的困扰，为一方百姓提供了放心电。

三、实施效果

（1）形成了“员工有动力，班组有活力”的良好格局。2016 年，供电所一名员工

图3　进田间

图4　进社区

获得公司配电专业比武第二名，供电所获得“项目建设零拖延”和“树障清理零故障”劳动竞赛优胜奖，先后两名员工到县公司营销部、安质部关键岗位培养锻炼。

（2）服务举措得到辖区客户的认同，2016 年未发生主观类投诉，收到客户群众赠送的锦旗 5 面，在黄金堤乡人大代表服务质量评议中获得第一名，彰显了国网品牌形象（图 5）。

图5　各种荣誉

（3）经营指标明显提升。2016 年供电所 10kV 线损率完成 5.8%，同比下降 0.73%，电费回收率 100%，智能电表安装 11050 块，覆盖率 100%。2016 年黄金堤供电所同业对标及业绩考核在县公司 20 个供电所综合排名第 4 位，同期提升 6 个名次。

创建“巾帼文明岗”提升优质服务水平机制

班组： 国网临漳县供电公司营销部营业班

一、产生背景

国网临漳县供电公司客户服务中心营业班是一个对外业务综合性的服务窗口，主要受理全县高压业扩报装及56693户的高、低压营业收费和用电咨询等业务。现有员工14名，清一色的女职工。2015年以来，我们积极响应市公司工会创建“巾帼文明岗”的要求，围绕营销服务中心工作，明确“强素质　抓管理　优服务　树德行”的创建活动目标。

二、主要做法

（一）创新培训形式，促员工素质提升

提高技能水平，练好基本功，是为客户提供优质服务的基础，针对班组女职工的实际情况，我们坚持“每日一题、每周一训、每月一考”的形式，每天回顾全天工作，学习一道题目，每周集中起来讨论并做课题培训，每月进行一次闭卷考试，形成了有班组特色的一套学习方法，稳步提升了员工的个人素质。主动学习新知识，掌握过硬本领，并积极参加上级的各类调考、职称评定和技能鉴定，在学习中得到提升。2015年，已有5名职工考取了高级工。工作中，我们将学到的知识应用于工作创新中，及时发现问题并解决问题，对于营业厅内触摸屏利用率较低、资源浪费的问题，及时向公司营销部反映，并联合营销部共同开发了《查询机改造实现自助缴费功能》创新成果，获得市公司2015年度创新成果发布二等奖。

（二）创新管理手段，促管理水平提升

为进一步增强员工服务意识，我们创新开展了“微笑服务之星”评选活动，并将月、季、年度评选出的服务之星进行张榜公布，接受群众监督，真正选出业绩优秀、客户满意、群众认可的“微笑服务之星”。通过评选活动，进一步深化了员工为客户服务的意识。我们创新制作了“业务办理一次性告知书”，使客户在申请用电初期就可了解整个业务的流程、角色分配和注意事项，让客户来一次就知道办理业务的全部内容。开展“换位思考做好优质服务”讨论活动，每人要求开展批评和自我批评，写出心得体会，找出自身差距，进一步提高优质服务水平。组织了“规范服务行为，擦亮供电窗口”营业人员文明礼仪培训，坚持从细微之处入手，职工着装仪表、言谈举止、卫生习惯及室内物品摆放等，都严格按照规范化管理的标准常抓不懈。努力培养营业人员文明意识和严谨细致的工作作风，树立良好的品牌形象。

（三）创新服务举措，促服务水平提升

工作中，营业班坚持“你用电，我用心”的服务理念，以“客户满意”为标准，想客户之所想，急客户之所急，创造性地实施多项服务举措。在业务办理中，首先，我们推行“三清服务”，即“受理一手清，答复一口清，告知一次清”，确保“首问负责制”“限时办结制”的落实。其次，在接待客户时做到“一张笑脸相迎、一声问候相伴、一颗真心待人、一份责任到底”的温馨服务。同时，我们推行 “零距离服务”，不定期地组织对重点单位、企业上门主动走访，切实为企业用电问题排忧解难。

营业班每一位女职工都把服务至上落实到具体行动中，全心全意服务于每一名电力客户。大年初二晚上 7 点，一阵急促的电话铃声打了过来，某一饭店的商业用电客户购买的预付费电量已经用完了，饭店里有好几批过年聚会的客人呢。挂掉电话，我们的收费员陈静十分钟赶到营业厅为客户进行了充费，客户激动地说：“太感谢你们了，解了我们的燃眉之急呀！”我们有自己的小家庭，可是为了国家电网公司这个大家庭，我们全体女职工“舍小家、为大家”，干一行爱一行，把满腔热情倾注到为客户服务之中。

（四）践行社会责任，传递正能量

我们把道德建设作为创建巾帼文明岗的主要内容，一年来，营业班的员工始终坚持以己之力，奉献爱心，积极响应公司号召，参与送温暖、博爱一日捐、壹元关爱基金、“蒲公英”巾帼女职工志愿服务活动等公益活动。工作之余，到敬老院帮助老人做清洁

工作、帮助孤困儿童等。我们营业班年仅33岁的女职工马晓宇不幸患癌去世后，她的一对儿女成为我们营业班共同的孩子，星期天、节假日，我们会轮流接他们来家里玩，给他们心灵上的安慰和帮助。

三、实施效果

营业班先后荣获河北省“青年文明号”、邯郸市“巾帼文明岗”“邯郸市青年文明号”荣誉称号。在争创“巾帼文明岗”的过程中，全体女职工立足岗位成长、立足岗位建功，展现了电力女职工的风采。

巧用五法减压
促进员工成长立体化格局良性发展

班组：国网沧州供电公司电力调度控制中心自动化运维班

一、产生背景

近年来，随着依法从严治企，精益规范管理的不断深入，公司广大青年员工面对安全生产和优质服务的高标准和严管理，其日常工作及生活面临的压力不容忽视。长时间高负荷的压力以及部分青年员工对压力的认知错误，给公司部分青年员工带来紧张、压抑、丧失信心等不良心理状态。班组在思想建设工作中转移重心、切实在做好思想后盾、宣传主流声音的同时，进一步提升班组思想建设，为员工构筑立体化工作格局。

通过在日常工作与生活中发现，35 岁以下的青年员工基本上都成为了技能全面、经验丰富的中坚力量，他们大都接受了较好的教育，纪律观念较强，积极参加公司组织的各种活动。但还普遍存在以下问题：

（1）自我认知不足，缺乏长远职业规划。部分青年员工缺乏正确的自我定位，对自身能力认识不足，不能很好地处理“渴望成功”和“获得成功”之间的关系。入职新鲜感过后工作激情无法保持，个别青年员工对事物的复杂性和多变性估计不足，对工作中遇到的难点问题缺乏攻坚克难的精神和创新意识，个人成长主要靠天赋、靠机缘。

（2）繁重工作导致紧张焦虑。受部分岗位结构性缺员的影响，“白天忙现场，晚上忙管理”已成为一线青年员工工作状态的真实写照。并且随着工作要求和标准的不断提升，面对的工作压力空前，不少青年员工长期处于紧张、焦虑和不安的精神状态。

（3）职场磨砺引发消极孤独。有的青年员工在职场磨砺过程中，逐渐对自身发展失去信心，产生职业发展前景压力。有的青年员工需求长期得不到重视，且部分基层单位忽视了对青年员工的工作压力疏导和人文关怀，使公司青年员工特别是异地青年员工归属感缺失、工作热情下降。有的青年员工不善于与人交往，造成人际关系紧张，容易产生挫败感、狂躁感和抑郁感。

针对班组青年员工的共性问题，班组密切关注并加强了与人资部、培训中心、工会等有关部门的沟通，不断创新载体，构建上下联动、形成合力、整体推进的总格局，力求切实将助力青年员工成长成才做到实处、做出成效。

二、主要做法

（一）“授之以渔”法——“三九阶梯法”，让助力青年员工成长成才“热”起来

“三九阶梯法”指的是青年员工从入职时间起算，对其能力提升培养循序渐进、梯次培养的三个阶段和九个环节。三个阶段指基础阶段、熟练阶段、提升阶段，九个环节指开展愿景教育、“1对1”师徒培养、职业规划引导、岗位应变和分析能力提升、先进引领技能交流、搭建技能展示平台、“1对*N*”管理导师培养、校企联合集中培训、科技创新和岗位优秀人才培养。

“三九阶梯法”的实践运用从根本上提升青年员工整体素质，使员工有本领、有底气、有方向、有动力，为帮助其快速找准定位、合理规划职业发展道路提供了便利。

（二）“交流互动”法——打造青工交流吐槽空间

（1）微调研把脉。班组利用“移动互联网”手段，在微信平台进行青年员工思想动态问卷调查和心理健康状况测评，通过大数据分析处理，深化数据挖掘，把握青年员工脉搏，找准青年员工的关切、需求和困惑，有针对性地做好青年员工的思想和心理疏导工作。

（2）微信群吐槽。建立青年解压微信群，鼓励和引导广大青年员工将工作和生活中遇到的小郁闷、小打击和奇葩事在微信群进行分享，并适时组织团干部在群内以各种小案例、小段子进行正面引导和心理暗示。同时进行工作交流，跟进热点话题讨论，了解青年员工舆情和思想，有针对性地做好相关工作。

（三）“运动放松”法——探索青年员工压力释放途径

（1）趣味运动释压。通过参与“趣味运动会”“健步达人”等趣味运动，丰富青年员工文化生活，提高青年员工的健康意识和身体素质，释放工作生活压力，加深广大青年员工之间的情谊，营造了“我运动、我健康、我快乐”的浓厚氛围。

(2)拓展活动强心。组织青年员工开展以“挑战自我，熔炼团队”为主题的拓展活动，在愉快、信任和放松的气氛中，松弛了积累已久的心理压力，加深了相互的了解和信任，强化了团队合作观念，增强了团队凝聚力。

（四）“情感激励”法——加强组织对青年员工的温暖关怀

梳理完善“重点关注对象”档案，将异地青年员工和“问题”青年员工补充入册，动态管理，有针对性地加强组织对青年员工的关怀和激励，节假日送温暖。逢年过节，团组织以短信、微信等各种形式给异地青年员工送上节假日的问候，了解异地青年员工工作上和生活上的需求，力所能及的为他们解决困难，增强异地青年员工对公司的认同感和归属感。

搭平台解“诉求”。领导利用微信公众平台的双向沟通功能加强与青年员工的沟通和诉求回应，扩大青年员工的生活交际圈，用真心、真情服务好青年员工。

（五）“有的放矢”法——疏导“问题”青年员工的心理症结

（1）公开课学“良方”。公司团委以“青年员工心理辅导公开课”的形式为青年员工开展心理知识健康讲座，着重讲解心理健康的概述、心理压力的来源、心理压力的分类以及舒缓压力的方法，并现场解答青年员工提出的各类问题，分析健康人格的特点及特质、引导青年员工培养自我情绪管理能力。

（2）微信号送“鸡汤”。开设微信专栏，立体式地向广大青年员工输送精挑细选的心理健康精神食粮，引导大家正确认识压力、合理缓解压力，掌握减压小技巧以达到快乐工作的目的。据统计，累计推送心理健康类组合消息 50 余条。

（3）进班组传“法宝”。因地制宜地开展“心理健康进班组”活动，利用班组月例会，结合每月工作难点、工作强度和指标落地等因素，邀请经验丰富的老师傅讲解重难点工作的注意事项和心理应对，引导青年员工主动认识内心和自身心理状况，学会自我放松和自我平衡。

三、实施效果

（1）实施成果可圈可点。一年来，班组通过思想建设平台，已开展青年心理辅导公开课 130 人次，通过微信公众平台推送心理健康类组合消息 50 余条，举行“心理健康进班组”活动 3 次，组织青年思想动态问卷调查和心理健康状况测评 239 人次，帮助解决青年员工诉求5个。首创的“五法”不仅使青年员工放松压力、陶冶身心、改良习惯，持续推动青年员工队伍面貌焕然一新，初步形成一支阳光心态、健康心理、充满幸福感和自豪感的青年员工队伍。

（2）人才培养硕果累累。组建劳模创新工作室2个，先后获得“国网公司职工技术创新成果奖”二等奖、三等奖。共获得省公司及以上创新成果9项，发明专利1项、实用新型专利18项。1名青年员工获得“国网劳模”称号，1名青年员工获得省公司“创新明星”称号，2名青年员工分获市公司“青年岗位能手”，3名青年员工获得市公司“创新能手”称号。

凝心聚力　共创未来

班组：国网隆尧县供电公司莲子镇供电所

一、产生背景

作为基层一线，供电所直接面对用电客户，是供电公司面向社会大众的一面镜子。对外，既要高效、合理地处理与客户的关系，更要在专业技能和服务水平上给予客户信任，让客户信任和理解我们的工作；对内，要时刻以供电所同业对标为抓手，以县公司工作要求为导向，合理布局，在稳定发扬强项指标先进做法的同时，使工作重心始终处于弱项指标不动摇，要做到不应付、不流于形式，想方设法推动以及带动弱项指标的提升，从而促进整体管理水平的进步。随着当下社会老百姓生活水平的提高，对我们供电企业优质服务工作提出了更高的要求，就我们供电所而言，这是一个必须要脚踏实地提高实力的挑战，更是一个提升自我、突破创新的良好机遇。

二、主要做法

班组自成立以来，认真执行省、市、县公司各级规章制度，始终坚持“凝心聚力，以点带面”的指导思想，切实发挥“指哪儿打哪儿听指挥、全力以赴争第一”的优良作风，推动班组各项业务同业对标指标在全局名列前茅，部分指标（诸如10kV线损等）在全省处于前列，并在2016年被国网邢台供电公司评为“四星级乡镇供电所”，为争创“五星级供电所”打下了坚实的基础。

（一）夯实基础建设，助推班组思想建设全面发展

把“建设成为电力行业一流班组”作为班组发展目标，坚持队伍素质与业务素质两手抓，努力培养懂业务善管理的复合型人才，紧密围绕“你用电，我用心”的工作理念，力争打造一支具有隆电风采的品牌班组。

1. 以人为本，凝心聚力

发挥人员配置最大效能是一个优秀班组整体实力的体现。在班组建设上，始终坚持

“以人为本”，追求团队协作与个人价值相统一。统一指挥，各尽所能。听从班组长的统一协调安排，老同志发挥经验丰富、责任心强的优势，起到引领、风向标的模范带头作用；年轻的同志朝气蓬勃、集体荣誉感强，充分发挥积极进取、冲锋实干的精神。两者相得益彰，深入激发班组各成员特长，充分发挥其能动性，集思广益，形成合力。成立班委会，建立班组日常工作“周汇报、月总结”机制，根据供电所日常工作，围绕“工作如何完成”和“如何达到最大完成效果”进行分析，优化工作流程，分解工作难点，保证日常工作的顺利开展。对客户提出的要求和意见进行汇总讨论，并制定出相应办法，第一时间反馈给客户。在这样的工作机制作用下，班组工作形成了合力，推动了整体工作的有序、稳定开展。

2. 细化分工，量化任务

细化分工，量化任务如图 1 所示。

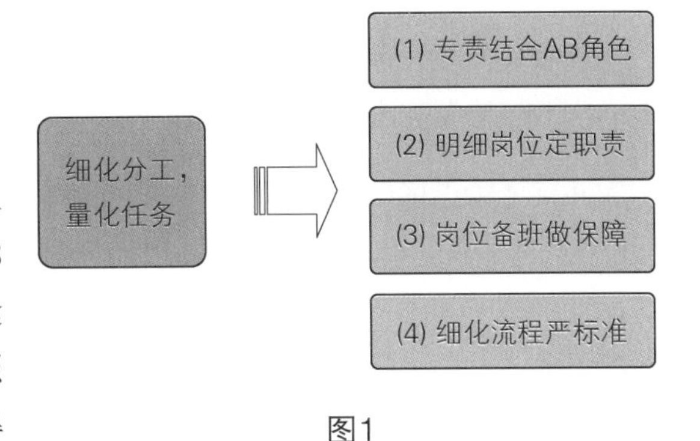

图1

一是专责结合 A-B 角色（图 2）。对各项工作从头到尾认真梳理，根据人员特长和业务水平进行分工，使班组 8 名成员能够各司其职，相互依托，无缝对接。专项工作设立“专责”，并按照日常工作需要配置“A-B 角色”，使得各项工作保证全工作日正常运行。

二是明细岗位定职责。按照专业类型把日常工作分为计量管理、线损管理、采集管

图2　A－B角色

理、档案管理等，明确责任人，革除了以往“岗位不清楚、职责不明确、一人多岗、什么都不专业”等弊病。

三是岗位备班做保障。为完善、强化工作职责和岗位标准，做到“凡事有人负责、凡事都能做好”，组织全班成员认真听取各个岗位人员的意见和建议，整合班组力量，以互换岗位的形式，形成员工备班制度。

四是细化流程严标准。按照“工作职责清晰明了，工作标准完备健全”的原则，编制了各个岗位的岗位手册、责任手册，精细职责划分；对各项工作流程进行梳理，制作成工作指导卡发放到每个员工手中，确保每个员工对自己要“做什么，怎么做，做成什么样”都有明确的认识。

（二）严格实行专业化管理，促进班组建设稳步提升

供电所的工作不同于部室，涉及专业面广，业务种类繁多，分解到各个班组更是这样，这就对班组成员的业务能力要求更高、更精，必须严格执行专业、规范的工作制度。

1. 健全制度，规范流程

以专业类型来区分，就各自业务进行梳理归纳，整合出一整套标准化流程，不同的业务对应不同的工作套路。专业化知识加上精益化管理，推动班组各项工作上台阶。

2. 严格落实执行“周汇报、月总结”制度

按照“周汇报，月总结”的工作制度，每周五召开例行班会，对本周工作任务进行总结，并对下周工作进行部署；每月底对本月工作进行梳理总结，提炼好的做法和措施，形成易操作、可行性强的典型经验，并制作成册，形成班组自己的“智慧库”，让制度成为提升工作的有效载体和保障。

3. 标准化工作流程

严格按照上级下发的工作流程，结合本所工作实际，进行认真梳理和总结。列出每一专业管理过程对应的流程图，制定时间节点计划，明确了什么时间该做什么事情，应该做到什么程度。使管理工作做到了“凡事有章可循、凡事有据可查”，实行精准管理、精确布局。

4. 完善员工二次考核制度

结合公司下达的《职工绩效考核办法》，制定了符合所情、操作性强的《莲子镇供电所员工绩效二次考核办法》，目前已执行了三年，其间全员讨论修改过多次，形成最终定稿的三十条，进一步增强了考核办法在基层的可操作性。对估抄、错抄、漏抄、台区线损、计量装置、采集指标等都有明确的奖罚标准，目标明确，奖罚分明，极大地调

动了班组成员的积极能动性，变被动为主动，有效地促进了专业管理工作的提升。

5. 把握指标，明确目标

同业对标考评是评价行业内部业务水平最有效、最直接的工具，对采集率、线损率、工单流转及时率等相关业务进行了量化。同业对标指标的名次，直接反映了专业工作的强项与弱项。我们以同业对标为抓手，分解、梳理班组指标，结合工作开展过程中遇到的问题，分析影响指标达成的原因，制定对应的有效措施，加强指标管控，强化强项指标，提升弱项指标，有力地推动了同业对标指标排名的进一步提升，带动了各项工作共同进步。

（三）提高优质服务水平，用心诠释“你用电，我用心”

以“服务党和国家工作大局，服务电力客户，服务发电企业，服务经济社会发展”的企业宗旨为依托，坚持“对客户讲真话，为客户办实事”，大力开展优质服务工作，切实强化服务至上的工作理念，全力打造“你用电，我用心”的班组文化，以服务水平的提升，体现质量信得过班组的内涵。

1. “心贴心服务”赢得客户信赖

一线基层直接面对用电客户，耐心听取客户意见和建议，及时解决客户困难是做好优质服务的根本。农排计量管理涉及老百姓的切身利益，往往在计量设备管理上和故障问题处理上的要求严于其他工作。“农业稳则天下安”，田地对于老百姓意义重大。一旦设备出现问题，耽误了老百姓灌溉农田的最佳时期，影响了老百姓的收成，那就是电力工作的严重失职。

我班组以班长赵国华为队长，孙现彬为A角，尹红强为B角成立了“农灌保供电小分队”。在老百姓农排计量出现问题的时候，总是能在第一时间迅速处理。老百姓常说我们的农排计量管理尽职而且尽责，积极主动地想办法解决故障，缓解老百姓的急躁情绪，让老百姓切实感受到：在这里，只有问题解决得好，解决得快，没有拖延，不推诿。赢得用电客户的赞许是对我班组优质服务工作的最大肯定。多年来，营业班农排故障处理及时率始终保持100%，实现了零差错和零投诉。

2. “百千万”走访活动赢得客户尊重

自国网公司推行“百厂千商万户”走访活动以来，我班组坚决不走过场，几年如一日，得到了辖区广大用电客户的一致认可和好评，为电力企业在用电客户心中竖起了良好的企业形象。2015年夏天一个骄阳似火的下午，我们走访了一户每月不能按时缴费的用电客户家中了解情况，这是一户留守老人和儿童的困难户。年轻人在外打工，只留不到两岁的孩子和腿脚不便利的爷爷，不是不缴费，是不会看欠费短信通知，更不要说网上缴费了。我们说明来意后，老人当场从手绢包裹的一沓零钱里拿出 87 元欠费，满怀歉意却很感激地说："本来用电缴费是天经地义的事儿，还让你们跑家里一趟，你们的服务真是到位，谢谢！"这一句"谢谢"，让在场的工作人员都心酸了，告诉老人家，每月 28 日结清当月电费，如果不方便就打所里电话，我们来取。

还有很多这样的例子，让我们感觉我们的付出没有白费，再辛苦再累也值得。推动我们坚持优质服务的动力不仅是客户的好评，还源于我们不忘"你用电，我用心"的初心。这是对电力企业"你用电，我用心"用心服务的最好诠释。

（四）利用用电信息采集系统，为降损等各专业工作做好服务

用电信息采集系统自应用以来，极大地方便了计量数据调用和查找。我所自用电信息采集全覆盖以来，始终坚持执行本班组制定的一条"铁规"，即各班组成员不论老少，每天到岗后的第一件事，就是打开用电信息采集系统查看各自所辖 10kV 线路的高压计量装置运行是否正常、良好，是否有失压、失流、断相、欠压以及公变台区三相不平衡等故障出现，做到计量故障早发现、早处理。针对发现的故障，班组内部规定从发现问题到解决问题的时间节点，如超过 5 天才发现的失流、失压就要结合计量故障发生的性质对当事人进行考核。这一规定的养成，一方面得益于以往各类计量故障的早发现、早处理，给用电客户及单位挽回不必要的损失；另一方面是从中揪出了一般高损线路的原因所在，给当下的线损管理带来了实质性的便利。值得提出的是我们班组的张秀华同志，一个 50 多岁的老员工，以前电脑怎么开机都不会，但在年轻同事们的帮助下，做到了每天熟练地登录用电信息采集系统进行各项业务操作；有时年轻人被系统大数据下的指标显示看蒙了头，张秀华同志也总能凭借多年的工作经验，从众多数据中摘除重点，找出问题根源，分析问题出现的大致原因。充分体现出了作为一名老员工积极向上、模范带头的优秀风采，也展现出了不输年轻人的十足干劲儿和务实精神。

如果说制度的落实是规范了人员行为或是明确了每一名员工的工作方向和质量，那么采集系统的应用就像一个催化剂，给线损管理模式带来了前所未有的转变。从以往的现场计量装置巡视到现在坐在办公室里就可以查看，从以往总在线损异常后排查问题到现在的早发现、早处理，实现了计量管理的质的飞跃。

（五）多元化培训，提升班组建设更上一层楼

班组始终以"培养有头脑、有想法、有技能的创新型人才"为人才发展目标，通过

省、市、县公司组织的技能培训，使班组成员在不断加深对自身岗位理解和认识的同时，也通过从个人到集体，从专业理论到技能操作，从案例分析到现场实践的多元化学习模式中，提高班组员工的岗位技能、沟通技巧和心理素质，从而实现了班组素质的整体提升。特别是我班组始终秉承“三人行必有我师”的古训，除了从上级单位组织的培训中获取相关业务知识，更是积极与培训中认识的同行们建立联系。通过同行业不同单位班组之间的心得交流，得到培训之外意想不到的收获。从交流中吸取他人专业管理和工作执行方式的长处，弥补自身短板，收获不同的工作思路，并在交流过后建立常态化联谊机制，形成各同行主动交流、互帮互助的良好氛围，充分挖掘了培训的价值。

（六）提高创新意识，保持班组先进性和竞争力

基层一线直接面对用电客户，得到用电客户的反馈信息是最纯粹的、第一手的。我们转变思想，创新思维，努力实现从以往单纯的“为解决问题而工作”到“为达到客户满意而工作”的思想转变，时刻把能够听取用电客户的意见，解决好客户用电需求，更好地服务于用电客户作为我们的首要任务。以实际工作开展中遇到的具体问题为主题，广泛开展 QC 活动和群众性技术创新活动，利用“小发明、小创新、小设计”解决班组实际工作中的难题，群策群力，把 QC 小组活动作为提升班组建设的重要手段，实现创新创效。

开展 QC 活动以来，累计小发明十余项，其中班组长赵国华总结的“高损台区治理口诀”，在各个供电所得到大力推广。其通过系统地、科学地总结高损台区产生的原因，对各种高损台区的治理提出了简便、明了的“六个看”口诀（图 4），在供电所处理高损台区的过程中起到了至关重要的作用。

经过时间和实践的检验，个个都培养成“勤动脑、会动脑”的复合型人才，每一位都能在本职岗位上独当一面，不至于在当前优质服务压力骤增的今天乱阵脚，强有力地保障了我们班组在新形势下的绝对竞争力和先进性。

（七）抗洪抢险保家园，展现电力企业社会价值

2016 年 7 月，突如其来的特大暴雨席卷了隆尧县，日降雨量突破历史同期极值，临城水库、邢台水库水位严重超标。莲子所身处泄洪区，洪水来势凶猛，眼看河道就有溃堤的危险，群众的生命财产安全受到严重威胁。莲子镇供电所不等不靠，超前谋划，迅速组织成立抢险抗洪小分队奔赴抗洪一线（图 3、图 4）。向东店马紧急增设临时变

压器，点亮了防汛一线，保障了防汛抗洪工作的顺利开展，也为受灾群众心里点亮了一盏明灯。7 月 29 日，随着险情的持续发酵，漳河牛桥镇干渠、泜河张庄乡段泄洪堤坝长时间被水浸泡，加之河道水位升高，压力增大，随时有溃堤的可能。莲子镇供电所接上级领导指示，迅速组织人员赶赴现场，充分发扬能吃苦、不怕累的电力人精神，冲锋在抗洪一线。经过一天一夜的艰苦奋战，圆满地完成了上级交给我们的护堤任务，

图3 抗洪抢险一

图4 抗洪抢险二

充分展现了电力人“身在电力，心系民生”的大局观，反映了电力人“知荣辱，倡和谐”的社会价值观，维护了电力企业在老百姓心中的优秀企业形象。这样一种莲子精神，也在莲子镇供电所的辉煌史上，书写了浓重的一笔。

三、实施效果

通过先进的班组文化加上坚强的团队凝聚力，铸就了莲子镇供电所营业班优秀的团队精神，养成了“一切行动听指挥”的强硬作风，构建出和谐向上的班组氛围，成长为一支“有思想、有内秀、有行动、有成绩”的优秀班组。2016 年我所在全市同业对标综合排名第三，全省排名第五。我班组也被国网隆尧县供电公司授予 2015 年度“先进班组”荣誉称号（图 5），荣获“2016 年度河北省质量信得过班组”一等奖（图 6）、2016 年度被命名为全国质量信得过班组（图 7）。

图5　荣誉一

图6　荣誉二

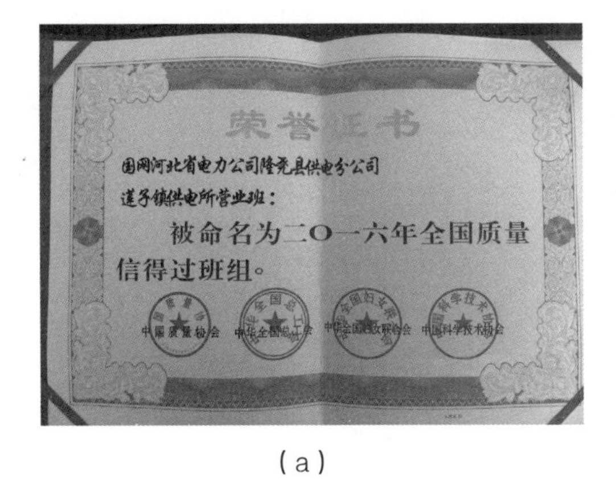

（a）

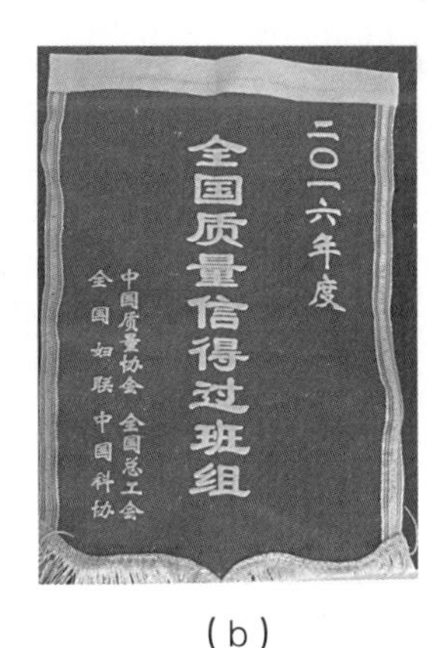

（b）

图7　荣誉三

截至2016年年底，购电量完成1.20亿kW·h，售电量完成1.17亿kW·h，10kV线损完成1.84%（该指标自2014年起连续三年不超过1.90%），0.4kV线损完成6.53%，电费回收率100%，供电可靠率99.97%，没有发生因计费问题产生的投诉。

加强民主管理
深入开展班组标准化建设工作

班组：国网曲周县供电公司马连固供电所

一、产生背景

供电公司的生产经营及各项管理活动都必须有一个坚实的基础，这个基础归根到底就是班组。而班组既是供电公司的基本单位，又是一切工作的立足点，更是供电公司活力的源泉。只有将班组工作抓好，供电公司才能稳步发展。因此，马连固供电所长期以来高度重视班组建设工作，采取措施推进班组建设，同时也得到了一些成效。

马连固所根据班组管理面临的内外部环境变化，发现班组管理仍存在问题和差距。另外，有极少数员工思想观念落后，工作习惯固化，对工作细节轻率、对安全漠视，这在很大程度上制约了班组工作的创新开展，也造成班组管理上的劳而无功、劳而无能、劳而无用的现状。

马连固所采取多种措施，开展下村进户，加强考核管理，班前班后会议，创建学习型班组等活动搞好班组建设工作，对员工的思想观念进行扶正，同时对安全生产进行管理，做到了管理标准化、服务优质化。

二、主要做法

通过开展下村进户活动、加强考核管理、召开班前班后会议、创建学习型班组、实施所务公开、建设示范型窗口、快速解决故障等活动，加强民主建设，实现管理标准化、服务优质化。

（一）开展下村进户活动

把转变思想观念作为开展精细化管理的首要任务，班组进行下村进户活动。利用宣传画、发放学习资料等途径，让村民客户进一步懂电、用电，组织工作人员上门服务，走街串巷，入户开展了安全用电宣传、业务咨询、客户走访等活动，帮助村民检查室内外供电线路，消除安全隐患，确保居民用电安全。

2017 年 1 月 11 日，工作人员走进商户和居民家中，详细讲解安全用电、节约用电常识，现场发放宣传资料 150 余份（图 1），赢得了广大客户的认可和好评。让客户切身体会到供电企用心服务的宗旨，实现经营效益和服务水平的双提升。

图1　下村进户活动

（二）加强考核管理

把检查考核作为坚持客户第一的观念管理的支撑，建立行之有效的检查考核制度是观念建设的必要之举。通过健全各种规章制度，使班组工作标准化、规范化、制度化。明确班组长负责制，形成以班组长为核心的工作学习小组，完成供电所长下达的任务指标。在日常工作中积极引导，促进员工把重心放在工作上。增强员工工作的信心，同时相互学习增强团队精神，提升协作意识，不断地提高自己学习的自觉性、工作的自动性、规章的自律性。

（三）召开班前班后会

班组每日召开班前班后会（图 2），定期召开工作会以及全体员工会议，凡是班内建设、技术改造或涉及员工切身利益的问题，都提前向每个员工征求意见，并在全体员工会上通过员工讨论形成一致意见，并严格按照计划、开始、扩展、回收、结论、追踪执行程序进行落实，确保会议收到良好的效果。班长在适当时候对工作进行总结，表扬先进，鼓励后进。这一套有效的沟通机制如同班组工作的黏合剂，激发了全体成员做好本职工作的积极性。

图2　班前班后会

（四）创建学习型班组

在班组长的带领下，做到与配电网的发展相适应、与专业理论相适应、与承担的任务相适应。同时做到向完成抢修任务延伸、向未来电网发展方向延伸。据此实施多人共同抢修、相互学习的学习法，极大地激发了全班学技术、练技能的积极性。班组成员在很短的时间内就全面掌握了相关的配网专业技术知识。为各项工作开展打下良好基础。同时班组始终坚持有目的培养青年职工，让他们在实践中得到锻炼。每逢公司开展技术攻关和学习项目，班组都选派青年职工参与。自觉、自发、自主学习已经成为我们班组集体和个人生活中的重要部分。

（五）实施所务公开

所务公开的重点是公开，关键是真实，实质是监督。该所努力在真实上下工夫，在监督上用力气，在公开栏（图 3）不定期地更新各项管理规定、食堂开支以及员工奖金的二次分配等，并将所务公开工作纳入到了每月的考核当中，确保所务公开做到民主参与、民主管理、民主监督到位。

图3　所务公开

通过所务公开，杜绝了违反廉政规定和私设“小金库”的现象，保证了将敏感问题、涉及员工切身利益的问题，真实、全面、准确地进行了公开。

（六）建设示范型窗口

基层供电所和供电营业厅是展示电力企业形象的窗口。该所一直追求规范化、标准化的办公环境，于 2016 年建立三星级标准化供电所，打牢优质服务硬件基础。在办公场所，一层设置营业大厅、应急值班室、餐厅、配电班、营业班、备品备件室、安全工具及施工工具室。营业大厅按照国网公司要求，设置了各种标识、展板，为用户提供优质服务，专职客户提供各类用电业务的咨询洽谈服务。二层为办公区，设置所长室、三员办公室、会议室以及职工宿舍。

（七）快速解决故障

班组最重要的工作就是在配网发生故障时，对故障进行快速定位分析。马连固所每次解决故障的时间尽量缩短，每次接到报修电话时，都以最快速度到达故障点进行抢修，使所管辖区的居民的生产生活用电得到最大的保障。2017 年 1 月 4 日晚 11 时 25 分接到西三塔用户打来的报修电话，用户称西三塔村多户停电。该所进行连夜抢修（图 4），最终在几位抢修人员的加紧抢修下，于凌晨 0 时 24 分抢修线路恢复用电。

图4　抢修故障

三、实施效果

（1）凝聚了人心、促进了班组和谐。该所通过深入推行内部事务公开和民主管理制度，充分尊重员工、关爱员工、凝聚人心，促进了班组和企业、班组和员工的和谐和班组工作的顺利开展。

（2）强化了班组服务意识，提高了服务质量。通过意见填写簿收集客户意见，了解客户需求；进行有针对性的分析，强化整改落实，以实际行动赢得社会的认可和电力客户的满意。供电所服务窗口设置了党员示范岗，延伸服务等个性化服务。大力开展供电亲情服务进农村活动，通过发放安全用电、节约用电宣传页为客户缴费方便，增进客户对供电企业的认知度，树立“诚信负责”的一流班组形象。强化“你用电，我用心”服务意识，深化供电服务标准化建设，统一服务标准、服务渠道、服务行为，建立通畅、便捷的服务运行机制。强化服务意识，提高工作标准，规范运行职责，增强服务效能，塑造了良好的服务形象。巩固和加强标准化供电所建设，不断提升农村供电服务水平，增强了服务能力。

（3）充分发挥了员工在安全生产中的民主监督检查作用，做好劳动保护监督检查工作，提高了员工的自我保护意识和能力。

（4）通过创建学习型班组，我所班组所有员工自发地全身心投入到工作和学习中，在快乐工作中体现自己的人生价值，发挥自身的创造力，提高了企业的核心竞争力。

（5）通过加强民主管理，深入开展班组标准化工作，进一步增强了员工的凝聚力，激发了员工的工作热情，提高了工作效率，提升了服务水平，有效地确保了各项工作齐头并进，为所管辖区的居民生产生活用电提供了坚实的保障。

第六篇 班组长队伍建设及其他

突出四个关键　抓好班组长队伍建设

班组：国网保定供电公司变电检修室变电检修二班

一、产生背景

班组是一个企业最小的单元体，班组长作为一个班组的核心，其是否认真负责直接影响到一个班组的正常运转，应通过突出四个关键，抓好班组长队伍的建设。

二、主要做法

（一）抓教育，不断提高班组长队伍的思想觉悟

班组长是班组事务管理第一人，是班组管理的关键所在。作为“兵头将尾”，班组长是班组与工区之间的主要沟通桥梁，起着承上启下的作用。班组长是不脱离生产的“将”，是指挥一班人的“兵”。要干好班组长，不仅要有兵的干劲，还应有将的韬略，在技术上要精、在工作上要实、在管理上要严。只有做到心不邪、眼不瞎、耳不偏，做到顾全大局、团结协作、恪尽职守、敢管善管才能胜任班组长这个岗位，因此提高班组长的思想觉悟非常重要。

保持班组长的思想领先是我们始终坚持的一个原则。班组长的思想教育作为一项重要任务，应坚持不懈地抓。在教育形式上，坚持每月举行一次班组长例会，每年举办班组长培训班，定期召开座谈会、专题讲座，组织班组长外出参观学习等，加强对班组长的思想教育。在教育内容上，重点抓三项教育：一是开展思想教育，保证班组长能坚持正确的政治方向，以强烈的使命感和责任感投身科研生产工作，确保优质、高效、安全生产；二是开展规章纪律教育，增强班组长按章办事的自觉性，定期组织班组长学习公司规章制度，并组织讨论和检查落实执行的情况，有效地规范各班组的管理；三是开展职业道德教育，培养班组长的爱岗敬业精神，在班组长中开展“四爱教育”，组织诚信大讨论和“假如我是班组长”演讲等活动。

（二）抓作风，注意树立班组长队伍的形象

对班组长队伍严格要求、严格教育、严格管理、严格监督，教育和引导班组长树立和始终保持良好的自身形象。

要求每一个班组长要树立以下三种意识：

一是树立以身作则的表率意识。班组长要加强自身修养，坚持理论学习，不断提高思想政治素质和业务素质，做学习的表率；认真贯彻执行民主集中制，善纳意见，勇于开展批评和自我批评，做团结的表率；廉洁从政，光明磊落，一身正气，做廉政的表率；在困难面前不讲条件，敢于拼搏、勇于冲锋，做执行的表率。

二是树立以诚相待的平等意识。班组长要加强与职工的沟通与联系，做到工作中是班长，生活中是朋友。对职工要以诚相见，善于与他们交朋友，主动与他们交流思想，相互信任、相互支持、精诚团结。

三是树立以理服人的善谋意识。教育他们切忌“以势压人”“盛气凌人”。凡事要善于讲究方式，尤其是对持有不同意见的同志，要做好思想工作，要晓之以理、动之以情，使其心悦诚服。

另外，工区还组织开展班组长形象讨论和怎样当好班组长的经验介绍。对于在工作中干劲大、职工中威信高的班组长，给予奖励和表彰，提高班组长的工作热情和水平。

（三）抓帮教，不断提高班组长队伍的工作能力

班组长的工作能力决定着班组的生产管理能力。班组长能力素质的高低，与最大限度发挥职工积极性、主动性是相统一的。工区在提高班组长工作能力方面，得力于一个加强，处理好两个关系，树立三种意识。

一个加强就是加强培训帮教，着力提高班组长能力素质的基本功，通过短期培训和领导干部言传身教、经验交流、实践锻炼等多种途径，采取难题会诊、集中评议等多种灵活的方式，对班组长进行一招一式的培训帮教，努力提高他们做好工作的能力和水平。

处理好两个关系就是处理好局部与全局的关系以及个人与班组和工区之间的关系。利用各种会议和活动，强调个人要无条件地服从班组和工区，班组要有一盘棋的思想。

树立三种意识就是树立服务、奉献、大局意识。作为一个班组长，要有服务意识，要精心操作、精益求精、一次做好、缺陷为零。作为一个班组长，还要有奉献和大局意识，要能吃苦，不怕累，不计个人得失，要站得高看得远，保证各项任务按时优质完成。

（四）抓考评，提高班组长队伍履行职责的质量

班组长必须具有强烈的责任感和事业心。在对班组长加强教育和引导的同时，对他们在工作中应负哪些责任、该履行哪些职责，有着明确的规定，并加强检查监督和考评，把工作成绩与他们的切身利益挂钩，不断激发他们发挥作用的内在积极性。

一是坚持责任和权力相结合。属于班组长职权范围的事情，尽量放手让他们独立思考问题，自主地解决问题。这样不仅使工区集中精力抓大事，而且可以使班组长增长才干、增强信心，在职工中树立起威信。

二是坚持做好协调、帮助与多请示、多汇报相结合。在日常工作和生活中，班组长面临着许多具体的问题，通过各种形式加强班组之间、班组与工区之间的沟通，促进其完成工作。

三是坚持发挥党小组长、分会小组长的作用与调动广大职工的积极性相结合。坚持每个季度召开一次党小组长会议与分会小组会议，调动广大职工的积极性。

三、实施效果

通过狠抓四个关键，班组长在困难面前不讲条件，敢于拼搏、勇于冲锋，做执行的表率，打造了一支敢打硬仗、能打硬仗、对工作认真负责、思想过硬的班组长队伍。

以管理提升业绩　以质量打造班组

班组：国网石家庄供电公司检修试验班

一、产生背景

国网行唐县供电公司检修试验班肩负着行唐县 4 座 110kV、10 座 35kV 变电站的日常维护、年检预试、技改消缺等工作，承担着行唐县电网核心部分运转的重任，事关 45 万城镇居民生产生活，责任重大。目前检修试验班班组有职工 7 人，都是 25 ~ 35 岁之间的朝气蓬勃的青年员工，整个班组在日常生产管理工作中必须高质、高效地完成任务，确保检修质量、服务质量信得过。

二、主要做法

千里之行，始于足下，想要成为一个技术过硬，质量信得过的班组，也是从班组日常管理中慢慢积累起来的，检修试验班从以下几方面入手，以管理提业绩，打造质量信得过班组。

（一）基础要打牢，建立班组质量管理体系

检修试验班班组结合标准化建设工作，组织员工认真学习岗位职责、管理标准、工作标准、标准化作业流程，熟悉掌握每项工作应履行的步骤，让员工明白应该遵守什么、做到什么程度。根据所辖设备与检修工作性质，明确岗位及人员设置，对各岗位的工作职责与工作标准进行规范化制定，通过专业工作项目与工作目标对照表，将任务具体分派到个人，通过专业流程图明确每一项工作的实施过程。以标准化管理、班组建设为中心，对班组的基础管理、规章制度、设备状况进行了全方位的整理和完善。认真总结工作中的经验和教训，分析和查找工作中存在的问题和薄弱环节，编制各项规章制度、实施方案。完善和加强信息记录、信息管理，做好各种原始记录、统计报表、台账的填写、保管和传递，及时准确地向上级部门提供所需的资料和数据。通过生产 MIS 系统、ERP 系统、办公系统等信息平台的应用，对日常管理进行彻底识别、梳理、优化或再造，规

范了各种工作流程，建立起了科学的管理体系。

在管理上，用制度约束员工，用标准、流程去监督员工的工作，做到了“凡事有章可循、凡事有人监督”，对违反工作流程的各项违章行为加大处罚，加大考核力度，保证了标准、制度的有效实施，彻底解决了管理中存在的目标不明确、过程不清晰、落实不到位等问题，进一步加强了过程控制，推动了检修实验管理水平的全面提升。

（二）技术要过硬，提升班组质量管理能力

班组员工业务技术素质的高低决定着班组工作质量、效率的高低。随着电网规模不断发展壮大，新设备、新技术不断应用，如何提升专业知识和业务技能、驾驭新设备、掌握新技术成为检修试验班全体成员学习中的一个重点。

检修试验班班组注重提高员工业务技术学习，定期开展学习培训，他们采用理论与实践相结合的方式，通过对新设备的工作原理、技术说明书学习，对设备的功能和作用有了初步的认识；通过现场调试和装置试验，对设备的运行状况、系统配置有了更加详细全面的了解；通过故障的判断和分析，对电力系统和设备运行有了更为深入的掌握，并通过人人亲自动手，反复安装，直到每个人学会为止。

由于检修试验班是大学毕业生定岗最多的班组，如何让这些大学生尽快熟悉电力工作，掌握必要的生产技能，是进行各种技能培训的重点。在业务上积极开展“师带徒”活动，让每一名大学毕业生跟随一名师傅，师傅全程教授，定期考核，对徒弟的各种行为规范进行指导，并要求在技术上讲“钻”，着力提高班组整体技术水平，切实使班组员工做到思想观念更“新”，技术水平更“高”，判断故障更“准”，处理问题更“快”，努力打造素质高、技能强的班组。

与此同时，检修试验班坚持以赛带练、以赛促学，通过各类劳动竞赛和技术技能比武，为班组员工提供展示实力、比拼技艺的实战舞台。此外，积极组织一线职工参加上级部门举行的各类比赛，向技术能手取经，通过成员之间切磋技艺、找出差距、取长补短，真正赛出水平、赛出风格、赛出干劲，做到边比赛、边交流、边学习、边提高，从而激发了班组成员岗位学习，提高技能的积极性。

（三）质量要达标，提高电网稳定运行质量

班组是企业安全生产的前沿阵地，这就要求班组的安全工作要有超前性、针对性。因此，检修试验班始终坚持“质量第一，服务电力客户”的思想，对设备的每一次检修都要认真对待并付出心血。师傅们经常说：和设备打交道由不得半点马虎，稍微一大意，

回头设备就会反映出故障，到时候不但给自己找麻烦，更会造成千家万户的停电。因此，班组成员把每一根接线都当成电网的“血管”，只有血管通畅了，电网才能畅通；把每一次试验都当成一次给设备的“体检”，即使再小的数据偏差都要认真分析，仔细核对，发现设备故障。

同时，检修试验班在班组建设中，把安全作为一项重要工作来抓。他们坚持每日班前会，会上每人重点分析在前一天工作中遇到的危险点和注意事项，对当天的工作针对危险点定出相应的安全措施。同时，他们注重加强安全教育，抓住不安全苗头小题大做，认真查找原因，吸取教训，扼杀事故苗头。另外，他们还不定期地组织业务学习，开展考问讲解、技术问答和学习日等活动，不断提高员工的业务技术素质。

国网河北省电力公司、国网石家庄市供电公司大力推进状态检修工作，这对检修试验班平时设备维护提出了更高的要求，在减小设备停电检修次数的情况下，通过各类检测手段，及时发现设备隐患，避免发生故障。检修试验班与时俱进，转变原来停电检修的运维方式，通过例行试验和加强平时设备巡视管理，做到全面、全方位、全覆盖开展隐患排查治理工作，不放过每一个危险点，避免小隐患造成大事故，保障设备的安全稳定运行。

（四）思维要开拓，创造班组管理质量灵感

行唐县电网近五年发生了突飞猛进的发展、电网结构和供电方式也日益优化，随之生产任务也不断增加，工作中出现了各种技术难题。为解决工作中的难点、疑点，提高工作质量，检修试验班积极开展职工技术创新活动。检修试验班全是30岁左右的青年员工，他们思维活跃，思想丰富，积极动手动脑，开拓创新，并且注重创新成果的推广和应用，还经常对创新成果进行“回头看”，对于实用实效强、经济效益高的创新成果，采用“集智创新”的模式对其进行“二次创新”，提升了再造，促使创新成果在实践应用过程中再次得到提升，增强了创新成果解决实际问题的针对性、有效性。

据统计，2011年公司开展职工技术创新以来，检修试验班深化班组创新建设，着力提高班组成员的学习能力、创新能力和竞争能力。以小型、多样、新颖的班组学习活动激发员工学习兴趣，班组学习活动紧密结合生产实际，引导员工将学习与岗位创新、岗位成才相结合，实现工作学习化、学习工作化。培育创新思维，提高创新技能，立足岗位创新，开展合理化建议、技术攻关、“职工技术”创新、QC小组等群众性经济技术创新活动，取得了丰硕成果，共发明创新成果13项，其中任再恒发明的“二次导线拉直器”获国网石家庄市供电公司五小创新一等奖，申报国家发明专利；仇立发明的“高

压试验裸铜线收纳盒”获得国网石家庄市供电公司职工技术创新二等奖、申报国家实用新型专利，其他发明也纷纷获得国网河北省电力公司、国网石家庄市供电公司的好评。国网行唐县供电公司也组建了以检修试验班为主要成员的仇立创新工作室。通过职工技术创新,大大提高了班组的工作效率,使整个班组形成了攻坚克难,创新创效的良好氛围。

三、实施效果

正是以上四项措施的开展，检修实验班已经成为了一个技术过硬、质量可靠、能打硬仗的班组，这些年来，各项荣誉也是对他们最好的褒奖：全国“质量信得过班组”、河北省“质量信得过班组”、石家庄市优秀创新工作室、工人先锋号、石家庄供电公司先进班组、抗暴雪保供电先进班组、争星夺旗竞赛“红旗班组”、行唐县青年文明号等一大批荣誉称号，这些成绩是对他们工作的肯定，也是鼓励他们继续前进的动力。

用多彩文化绘就“最美”班组

班组：国网保定供电分公司变电运维室联盟路运维班

一、产生背景

“如何当好班组长”是所有班组长不止一次思考过的问题。到底自己是不是一个好的班组长自己说了不算，原地踏步的班组能转；不思进取的班组也能转；疲于完成各项生产任务的班组还是能转，这主要取决于班组长，班组长的态度和决策措施直接影响班组的发展方向。“以人为本”的关键就是这个“人”怎么管、如何理，十个手指不一样长，如何让其作用发挥到极处，有效地组合运用来为企业服务，一线班组长的管理方法尤为重要。

二、主要做法

（一）班组长发挥带头作用

班组长是一个班组的“头”，“打铁还需自身硬”，在工作中应该体现出个人魅力。作为班组长，在纪律方面，各项规章制度应该带头遵守，严格要求自己，说到做到；在技术和业务方面，要努力钻研技术，提高自己的业务素质，指导班组员工更好地工作，不能有“我是班组长，这些制度和规定都是给班员规定的，跟我没有关系，我考核他们就可以了”的错误思想；在工作上要以“以我为准、向我看齐”的气概，用自己的行动来感染班组的员工。这样，班组长才有说服力，在工作中说出的话、下达的命令，才能让班组其他员工信服。

（二）组织丰富多彩的文娱活动

变电运维室联盟路运维班的工作量大，工作紧张、责任重大，为缓解工作压力，在业余时间，班组组织了健身小组、国学小组、自行车环行小组和摄影小组，开展踏青、漂流、登山活动。5 年来，班组在征文、体育、摄影、美术、书法等活动中的参赛作品多次获得公司一等奖。闲暇之余，全班队员挥洒汗水、欢歌笑语、享受生活。一张张照片，记录了轻松愉快的时光；一段段视频，见证了一群热血班员的成长，在狼牙山、在白洋淀、在郊外，到处都留下了班组成员的欢声笑语。亲人般的关怀、贴心的交流、高品位生活，激发了班组成员无穷的力量，大家拧成一股绳，营造出一个和谐的团队。变电运维室联盟路运维班做到了“工作再忙，而心不忙；生活再累，而心不累”。

（三）阶梯式成长培训

变电运维室联盟路运维班以“三段式培训”活动为载体，根据不同员工制定不同目标，采取不同措施，实施分段式培训，做到人人有目标，人人有奔头的阶梯式成长培训模式。统一了“干什么，学什么，缺什么，补什么”的团队学习思想，大家比、学、赶、帮、超，认识到抓好了班组的培训，所有的工作就算是成功了一半。在实施过程中，如何组织好师资队伍成为班组长首先要考虑的问题。变电运维室联盟路运维班详细制订计划，充分发挥专业技术骨干作用，利用班组“兼职培训师”的先进培训资源，首先对骨干进行施教，提升其课堂艺术、做课件技能；推出“五步培训法”，即课堂培训；实行师带徒制度，签订师徒合同，老同志将工作经验传授给新人；进行讲座培训，邀请运维室技术能手和自动化、计算机、检修等专家授课，采取班组竞赛培训，将生产中碰到问题列出课题，张榜公布，奖励揭榜人等方法，交给班组成员研究思考解决、定时完成，激发班组学习、创新、解决问题的热情。班组对所有成员每周一小考，每月一大考，将成绩综合排名，前两名给予奖励，后两名予以考核和重点帮扶，班组做到不抛弃、不放弃任何一个人。并在日常考核中，不断改进考试方法，从笔试法、答辩法、实际操作法总结出一套演习实操法，即将工作中发现的设备薄弱环节及风险，大型操作出现的问题等汇总编成题目，让班组成员自行抽题，由一名班组成员作答，全体班组成员评判，提高了班组的整体素质。

（四）营造良好的文化氛围

“管”靠制度，“理”靠感染，那么感染靠的是文化。在日常工作中要给班组人员提供一个业务技术交流的平台，相互沟通交流。除此之外，在工作之余闲暇时间，可以组织一些班组聚餐、文体活动等集体活动，打破“在职场上只有竞争对手，没有真心朋友”的概念。这样既减轻了班组人员的工作的压力，又建立了同事间良好的人际关系，营造出一个和谐、健康、向上的文化氛围。

三、实施效果

近7年中，变电运维室联盟路运维班取得17项公司各类比赛第一名，班组始终保持着公司单人年操作万步无事故的安全记录，多次被评为公司“明星团队”“标杆班组”，省公司“先进集体”、河北省“青年文明号”，并先后获得保定市、河北省、全国“巾帼文明示范岗”等荣誉称号。2012年被保定市授予敬业爱岗“保定好人”称号，2013年获得省公司班组建设标杆班组荣誉称号。2015年被保定供电分公司评为“最美国网人”。班组通过形式多样性的培训，开展课前测试、理论教学、现场培训、轮岗培训，班员素质显著提高，先后3名同志在保定供电分公司、省公司大赛中摘金夺银，顺利晋升新的岗位。

“班组长轮岗制”培养优秀青年后备力量

班组：国网邢台供电公司变电检修室变电检修三班

一、产生背景

变电检修室检修专业人员老龄化严重，平均年龄在45周岁以上，即将面临人才断档的局面，变电检修三班青年员工较多，45周岁以下员工占全班人数60%，然而青年员工刚参加工作不久，在技术日渐熟练的情况下，迫切需要提升自身的统筹协调能力和班组管理能力。怎样迅速地帮助青年员工由一名技术型人才向复合型人才转变成了变电检修三班的当务之急，为此，创建了“班组长轮岗制”工作方法，在保证生产工作的情况下，帮助青年员工迅速成长。

二、主要做法

（一）工作方法概念解释及内容

“班组长轮岗制”，即每周任命一名青年员工为值班副班长的一套轮岗制度。具体的，本班青年员工按照《班组长轮岗值班表》（图1）进行轮值担任值班副班长。担任期间，帮助班长安排、协调现场工作，应急消缺，协调班组事务，担任现场工作负责人、周末应急值班联系人。相应的，任职期间，工分每天加2分，有现场工作的加4分，以示鼓励，其他加分事项按照《班组工作细则》执行。每月有班组成员按照《轮值班组长评分表》（图2）对本月轮值情况进行打分，得分第一者奖励100元，得分末位者找出自己工作中的不足，进行改进。

（二）“班组长轮岗制”保证突发故障迅速消除

“班组长轮岗制”规定，轮值副班长为周末应急消缺联系人，担任消缺工作负责人，

24 小时待命，制度上保证了人员充足，可以迅速应对突发状况，保障电网的安全、可靠运行。

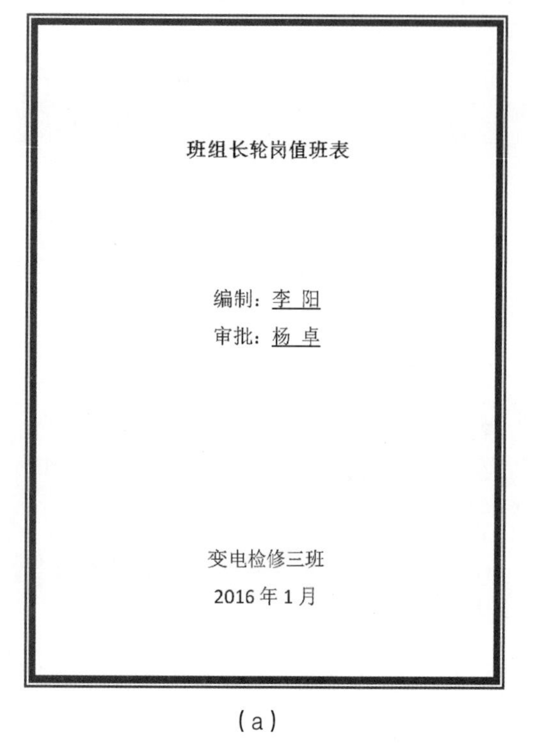

班组长轮岗值班表

编制：李 阳

审批：杨 卓

变电检修三班

2016 年 1 月

（a）

第 1 周	张俊	第 26 周	张俊
第 2 周	吴明	第 27 周	吴明
第 3 周	徐笛	第 28 周	徐笛
第 4 周	李阳	第 29 周	李阳
第 5 周	朱登静	第 30 周	朱登静
第 6 周	张俊	第 31 周	张俊
第 7 周	吴明	第 32 周	吴明
第 8 周	徐笛	第 33 周	徐笛
第 9 周	李阳	第 34 周	李阳
第 10 周	朱登静	第 35 周	朱登静
第 11 周	张俊	第 36 周	张俊
第 12 周	吴明	第 37 周	吴明
第 13 周	徐笛	第 38 周	徐笛
第 14 周	李阳	第 39 周	李阳
第 15 周	朱登静	第 40 周	朱登静
第 16 周	张俊	第 41 周	张俊
第 17 周	吴明	第 42 周	吴明
第 18 周	徐笛	第 43 周	徐笛
第 19 周	李阳	第 44 周	李阳
第 20 周	朱登静	第 45 周	朱登静
第 21 周	张俊	第 46 周	张俊
第 22 周	吴明	第 47 周	吴明
第 23 周	徐笛	第 48 周	徐笛
第 24 周	李阳	第 49 周	李阳
第 25 周	朱登静	第 50 周	朱登静

（b）

图1　班组长轮岗值班长

（三）“班组长轮岗制”促进青年员工成长

“班组长轮岗制”的提出，为青年员工搭建好了成长的平台，帮助青年员工锻炼组织、协调能力，现场进度整体把控能力，使青年员工迅速地从一名技术型人才向复合型人才转变，为变电检修室储备高质量的青年人才。

三、实施效果

“班组长轮岗制”实施两年以来，变电检修三班各项工作井井有条，员工积极性高涨，工作效率获得明显提升，责任分工细致，各大小现场无事故发生，先后培养出了班长 1 名，副班长 1 名，技术员 1 名，为班组的年轻化，优质化做出了重要贡献，为变电检修室储备了高质量青年人才 5 名。

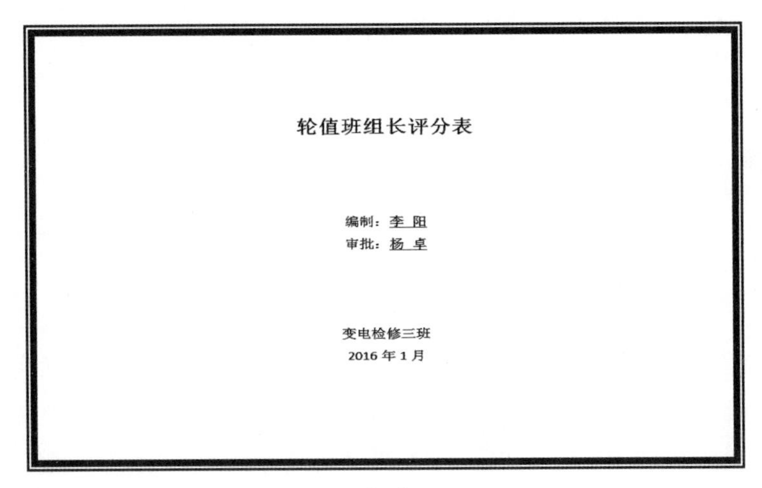

轮值班组长评分表

编制：李 阳
审批：杨 卓

变电检修三班
2016 年 1 月

（a）

日期：2016 年 1 月

姓名	张俊	吴明	徐笛	李阳	朱登静
组织能力					
现场工作					
应急值班					
平时工作					
总分					

（b）

图2　轮值班组长评分表

充分发挥班组长“兵头将尾”作用

班组：国网安平县供电公司办公室

一、产生背景

随着“三集五大”体系建设日趋完善，安平县供电公司管理模式中原有综合服务中心职责全部划归办公室统一管理，在此基础上进一步明确和细化了班组职责，为办公室及后勤班组管理工作提出了更高要求。要想提升班组管理水平，激活班组活力，作为“兵头将尾”的班组长起着非常重要的作用。使班组长充分发挥自身作用，实现班组管理水平成为国网河北省电力公司安平县供电公司办公室的重要目标。

二、主要做法

（一）将小班组融入大格局

班组是企业的细胞，作为班组长，仅仅将目光局限于班组单一的工作是远远不够的。随着专业化管理水平的不断提升，衡水供电分公司可以直接管理到班组，要求班组长比以往要占位更高，专业更精，切实将小班组融入“三集五大”大格局。为此，我们有以下做法：

一是开展思想教育。办公室共有 10 名党员，其中班组长全部为党员，我们紧紧把握这一有利条件，结合党支部“三严三实”教育、“强党性、守纪律、讲规矩”主题教育等活动，加强对班组长思想整治教育，保证班组长坚持正确的政治方向，以强烈的使命感和责任感投身电力工作。

二是加强电力企业形势任务教育。办公室主任及时传达国网、省、市公司相关会议精神，开展集中学习讨论，充分认清当前电力企业面临的形势任务，把握市、县公司一体化管理重要意义，增强大局意识，提高做好本职工作的自觉性。

（二）不断提升班长荣誉感

国网安平县供电公司办公室综合服务班和物业服务班共有正、副班长 4 人，为将工作落实到具体人员，我们将班组长职责尽可能具体、细化，让每一位班长都明确自身担负的职责，避免出现责任不清的情况。让每一位班长明确责任的同时，也就是赋予了班长相应的权力，办公室主任及主管局长充当了班长坚强的后盾，全力支持班长工作，帮助班长树立威信，在工作中营造出一种班长说话“好使”的氛围，提升班长自身荣誉感，增强班长发挥带头作用和团结队伍、管理班组的积极性。

（三）全面提升班组长素质

办公室结合安平县供电公司系统网络大学学习、全员培训师等活动，加强班组长培训。

一是在全员培训师活动中，对班组长授课内容提出更高要求，在授课的同时也提高了班组长工作能力。

二是在网络大学学习中，要求班组长首先学习推送课程，自由选择其他课程。

三是加强通用制度培训，增强班组长依法依规、照章办事的自觉性。

四是针对两个班组班长年龄较大、工作经验丰富和副班长年轻有为、易于接受新知识的特点，在日常业务工作中，实施“老带新”和“新带老”。“老带新”是班组长带领副班长及班组成员开展工作，言传身教将工作经验传授给本班组成员；“新带老”是由副班组长首先参加公司系统培训，学习当前协同办公、车辆管理等新系统的应用，随后在使用过程中将方法传递给班组长，从而实现系统顺利应用和共同提高。

（四）完善班组长激励机制

落实班组长待遇，并将班组长管理列入办公室二次考核，对班组长工作进行监督、检查和考核，对工作突出的班组长给予精神和物质上的奖励，对工作不利的情况严肃考核，杜绝大锅饭和平均主义，使班组长劳有所得、功有所酬、错有所惩。

三、实施效果

通过加强班组长建设，班组长队伍素质明显提高，4 名班组长中，3 人正在进修本科学历，3 人取得助理级职称。班组工作效率和工作质量得到显著提升，实施了后勤管理标准化，相继完善了公司车辆管理办法、食堂管理办法、办公用品定额管理办法等，不断提升了后勤工作水平。

“1+2+3”班组建设阶梯推进

班组：国网保定供电公司变电检修室

一、产生背景

随着电网的不断发展，变电站的数量和设备日益增多，公司内部对优质服务的要求明显提高，基层一线班组的工作任务愈加繁重，面临的问题也越来越复杂。从班组的角度来说，需要采用更加先进和有效的管理方法和手段来开展班组工作，提高班组的工作效率和人员的综合素质，以胜任更加繁重和复杂的工作，实现降本增效，更好地为电力用户服务。

二、主要做法

班组建设就是在基础管理的基础上，围绕安全管理和生产管理开展，同步推进培训、创新和文化建设。

（一）基础管理

作为一线的生产班组，设备台账、定值单、试验报告、图纸、备品备件等基础资料和数据的准确、全面是我们顺利开展工作的前提和保障。

（1）基础资料电子化管理。班组利用去各个变电站进行现场工作的时机将保护屏装置、端子排进行拍照，将定值单、说明书整理为电子档案（图 1），方便快捷的同时，解决了纸质材料易污损、易丢失的麻烦，同时为安全措施的制定、消缺备件等工作的准备工作、手续的编写，提供了直观可靠的依据。

（2）工器具室色彩定位。班组创新“色彩三维立体定位”法（图 2），即将物品按照颜色、横行、竖列立体定位，定点存放。台账、借还记录、定置标识均按颜色管理，方便查找、借还。

（3）综自系统备份。班组将所辖变电站的综自系统后台和远动数据库备份。在发生缺陷时，班组成员可以不用去现场即可明确缺陷性质，将缺陷定位到发生端子，做好相关准备工作，目的明确地开展消缺工作，提升班组消缺速度，减少大型工作准备时间。

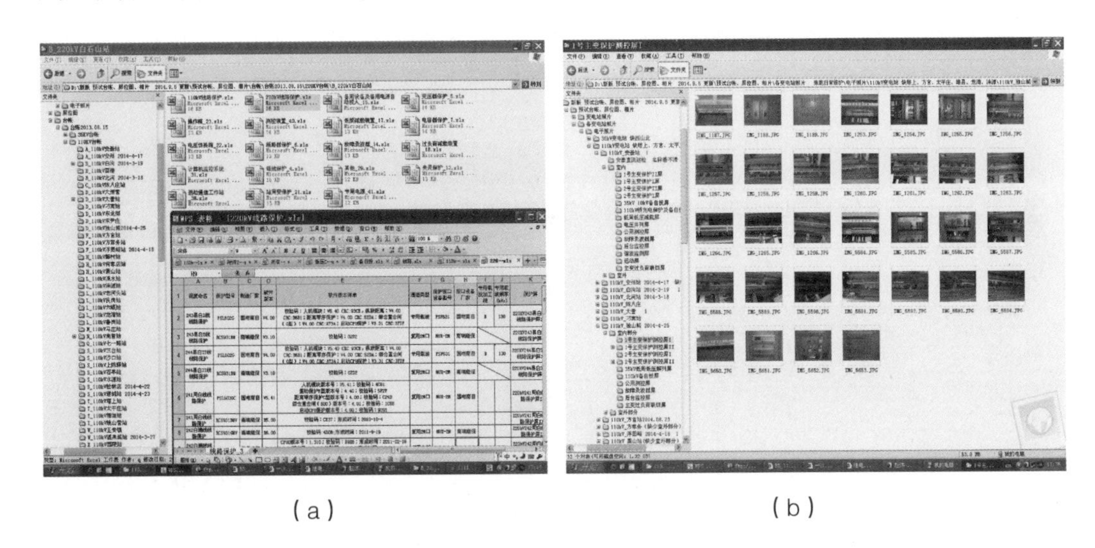

（a）　　　　　　　　　　（b）

图1　基础资料电子化

图2　色彩三维立体定位法

（二）安全管理

安全生产是班组的生命线，只有牢牢把握住安全生产这根弦，开展其他工作才有意义，离开安全生产，其他一切都是空谈。

（1）风险管控落实在开工前。班组利用安全日活动，将本周生产工作的危险点、控制措施逐一进行分析、辨识，将安全风险辨识在申报计划之前，将安全风险控制在开工前，不把风险带入作业过程中（图3）。

生产承载力与绩效管控平台

首页 生产工作 管理工作 培训工作 实时任务 车辆调配 物资调配 工作记录 绩效考评 人员档案 统计分析

（a）

★	误动运行回路
★★★★	二次电流回路开路造成人身触电，误跳运行设备
★★★★	二次电流回路开路造成人身触电，误跳运行设备
★★★★★	1、多专业配合、交叉作业；2、新上主变过负荷联切装置误跳运行设备；3、3号主变向量检查错误造成保护误动

（b）

图3　风险管控

（2）“安全三十分”力保现场安全。大型作业现场，班组利用作业间隙和午饭后的休息时间，组织工作人员召开现场“安全三十分”活动（图4）。这种“分散式”安全日活动，及时总结工作中存在的问题，安全隐患得到有效控制，工作经验得到充分共享。

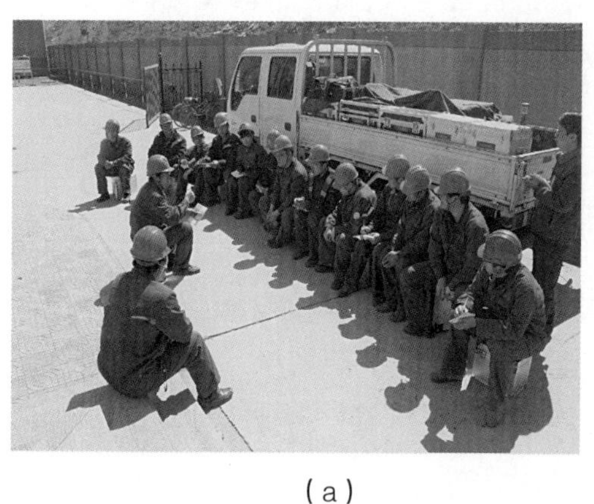

（a）

（b）

图4　“安全三十分”活动

（3）安全风险辨识警示录。班组将现场工作中的危险点和《电力安全工作规程（配电部分）》中的相关要求以3D动画结合文字的电子书形式展示出来（图5），画面流畅，生动形象，提高了大家的安全意识，有效地确保了现场安全。

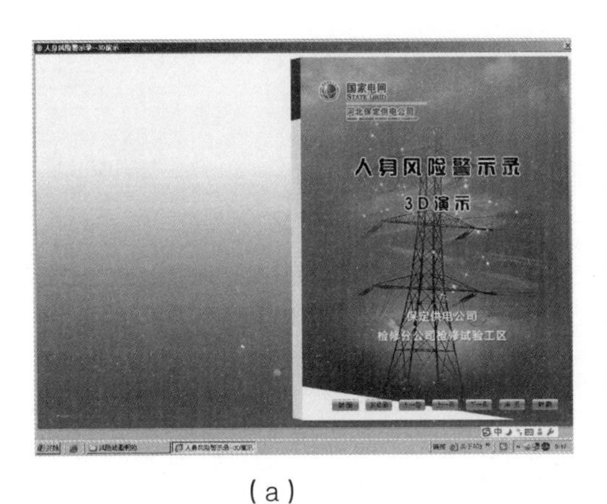

（a）

（b）

图5　人身风险警示录

（三）生产管理

生产工作是一线班组的工作中心，班组的核心任务就是维护好所辖变电站的设备，基建验收、定期检验、随时消缺，保证设备的安全稳定运行。

（1）强化“三要”理念，做好技术储备。“三要”理念即消缺工作要快速、要彻底、要主动。班组积极响应上级要求，对于严重及危急缺陷，作业人员“要”强化时间意识，做到第一时间到现场；消缺时“要”查找根本原因，彻底杜绝类似缺陷发生；消缺后“要”主动总结和提高，提升自身素质和技能水平。

（2）现场模块管控，确保作业安全。班组针对大、中、小型现场分别采取不同的安全管控手段（图6）。大型作业现场，强化“三分作业、七分准备”意识，班组通过《人员分工表》《仪器仪表准备表》《作业定时定额表》等手段规范现场作业；对于中型作业现场，通过编制典型作业两卡，使作业人员对典型的危险点及控制措施做到通知通晓；对于小型作业现场，工区通过微信群、热点等手段，实时掌控现场动态。

（3）编制规范化作业指导书。班组编制了《220kV双母线接线方式线路保护全部检验标准化作业指导文件》，整合了作业指导书、安全控制卡、工序质量控制卡、应急指导卡等（图7）；做到执行标准、作业风险、作业过程、作业动作的“步骤化”。

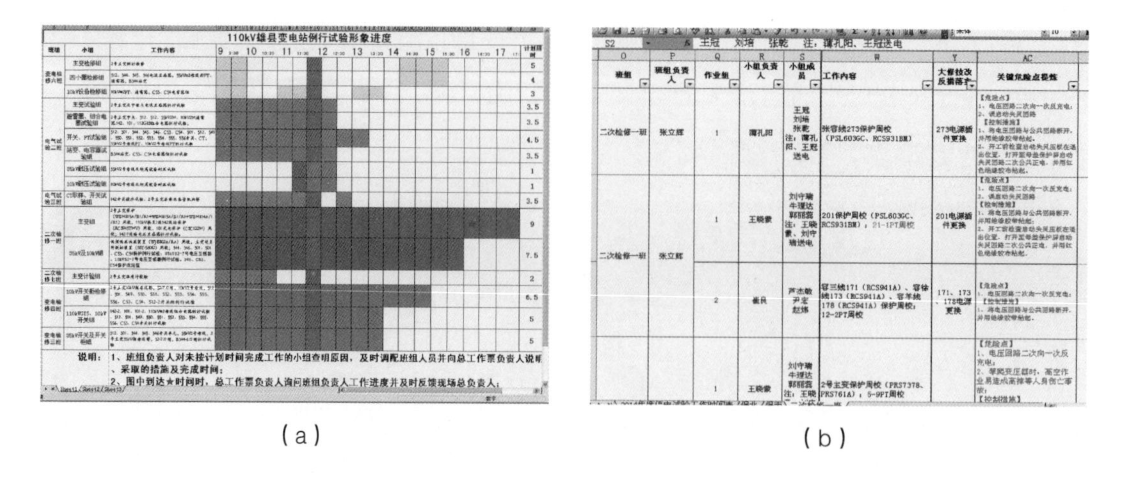

图6　现场模块管理

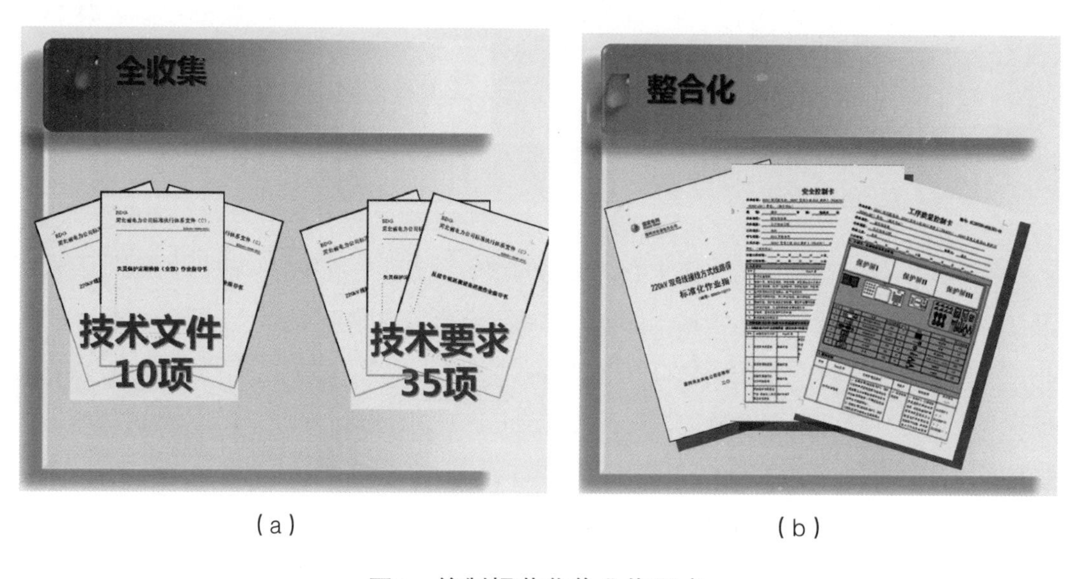

图7　编制规范化作业指导书

（4）应用信息化管理手段。班组运用信息化的管理手段，利用大家手里的智能手机组建了微信平台和短信平台推送工作计划、工作提醒和开展实时的技术交流（图 8）。

（四）培训管理

班组重视培训工作，视人才为第一生产力，注重人才的培养。立足班组实际，结合生产任务，聚精会神打基础、扎扎实实强素质。

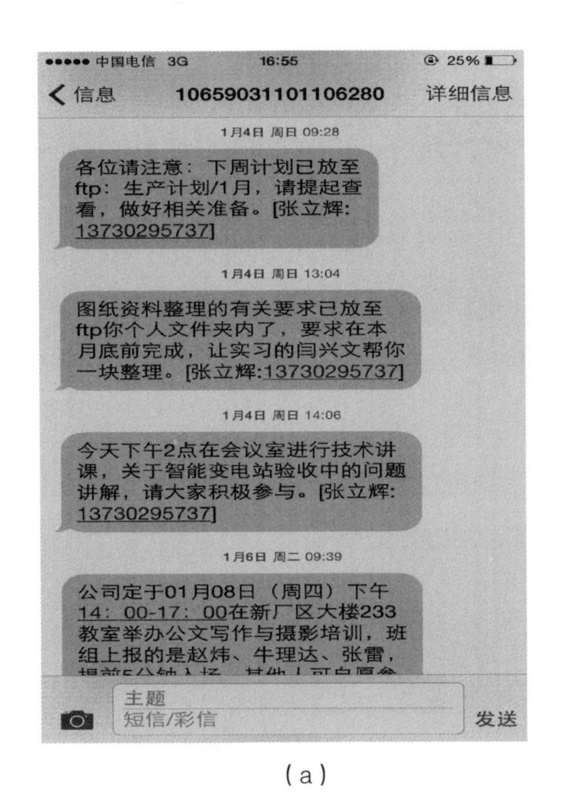

(a)

(b)

图8　应用信息化管理手段

（1）“长、宽、高”培训模式。班组提出新培训模式，即发挥每位成员的专业、个人能力“专长”，促进班组、专业为基础的多人学习、交流、讨论平台，“拓宽”大家的见识面和思维领域（图 9）；“提高”全体成员专业技术和各方面能力，使大家朝着复合型人才的方向发展。

（2）二维培训法。现场工作中采用“一长 + 一员”和“老中青”三代帮的培训模式，横向考虑技术力量的充足，纵向考虑年龄、体力上的搭配，体现带思想共同进步，带安全共保平安，带技能共强素质。

（3）每日一题 + 每日一提（图 10）。春季例行试验工作中，新参加工作的员工开展“每日一题”，每天提出一个新问题并解决；有经验的青年员工开展“每日一提”，每天发现一个新问题并解决。

（4）“接力式”趣味竞赛（图 11）。班组利用大修技改现场开展二次专业的趣味竞赛，如二次接线接力赛。队员团结协作，凝聚了团队精神，又锻炼了动手能力，培养了大家的拼搏意识，同时也学到了实用的操作技能以及宝贵的经验。

图9　多人学习、交流、讨论

图10　每日一题+每日一提

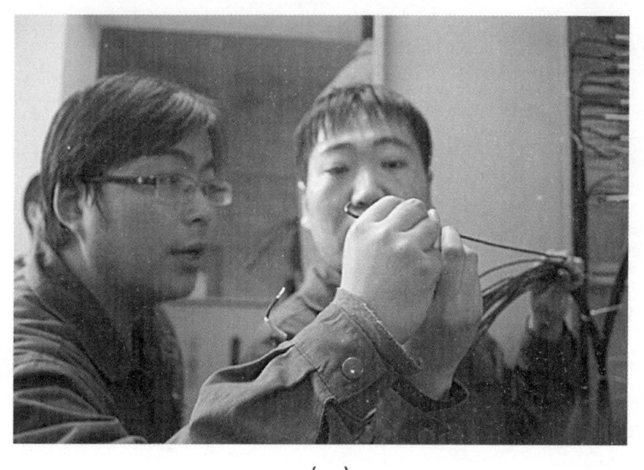

(a)

(b)

图11　“接力式”趣味竞赛

(五)创新管理

班组依托“晓影创新工作室”积极开展创新工作，营造创新氛围，鼓励创新成果，充分发挥大家的聪明才智，积极解决工作中的实际问题。

(1)电流封检器(图12)。电流封检器能有效防止TA二次回路开路，杜绝误碰和漏拆安全措施，并减少保护装置的停运时间。该成果获得实用新型专利(专利号：201320228086.4)，被评为河北省电力公司职工技术创新成果二等奖，纳入《母线保护新安装及更换作业指导书》。

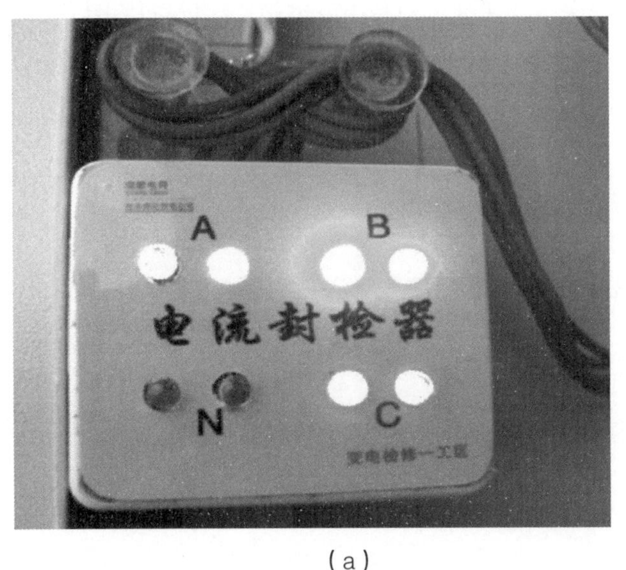

(a)

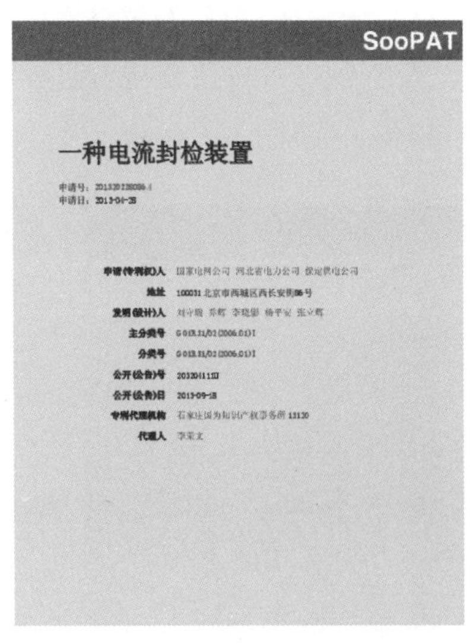
SooPAT

一种电流封检装置

申请号：
申请日：

申请(专利权)人　国家电网公司　河北省电力公司　保定供电公司
地址　100031 北京市西城区西长安街86号
发明(设计)人
主分类号
分类号
公开(公告)号
公开(公告)日　2013-09-18
专利代理机构　石家庄国为知识产权事务所 13120
代理人　李荣文

(b)

图12　电流封检器及专利证书

（2）智能站光纤链路对芯仪（图 13）。智能站光纤链路对芯仪是一种应用于智能变电站基建、验收、检修、消缺等所有光纤链路校核现场的新型工具，能准确核对、验证光纤链路。获河北省电力公司技术创新成果一等奖，纳入《220kV 双母线接线方式线路保护全部检验标准化作业指导文件》。

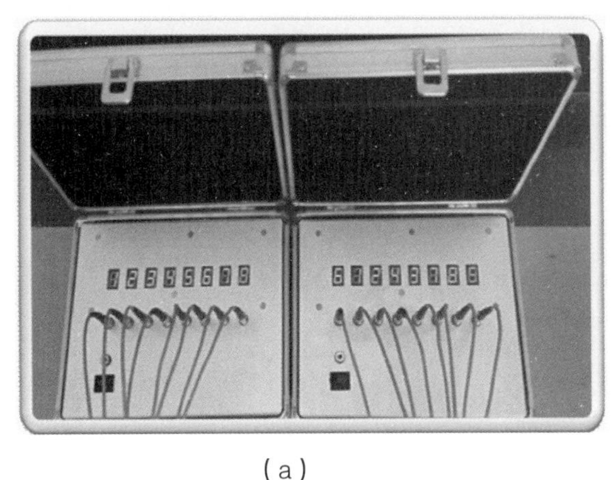

(a)

(b)

图13　智能站光纤链路对芯仪

（3）智能二次设备实用验收手册（图 14）。随着智能站数量的不断增加，智能站二次设备验收工作的重要性逐步凸显出来。该手册针对智能变电站二次设备从出厂联调到基建验收再到完工送电全过程做出了指导和规范，弥补了相关领域的空白，为现场工作提供了依据。

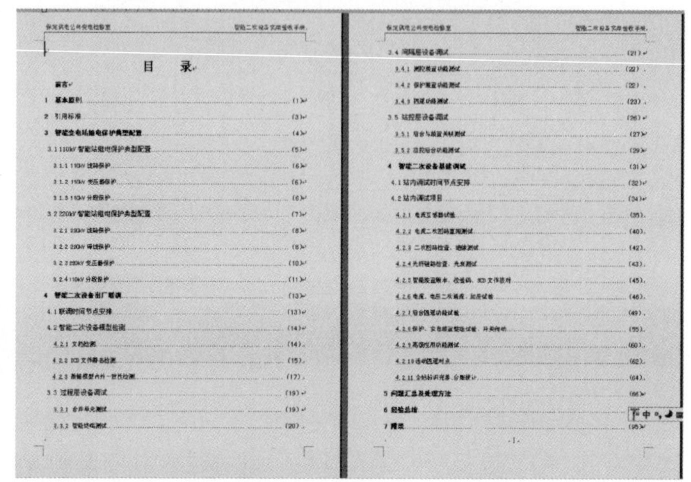

保定供电公司变电检修室　　智能二次设备实用验收手册

目　录

-1-

图14　智能二次设备实用验收手册

（六）文化建设

文化建设也是班组建设的一项重要内容，班组通过多种方式凝聚力量，营造氛围，为员工提供一个愉快、轻松的工作氛围。

（1）打造学习型班组。本着“发展依靠员工，发展为了员工，发展成果员工共享”的理念，致力于为全员提供良好的学习环境，形成共同构建学习型班组的良好氛围（图 15）。由每位成员提供两册自己喜欢的书籍，回馈班组、报答企业，共同建立了“职工书吧”（图 16）。

（2）发挥榜样的力量（图 17）。坚持“抓发展、抓管理、抓队伍、创一流”的基本工作思路，结合创争活动，定期开展“我身边的明星”评比，着重推选身边“看得见、信得过、立得住、叫得响、学得到”的先进人物，营造出了“比学赶帮超”的浓厚氛围。

（3）开展丰富的活动（图 18）。本着“员工是企业发展的动力”这一原则，在员工间开展多种多样的文体活动，对内增强了班组的凝聚力，对外加强了班组之间的交流和联系，逐渐形成了“和谐、俱进、创新、争先”的班组文化，营造了“精诚团结、求

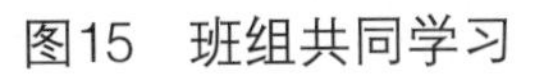

图15　班组共同学习

图16　职工书吧

（a）

（b）

图17　发挥榜样的力量

（a）

（b）

图18　开展丰富的活动

真务实、唯旗必夺”的良好氛围。

三、实施效果

通过一系列的努力，班组面貌焕然一新。班组建立了清晰、高效的管理机制，各项工作的开展井然有序，工作效率大大提高，安全生产也得到了有效保证，取得了一系列成绩。班组被评为河北省电力公司班组建设标杆班组，荣获国网公司“工人先锋号”荣誉称号和全国总工会“工人先锋号”荣誉称号；承接全国总工会、国网公司的调研和河北省电力公司的班组建设现场工作会。目前，该班组在班组建设中的好的做法和经验已经在全公司范围内进行推广和应用。

以人为本提高团队和谐度
创建星级供电所

班组：国网涿州市供电公司双塔供电所

一、产生背景

以前，班组长会自觉或不自觉地站在管理者的位置上，居高临下地发号施令，后来发现这种方式容易引起员工的反感，甚至产生抵触情绪，影响班组内的和谐。通过了解员工的思想、工作、生活、身体和家庭情况，在日常生活中关心每一个员工，做到婚丧嫁娶、生病住院、家庭重要事件及时到访，把温暖送到心坎上。这样一来多数员工都脚踏实地、爱岗敬业，不仅业务技能优秀，还对供电所有了深厚的感情。班组长以一个服务者的身份，真心实意地为员工解决困难，提供服务，才能得到他们的拥护和支持。

二、主要做法

（一）建立与员工的沟通机制，帮助员工规划他们的职业生涯，唤起他们的成就感、责任感

利用每周召开工作例会的时机，及时传达公司文件及会议精神，让每一位员工及时了解公司动态，关心公司发展，在会上听取员工一周工作思想汇报，不管遇到什么问题，都可以在会议中提出，讨论问题解决方案直至彻底解决，有效地规避了工作拖拉现象。把“所兴我荣，所衰我耻”这种观念灌输到每位员工的头脑中，使员工克服“事不关己，高高挂起”的观念，牢固树立起大局意识、责任意识，对工作未落实和未到位的工作，大家去评判，按规定进行完善和整理，找出对策。困难大家一起应对，成绩大家一起分享。

（二）建立员工间相互包容、相互信任的意识

观察了解员工们平时工作中的一言一行，并及时地帮助他们解决各种困难，建立起相互信任、激励、鼓舞和支持的人际关系。培养员工全局观念，将个人、小组的追求融入到团队的总体目标中去，贡献自己的力量并汇聚他人的力量，在相互协作的工作中培养充分信任彼此的意识，在发生矛盾和误会的时候，相互体谅、相互包容，和谐共事。

（三）率先垂范，做好引领

每次接到报修电话，班组长必定第一个赶到现场，以自己的行为感染员工，让员工有动力有干劲，高效快速地完成抢修任务。“抢修速度更快了，服务态度更好了，用电更方便舒心了”这已成为越来越多客户的心声。

每次工作中困难棘手的问题班组长去解决，双塔供电所辖区范阳路是涿州市中心街道，街道两侧的绿化树木造成树障影响供电安全，班组长多次与林业部门沟通，最终完成绿化树木甚至一些名贵树种的树障清理工作，完成了涿州市范阳路办电以来第一次大规模的清理树障工作。

班组长勇于、敢于、善于承担责任，在员工犯错误的时候，首先从自我身上找原因，并及时消除因员工错误而产生的不良后果，迅速扭转工作局面，一个班组长能自觉做到这些，供电所的凝聚力才会进一步加强。

（四）强化员工的知识更新和能力培养，有效提升职工素质

将技能培训作为对全所员工最基本的、必不可少的培训要求，并在原有书本和实操培训的基础上，进行“取经”方式培训，比如其他供电所在某方面比我们成绩优秀的时候，班组长会带领相关工作人员去谦虚求教，吸取其经验，改善我们的不足，优势互补，争取各方面得到有效提升。

员工通过掌握本岗位技能，各岗位间紧密配合、互相支撑，形成一股强大的力量，在同事出现工作失误或不到位的情况下，及时堵漏，主动补台，做到风雨同行、同舟共济。

（五）完善激励机制，人性化考核制度，让职工收入与工作成绩有效结合

尊重每一位员工的人格，坚持按照“对事不对人”“单独批评，公开表扬”的原则

进行奖惩，让员工感受到自己的责任和义务，身心愉快地投入到工作中去。

量化考核指标，建立科学、公正、针对性强、符合供电所自身特点的考核体系，将安全生产、营销管理、优质服务、日常工作等作为主要内容进行分解，确立各班组员工的评价标准，用数据说话，并根据职责和岗位要求， 进行分级考核，实现岗位业绩与薪酬对接，使员工的绩效得到公正合理的评价，促进员工素质、业绩的提升。

三、实施效果

在双塔供电所这个集体中，员工们学会了相互包容、彼此谅解，学会了画圆时，不再以自己为圆心，自己的利益为半径；学会了团结，学会了协作，学会了忍让，也在这个集体中真正实现了自我价值。

经过班组长和员工的共同努力，团结协作，双塔供电所通过河北省电力公司五星级供电所建设考核，成为涿州市唯一一个五星级供电所。星级供电所的创建是一个长期的动态的工作，通过星级供电所的创建，双塔供电所的管理得到了进一步提升，朝着科学化、规范化、制度化方向发展。

建立车辆综合利用机制　减少用车成本

班组：国网沧州供电公司综合服务中心运维司机班

一、实施背景

（一）深化模拟市场核算的需要

国网沧州供电公司综合服务中心运维司机班（以下简称“司机班”）负责运维室车辆供给工作，是国网沧州供电公司下属的一个服务基层班。截至2016年年底，运维室司机班共负责26座220kV变电站、99座110kV变电站、3座35kV变电站、6座开闭所共计120座站所的日常巡视、操作及检修任务。

按公司统一部署，实施车辆管理内部模拟市场化，对车辆成本进行了控制。用车费用135.30万元，5月到年底运维室车辆台班费用定额剩余82.44万元。

此费用基于2015年用车情况进行的测算，配合“三集五大改革”，除章西、赵店运维班外，其余6个班组改成了常白班运维模式。新模式优化了人员车辆配置，这些班组可以更好、更多地做好现场配合，给公司的生产工作带来了巨大的效益。随之而来的是人员出现场车辆次数显著增加（原来班组倒班每天1/3的人员在现场，车辆1～2辆；现在每天班组有3～4批人在现场，平均有3～4辆出现场，总体测算数量达到倒班模式的2倍）。实行常白班运维模式后，用车方案如不改变，按原有的台班标准测算，每月台班费超出3万元，到年底需170.30万元，将超标准30多万元。

（二）追求价值最大化的需要

价值是企业发展的基本要求，当今社会，企业发展必须是效益的发展，司机班配合变电运维室既注重业绩导向，又注意全面协调，在实际工作中，严格落实“三节约”规定，并将其贯彻到生产管理和车辆管理的全过程。以节约成本为目的，适时解决实际工作中车辆安排分散、重复造成的资源浪费问题，实施综合协调管理。

基于这个背景，司机班开始谋划，在保证安全的基础上，探索提高作业效率和生产效益的有效解决途径，追求价值最大化。

二、主要做法

司机班本着“安全第一、效能释放”的原则，以提高关键业绩为宗旨，持续改善关键价值流程为目标，研究讨论实施设计，对用车制度实施变革和实践，从分散型管理转变为集中动态管理，合理安排车辆计划，控制车辆成本，减少重复用车，压缩车辆使用台班成本，提升司机班车辆综合利用管控水平。

司机班实行车辆综合管理以来，始终认为要想真正做到既确保运维工作顺利安全完成，又能满足车辆给定台班费用条件，必须要在运维室及班组层面狠下工夫，为此通过不断努力探索，在确立明确的原则指导下，开展运维室范围内的车辆综合利用机制。

（一）改变用车机制，压缩车辆台班资本

1．采取定点用车和临时用车相结合的模式

为控制总费用不超标，司机班根据运维室车辆使用情况进行数据分析讨论，采取定点用车和临时用车相结合的模式，考虑到电网对运行专业响应速度的要求以及倒班运维模式和常白班运维模式特点，确定一定数量的定点用车（包月车），每日用车（临时）提前申请。改变分散式粗放管理为集中式动态管理模式，在保证安全稳定的前提下，压缩车辆数量，这样直接调度车辆由 33 辆减少到 25 辆。

2．杜绝无必要用车

最大限度地限制用车台班。平时由于运维工作的不固定性，市内班车乘车人员数量不确定，会出现无人乘车的情况，且私家车数量的不断增加，平时乘车人员数量急剧减少，班车台班费用远高于工作乘车费用，根据实际数据测算减少市内班车。

规定人员地区外出差，自行乘坐公用交通工具（或搭乘组织部门车辆），禁止动用运维室直接调度车辆及向车队申请车辆。

（二）改善层级用车计划管理，提升车辆台班利用率

生产计划优化，车辆综合利用，加强运维室、班组层级间控制，杜绝设备巡视工作单独用车。这样每日司机和运维人员的工作量更加饱满，车辆资源得到了最大利用，综合出车台数有了一定程度的下降。

1．运维室层面

每月提前公布运维巡视计划，并根据相关单位的检修、施工等计划，运维室适时调

整相关、相近的工作计划，减少车辆重复到站次数。同时，根据检修计划，安排运维室跟踪人员与班组共同乘车，并根据不同站之间的相关联工作及远近程度选择客容量大的车，减少出车台数。

经过一段时间的运行，根据工作中的重点关注项目，总结形成了变电运维室车辆日安排表（表1）。

表1　　变电运维室车辆日安排表

姓名	车型	车牌号	出车地点	站名	用车班组	人数	用车负责人	跟踪人员	出车事由	备用
变电运维室固定车辆　共计11部，出车　部，修车　部，请假　部，　部无工作。										
曹忠平	普桑	冀JA8511								
韩胜良 纪剑俊	面包	冀JDL140							地区内操作、巡视、24小时抢修	
崔建强 王国强	皮卡	冀JWM190							地区内操作、巡视、24小时抢修	早晨从章西回来
回福强 周　勇	皮卡	冀J512LD							地区内操作、巡视、24小时抢修	替章西操作车
贾　磊	皮卡	冀J3L186	青县	小牛庄	陈屯班	2	韩国强		停送电操作	约5:00
林　涛	皮卡	冀JT2503	沧县、河间	景和、官厅	陈屯班	2	宋国强		工作票	
丁　哲	面包	冀J9F322	市区	陈屯	陈屯班	3	马辉		巡视	
王福岗	皮卡	冀JU3007	沧县	鞠官屯	韩村班	2	冉庆鹏		工作票	
周　晨	沧南皮卡	冀JU3001	南皮、泊头	潞灌、龙屯	交河班	2	王东杰		工作票	8:00到泊镇
车队车辆　当天租用　部。										
外租车辆　当天租用　6　部。										
	双排		任丘	赵店	管理	1	李靖		跟踪	约7:00，要司机电话
	双排		港口	坑西、吕桥、周青庄	机具班	2	杨恩璞		维护	
	面包		泊头	龙屯、周庄	机具班	1	杜峰		维护	
	面包		沧县	姚官屯	陈屯班	2	崔建军		工作票	
	面包		沧县	于庄	牟庄班	2	侯福彬		工作票	
	双排		任丘	赵店、明珠	赵店班	2	孙立国		操作	约7:00，要司机电话

表中体现了到站人数、车型、出发时间及计划工作时间等内容，班组每日9时前进行报送，计划主管汇总优化，先安排包月车辆，车号体现在每日工作安排明细备注中，仍不能满足要求的部分汇总后17时报司机班长，和车队协调后将司机信息反馈在用车申请表中。

经过整合协调，车的使用效率得到大幅提高，以运维室2016年5月9日工作为例（表2），按工作计划当日需用车29辆，通过与工作计划结合，减少当日用车10辆。

表2　　　　沧州供电公司日工作安排明细（5月9日）

一、停电工作7项，结合了5项巡视工作						
工作单位	工作地点	工作时间	工作内容	负责人	工作人数	备注
变电运维室	渤海站	05:00—23:00	220kV 2号母线及PT、3号主变及213、113、313开关转检修及恢复操作（渤海站巡视）	贺鹏	6，李靖跟踪	
变电运维室	永丰站	05:00—18:00	110kV 1号母线、留永线161开关转检修操作，1号主变转检修及恢复操作	吕亚萍	4，刘帅跟踪	
变电运维室	留古站	05:00—18:00	留永线192线路转检修及恢复操作（留古、河间站巡视）	徐国清	2	
变电运维室	乐寿站	06:00—18:00	110kV乐段Ⅱ线转检修及恢复操作	孙建国	2	
变电运维室	段村站	06:00—18:00	110kV乐段Ⅱ线转检修及恢复操作	赵磊	2	
变电运维室	徐庄站	08:00—09:00	徐海线188线路转检修（10日恢复）	贺鹏	2	
变电运维室	宋庄站	06:30—12:30	宋王线5923线路转检修及恢复操作（宋庄、东河巡视）	张晖	3	孟村局周计划
二、不停电工作13项，结合了9项巡视工作						
变电运维室	官厅站	08:30—18:00	保安电网大修	郭志刚	2	
变电运维室	南皮、潞灌、乌马营、尹官屯、叶三拨、狼儿口站	08:30—18:00	漏电保护器试验（南皮巡视）	马立军	3	

续表

二、不停电工作 13 项，结合了 9 项巡视工作						
工作单位	工作地点	工作时间	工作内容	负责人	工作人数	备注
变电运维室	双楼、大屯、秦村、东光站	08:30—18:00	计算机、漏电保护器巡检	冯建英	2	
变电运维室	薛官屯	08:30—18:00	土建工程维修	赵长安	8（建安）	
变电运维室	堤柳庄	08:30—18:00	在电缆沟里安装排水泵（堤柳庄巡视）	马国良	6	
变电运维室	叶三拨、狼儿口站	08:00—18:00	二种票：纵向加密认证装置安装调试（叶三拨、狼儿口站巡视）	周胜彪	2	
变电运维室	乌马营	08:00—18:00	二种票：待更换的蓄电池组由乌马营站运到桑园站控保室	殷宗振	1	
变电运维室	东光站	08:00—18:00	二种票：5000 系统中发“直流屏装置通信中断”信号，3000 系统中未发，现场检查后台机及直流装置均无此信号（乐光巡视）	崔卫东	2	
变电运维室	龙屯站	09:30—17:00	二种票：通信容灾工程烽火传输设备安装	赵伟	1	
变电运维室	长芦站	09:30—17:00	二种票：通信系统设备运行状态检查（长芦、官厅、褚村站巡视）	宋国强	3	
变电运维室	渤海站	13:00—15:00	二种票：3 号主变保护装置动作解除失灵复合电压闭锁回路传动	贺鹏	2	
变电运维室	临海站	10:00—18:00	二种票：远动消缺；10kV、110kV、220kV 保护更换现场勘查	刘亚清	1	
变电运维室	牛村站	08:00—18:00	二种票：521 电容器土建施工（明珠巡视）	刘名轶	2	

2. 运维班组层面

班组层面增设兼职调度，每日密切与司机班运维室调度联系次日用车数量，在司机班、运维室把关的基础上，班组层进行二级把关，根据工作时间，合理合并重复到相同站的工作。

根据平时工作经验，制定了巡视工作典型方案（表3）。

表3 班组典型巡视方案

序号	工作内容	结合巡视范围
1	早上停电，晚上送电工作	结合附近2～3个站巡视，本站巡视或夜巡
2	正常操作	结合本站巡视，视情况安排附近站巡视
3	夜间复归信号、消缺、操作	结合完成夜巡工作
4	二种票消缺	结合本站及附近站巡视
5	多站二种票	运维车要配合多站巡视（如检修工作时间不允许，可早出发去巡视第一个站，晚回来，巡视最后一个站）
6	变电除草、保洁工作	对应站全面巡视

根据设备巡视周期，设定巡视基准点，在基准点范围内进行站内工作时，根据“班组典型巡视方案”进行巡视，并重新制定下一次的巡视基准点。

3. 机具班组层面

充分利用周六、周日用车低谷，使用包月车辆进行常白班模式运维班运维范围的相关工作，周一至周五搭乘班组车辆。

机具班组建立各站存在问题设备台账，根据重要程度、班组管辖区域、数量多少进行统计并归类，以严重程度及区域范围为首要任务，有针对性地安排出车行程。

4. 相关部门层面

建立与相关工作部门沟通机制，每日计划下达后申请用车前，根据非停电工作性质与相关单位沟通，联系出车客座数、乘车人数、工作涉及范围，对于部分二种票工作，无需做安排的，搭乘工作单位车辆。例如，设备防腐、除草、保洁等工作，由工作部门出车，运维人员跟车。

站内无检修工作而进行的多站连续倒闸操作，工作前一日与调控部门沟通，压缩操作人员组数进行连续操作，从而减少出车数量。

（三）多措施助力成本降低

司机班沟通运维室及用车班组建立班组用车台班对标制度，将班组工作、人员数量及用车台班数进行年度统计，根据使用车辆台班平均数值情况，纳入运维室班组年度评优的工作中。

三、实施效果

（一）车辆台班费用稳步降低

用车机制的调整，直接调度的包月车辆减少 8 辆，占原有车辆的 25%。班组的用车台班数也逐渐减少，以陈屯运维班为例，由 2016 年 4 月 87 辆车台班数减少到 2016 年 6 月 56 辆台班数，同比下降 35%，直接压缩了车辆台班成本。

（二）人员综合协调能力提升

司机班与运维室计划管理的实施，减少了工作中的冗余时间，提升了工作效率，压缩了车辆台班资本费用，使相关人员增加了电网意识、配合意识， 紧张有序地完成各项工作。由于杜绝了单纯巡视工作的情况，司机班出去一次的工作包括了多个项目，相当于平时工作任务的 1.5 倍，腾出了空余时间，便于人员调整休息时间、车辆检修，确保车辆安全稳定，增强了司机人员的生活幸福指数。

（三）成本显著降低，效益稳步上升

在确保设备安全可靠运行的基础上进一步充实了每次出车工作的工作量，杜绝了单独巡视的工作，提高了工作效率，减少了出车台数及成本，出车台数下降了 35%，仅 2016 年就节省了台班费 66.35 万元。

95598 工单处理

班组：国网泊头市供电有限责任公司 95598 远程工作站

一、产生背景

随着 95598 各项业务集中上收国网公司，省级、市级公司对工单处理的要求越来越严格，同时 95598 各项指标反映出供电企业服务广大电力客户的水平，而且供电所服务水平参差不齐，个别人员工作能动性较差，工单处理效率及回复质量差，距离要求差距还很大，工单回退率较高，致使 95598 远程工作站人员工作量及工作压力较大。为了提高 95598 各项工单的处理质量和处理效率，使客户反映的问题及时有效地得到解决，提高客户的满意率及 95598 各项指标，远程站积极想办法，与各级领导沟通，针对日常工作中存在的问题及不足，制定了一系列管控措施。

二、主要做法

（一）工单下派两通知

故障类工单通过系统下派后，为了避免接单单位未及时查看并处理，远程站首先电话通知抢修人员；其次，为了保证故障能够得到及时、有效的处理，同时使相关领导及部门随时了解故障报修情况，远程站会将故障内容及客户电话等信息通过短信平台发送至抢修人员、所长、运检部主任、发建部主任及主管局长手机（图 1）。

非故障类工单远程站接单后，通过 Excel 表格将受理内容及客户信息发送所属单位，同时电话通知所长，再通过短信平台将受理内容、客户信息、处理要求及回复时间发送所长、主管部门主任、主管局长手机，以便客户诉求能够得到相关部门的协调、督办处理（图 2）。

（二）工单处理要点提示

远程站将工单下派所属单位后，由远程站班长根据工单受理内容，将工单处理时需

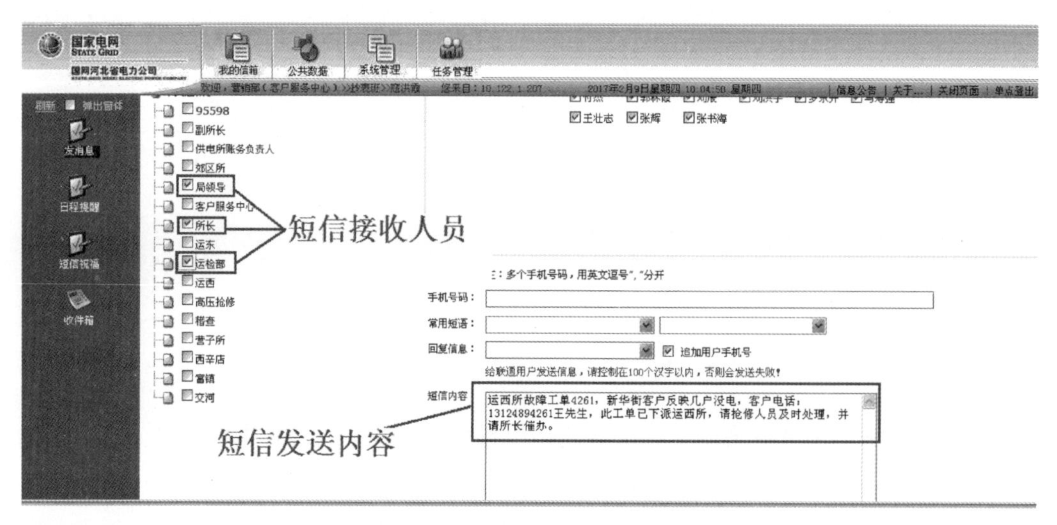

图1　故障类工单信息发送

意见工单170205512433

客户姓名	戴先生	联系电话	15832746404
客户住址	河北省沧州市泊头市洼里王镇曾庄村东戴志强门口		
受理时间	2017-2-5 14:20	到期时间	2017-2-7 14:20
咨询内容	【计量表位置不合理】客户来电反映，该地供电公司将其他客户的电能表安装在其屋顶上且线路从其屋顶上路过，客户认为该表计和线路位置不合理，希望供电公司将其挪走。请供电公司相关部门尽快核实并答复客户。		
答复时间		办理人	
处理结果			

图2　非故障类工单信息

注意的问题及工单调查处理、回复要点短信发送给所长及相关专业部门；对于投诉工单，同时将调查时需要提供的佐证材料明细发送给专业部门及所长，使工单在处理前期就得到有效把握和管控，为回复工单掌握第一手材料。对于投诉工单或具有典型性、代表性的意见工单，远程站会通过投诉处理微信群及时将受理内容以及投诉暴露出的问题、整改及防控建议发送给所有相关专业部门和供电所长，以便起到共同学习、及时整改的效果。例如，对于客户反映供电公司砍伐了树木要求赔偿的意见，我们会提示供电所回复要点（图3）：何时何原因砍伐树木、树木与线路的建设先后顺序、砍伐时是否通知客户、是否进行赔偿、赔偿依据及赔偿金额的计算方法、是否与客户达成一致意见、何时以何种方式将赔偿金给付客户等，这样既能使供电所快速处理客户诉求，还可以提高工单处理的质量。

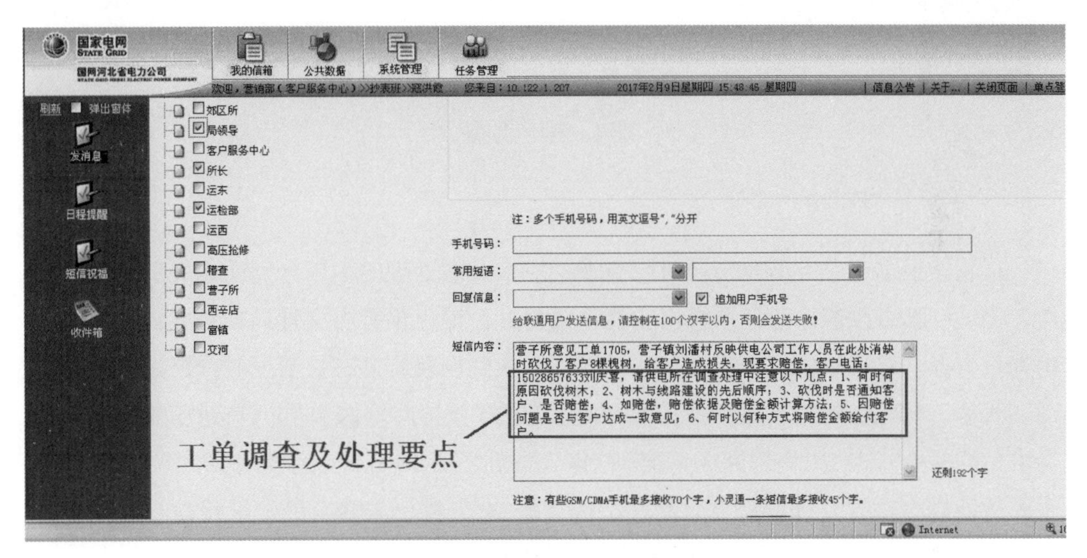

图3　工单调查及处理要点

（三）工单催办三预警

为了确保工单及时回复，远程站根据省公司各类工单的回复时限要求，制定了泊头市供电有限责任公司工单回复时限，将回复时限关口前移，如投诉工单省公司要求4个工作日内回复，远程站规定1个工作日内联系客户、调查清楚、2个工作日内将调查结果由专业审核后提交远程站，远程站3个工作日内回复至省公司。对于在途工单，远程站实时监控处理进度并根据时限要求对未按时处理完的工单制定相应的蓝、橙、红预警节点，并根据预警节点向所长、主管主任、主管局长、局长发送催办短信。如投诉工单处理未超 2 个工作日时发送蓝色预警短信，提醒及时调查处理；超过 2 个工作日仍未回复远程站的下发橙色预警，提醒已超远程站回复时限（图 4）；超过 3 个工作日未回复，或被省公司回退的工单，远程站会发送红色预警短信，提醒即将超省时限。

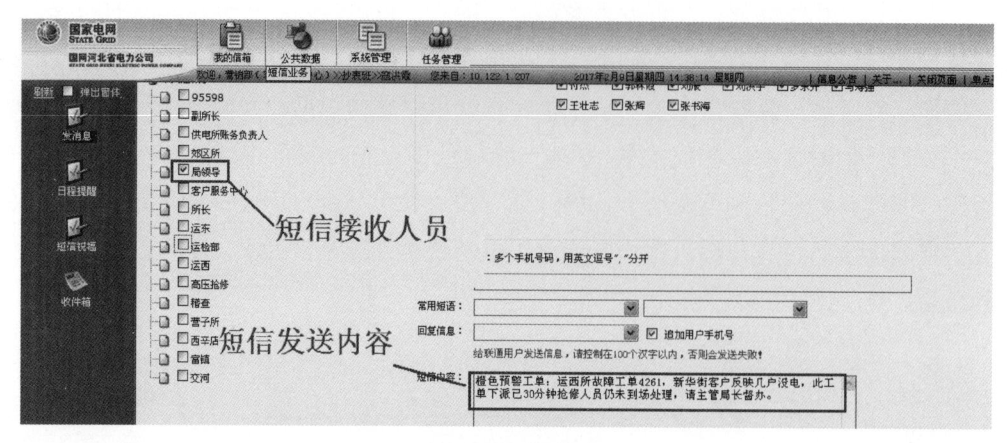

图4　橙色预警

（四）处理过程三督办

远程站根据工单类型及公司时限要求，对未及时处理的工单分别向相关负责人下发蓝、橙、红三级预警。蓝色预警由主管主任督办；橙色预警由主管局长督办；红色预警由局长督办。对于故障工单的处理，远程站也视到场及修复时长情况对抢修人员进行电话三督办。例如，城市区域的故障工单在下派 20 分钟后抢修人员仍未到场的，远程站会电话联系抢修人员，询问到场情况；抢修人员到场后 10 分钟，远程站会联系抢修人员，了解故障勘察情况及预计修复时间；工单下派 90 分钟仍未修复的，远程站会询问抢修进度、抢修难度，并对工单进行及时催办（图 5）。

（五）处理结果四级审核

为了确保工单回复质量，减少因回复要点疏漏、回复内容偏差等原因造成的回退，远程站加强审核把关力度。在处理结果由专业部门审核后提交远程站，由远程站值班员及班长重点审核：针对客户诉求，查看回复内容是否与客户反映的诉求相符；客户问题是否得到有效解决；回复内容是否全面；涉及 186 系统的数据是否一致；与知识库内容是否相符；相应佐证材料是否全面、有效；调查结果是否符合逻辑，并逐字逐句的审核语句是否通顺等（图 6）。远程站审核完毕后再经主管主任把关，将投诉、举报、典型意见工单同时提交主管局长把关，确保了工单回复的真实性、有效性，提高了回复质量。

工单下派及催办明细

工单编号	下派时间	通知人员	接单人员	回复期限	第一次催办			第二次催办			第三次催办			备注
					催办时间	催办人员	处理人员	催办时间	催办人员	处理人员	催办时间	催办人员	处理人员	
170101621716	1月1日 10:42	李红岩	胡忠德	1月3日9:00	1月2日10:00	张克文	胡忠德							1月2日14:00 已回复
170101621932	1月1日 10:40	李红岩	尹鹤	1月3日11:00	1月2日 10:00	张克文	尹鹤							1月2日13:00 已回复
170101622078	1月1日 16:49	李红岩	李文轩	1月3日11:00	1月2日10:00	张克文	李文轩	1月3日8:00	段金苗	李文轩				1月3日9:00已
170101621957	1月1日 16:50	李红岩	郭勇	1月3日11:00	1月2日10:00	张克文	郭勇	1月3日8:00	段金苗	郭勇				1月3日9:00已
170101621964	1月1日 17:45	李红岩	白书军	1月3日14:00	1月2日10:00	张克文	白书军							1月2日10:00 已回复
170102622221	1月2日 2:10	李红岩	张忠强	1月2日 12:00	1月2日09:00	张克文	张忠强							1月2日09:30 已回复
170102622682	1月2日10:40	张克文	陈浩	1月4日8:00	1月3日8:00	段金苗	陈浩	1月3日14:00	钱洪霞	陈浩				3日14:10 已回
170102622651	1月2日11:00	张克文	尹鹤	1月4日8:00	1月3日8:00	段金苗	尹鹤	1月3日14:00	钱洪霞	严鹤	1月3日17:00	周宁	严鹤	3日[illegible]:10 已回
170102622674	1月2日11:55	张克文	李鹏	1月4日8:00	1月3日8:00	段金苗	李鹏	1月3日14:00	钱洪霞	李鹏				3日15:20 已回
170102622701	1月2日13:36	张克文	冯勇	1月4日14:00	1月3日12:00	段金苗	冯勇	1月4日8:00	钱洪霞	冯勇				4日10:00 已回复
170102622421	1月2日16:55	张克文	李文轩	1月4日14:00	1月3日12:00	段金苗	李文轩							3日14:00 回复
170102622804	1月2日18:00	张克文	张泽西	1月4日15:00	1月3日12:00	段金苗	张泽西							3日15:10回复
170102622876	1月2日19:30	张克文	尹鹤	1月4日15:00	1月3日12:00	段金苗	尹鹤	1月4日8:00	钱洪霞	严鹤	1月4日13:00	周宁	严鹤	4日14:00 已回

图5　工单下派及催办明细

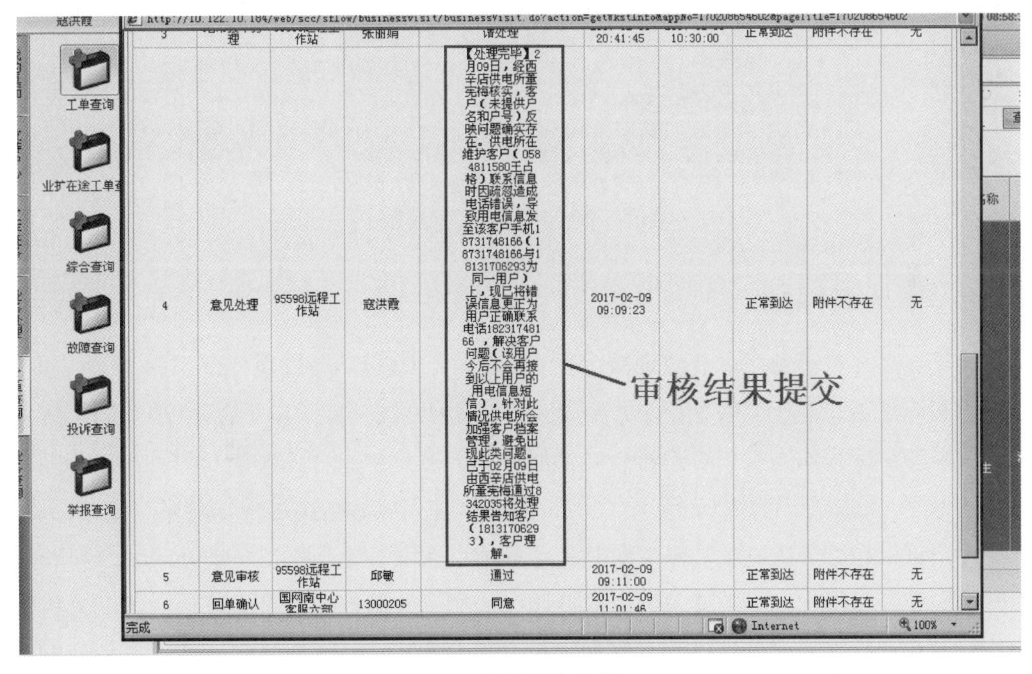

图6　远程站审核

（六）制定各类工单模板

远程站班长及时对已处理完毕的工单进行筛查，按照工单类型、客户诉求对回复情况进行总结、分析，制定出各类工单回复模板库（图 7），并定期组织远程站、供电所人员进行学习。通过对电费、计量、营业、业扩、服务等各类工单的学习，既提高了人员专业技能，又提高了工单回复、审核水平，使各类工单在调查和回复过程中有据可依，少走弯路，提高效率。

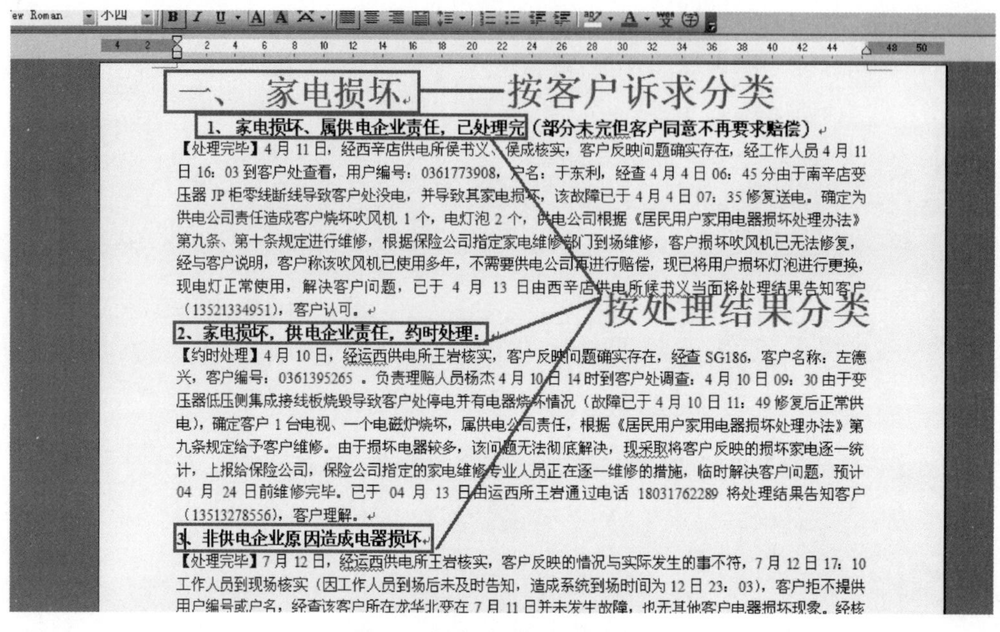

一、　家电损坏

1、家电损坏、属供电企业责任，已处理完（部分未完但客户同意不再要求赔偿）

【处理完毕】4 月 11 日，经西辛店供电所侯书义、侯成核实，客户反映问题确实存在，经工作人员 4 月 11 日 16：03 到客户处查看，用户编号：0361773908，户名：于东利，经查 4 月 4 日 06：45 分由于南辛店变压器 JP 柜零线断线导致客户处没电，并导致其家电损坏，该故障已于 4 月 4 日 07：35 修复送电。确定为供电公司责任造成客户烧坏吹风机 1 个，电灯泡 2 个，供电公司根据《居民用户家用电器损坏处理办法》第九条、第十条规定进行维修，根据保险公司指定家电维修部门到场维修，客户损坏吹风机已无法修复，经与客户说明，客户称该吹风机已使用多年，不需要供电公司再进行赔偿，现已将用户损坏灯泡进行更换，现电灯正常使用，解决客户问题，已于 4 月 13 日由西辛店供电所侯书义当面将处理结果告知客户（13521334951），客户认可。

2、家电损坏，供电企业责任，约时处理：

【约时处理】4 月 10 日，经运西供电所王岩核实，客户反映问题确实存在，经查 SG186，客户名称：左德兴，客户编号：0361395265 。负责理赔人员杨杰 4 月 10 日 14 时到客户处调查：4 月 10 日 09：30 由于变压器低压侧集成接线板烧毁导致客户处停电并有电器烧坏情况（故障已于 4 月 10 日 11：49 修复后正常供电），确定客户 1 台电视、一个电磁炉烧坏，属供电公司责任，根据《居民用户家用电器损坏处理办法》第九条规定给予客户维修。由于损坏电器较多，该问题无法彻底解决，现采取将客户反映的损坏家电逐一统计，上报给保险公司，保险公司指定的家电维修专业人员正在逐一维修的措施，临时解决客户问题，预计 04 月 24 日前维修完毕。已于 04 月 13 日由运西所王岩通过电话 18031762289 将处理结果告知客户（13513278556），客户理解。

3、非供电企业原因造成电器损坏

【处理完毕】7 月 12 日，经运西供电所王岩核实，客户反映的情况与实际发生的事不符，7 月 12 日 17：10 工作人员到现场核实（因工作人员到场后未及时告知，造成系统到场时间为 12 日 23：03），客户拒不提供用户编号或户名，经查该客户所在龙华北变在 7 月 11 日并未发生故障，也无其他客户电器损坏现象。经核

图7　制定各类工单模板

（七）客户回访

为了提高客户满意率，有效地减少投诉的发生，远程站协助运检部门制定了故障工单过程跟踪规范，对于故障工单下派后 25 分钟仍未到场，或工单下派后 90 分钟仍未修复的故障，由远程站人员与客户进行电话联系，向客户致歉并说明未及时到场或未及时修复的原因，安抚客户情绪（图 8）；其他工单在处理完成后均由远程站对客户进行回访，询问客户诉求是否解决，在处理过程中有何意见或建议。对于多次拨打 95598 反映诉求、对供电公司工作提出意见或建议、有投诉倾向的用户，远程站会重点进行回访（图 9），回访时重点询问客户对处理过程、处理人员是否有异议，诉求是否已解决，是否有其他诉求，同时征询客户对供电公司工作的意见或建议等。

话术：

1、 **长时间未到场时联系客户：** 您好，**先生（女士），我是泊头供电公司配抢指挥中心，很抱歉您报修的**故障，抢修人员因**原因还未到现场，我们已经进行催办，请您稍候。感谢您的耐心等待，我们会尽快到场处理，再见。

2、 **长时间未修复的联系客户：** 您好，**先生（女士），我是泊头供电公司配抢指挥中心，您报修的没电情况是因为**原因，抢修人员正在抢修，我们已经进行催办，请您稍候。感谢您的耐心等待，我们会尽快处理，再见。

3、**修复后回访：** 您好，**先生（女士），我是泊头供电公司配抢指挥中心，请问您家里有电了吗？您对我们的抢修及人员服务方面有什么意见和建议吗？（如有一定要详细记录），谢谢您对我们工作的支持和体谅，稍候我会把供电所联系方式发送给您，请

图8　电话联系内容

重点客户记录

序号	日期	工单编号	所属单位	受理内容	回访人	回访内容	客户意见	后续处理
1	2017.1.3	170103623948	市郊所	12月31日交费200元未到账	魏洪霞	供电所已向客户解释清楚	满意	200元已到账不用再处理
2	2017.1.6	170106628898	四营所	客户对代收网点提出意见	魏洪霞	用一营向客户解释，建议已采纳，公司会及时关注	理解	已由营销部与所发送一营沟通
3	2017.1.25	170125648063	文庙所	表前停电，五户家墙上	魏洪霞	对表箱安装高度是否已明了	理解	由供电所进一步关注
4	2017.1.28	170128649615	西辛店所	损坏电器在使用中再次还使用	魏洪霞	损坏电器是否已修复，处理人员在沟通中是否有问题	理解	无需后续处理
5.	2017.1.25	170125648126	运西所	投诉营业厅收费问题	魏洪霞	向客户致歉，询问是否还有其他意见和建议	理解	请供电所继续关注

图9　重点客户记录

三、实施效果

远程站通过制定一系列工单管控措施，有效地提高了工单回复效率和质量，提高了泊头市供电有限责任公司各部室及供电所的工作能动性。同时远程站人员通过不断的学习，提高了人员业务水平和服务能力，2016年国网下派工单10586个，即使在天气恶劣、迎峰度夏、节假日保供电等关键时刻，远程站都能做到忙而有序，下派→催办→督办→审核→回访，井井有条，各项记录清晰明了。全年工单回复及时率100%，国网工单回退率为0，省公司回退率始终保持在3%以下，国网回访客户满意率99.9%。通过远程站对故障工单的无死角管控，农村故障平均到场时长为18分钟，城区平均到场时长短至10分钟，真正做到了及时响应，故障平均修复时间为55分钟，切实做到了及时处理，得到了用电客户的赞誉。通过远程站对重点客户的关注和回访，促进了客户诉求的有效处理，及时了解客户意见，避免了诉求升级，同时对供电所服务起到了良好的督促效果。

依托“三级管控”工作方针推动采集工作深入开展

班组：国网石家庄供电公司计量室用电信息采集监控中心

一、产生背景

采集系统实现了计量装置在线监测和用户负荷、电量、电压等重要信息的实时采集，是营销管理的技术革命，能为营销、生产经营管理各环节的分析、决策提供支撑，提升公司集约化、精益化管理水平。原来我公司用电信息采集工作存在各县公司各自为战，缺乏统一协调、管理水平参差不齐等问题，造成采集工作的各项要求在县公司落实不到位，指标提升停滞不前。公司领导先后多次到计量室调研用电信息采集工作，调研中多次强调落实。并提出在“建”“管”上下工夫，在“用”上求实效，坚持“三步实施、三级管理、综合应用”的工作思路。在各级领导的重视支持下，监控中心经过半年的艰辛努力，各项指标提升显著。

二、主要做法

（一）监控中心建设，建立“三级监控”体系，实现上下贯通管理

石家庄市供电分公司在智能表全覆盖的基础上，于2015年3月30日成立石家庄市用电信息采集监控中心。监控中心隶属计量室属班组建制，下设采集业务管控、采集运行监控、采集技术支持、采集功能支持4个专业组，负责市区及所辖18个县（市）的445余个变电站、5.6万余个公变台区、3万余个专变用户、420万低压用户、31201块高压表计、4081263块低压表计、91871块终端的用电信息采集及实用化指标监控、统计分析、故障派单、技术支持工作。

市级监控中心试运行3个月后，2015年7月，元氏县公司、平山县公司试点建立

县级监控中心，供电所层级设置两名专职采集人员；截至8月底，18个县（市）公司均已完成监控中心的筹建工作，市、县、所三级管理真正延伸到了基层。初步建立以市监控中心为中枢、县监控中心为纽带、供电所为支撑的纵向贯通的三级管理体系。

（二）加强培训，突出重点，全面提升运维队伍技能素质

（1）加强监控中心内部培训。监控中心成立后，担负着市区及县公司指标的监控、技术的指导等工作。为尽快使监控中心员工适应角色转变，监控中心安排了系列培训：一是监控中心内部开展“我是讲师”活动，动员所有员工发挥一技之长，取长补短，共同进步；二是邀请营销各专业技术人员进行授课，逐步将监控中心人员培养成综合型人才，以适应不断提高的采集实用化水平；三是邀请各设备厂家技术人员进行技术培训，培养员工掌握过硬的采集专业技术水平，为监控中心做好技术支持做好铺垫。培训最终目的是让员工尽早将核心系统、核心技术、核心数据全部掌握在自己手中，面对问题时能够迅速准确地制定改进策略，有效地推进采集实用化水平的提升。

（2）提高专业技术人员水平。市监控中心在原来采集运维人员的基础上，打造了一支技术过硬的维护团队，为整体提升采集运维水平采取了多项措施：一是根据工作需要组织县公司采集运维骨干人员到市监控中心进行为期3个月的“一对一”系统培训；二是编制《用电信息采集故障处理口袋书》，将常见问题的处理方法汇总成集，发放至现场运维人员手中，指导现场故障处理工作；三是井陉培训中心开展计量资产管理及采集现场处理培训，开展了为期3期共计216人参加的各县公司、供电所计量资产管理员、采集运维人员和计量安装施工人员培训。

（3）建立元氏培训基地。主要面向供电所人员开展培训，培养采集专业培训师39名，同时可以对65人进行同时培训，截至2016年年底，累计组织智能表及采集系统培训6期376人次。采集运维人员技能素质得到普遍提升，一般性的采集故障在供电所均能得到及时解决。通过不断培训，使正式采集运维人员、农电工掌控核心技术，为实用化工作储备人员力量，切实起到提升理论水平、强化岗位工作技能、提高员工综合业务素质的作用。

（三）县公司周报制度

监控中心每周依据各县公司的实际情况，每周六对各单位采集重点工作的完成情况进行总结、评价，形成“周工作报告”，对采集工作存在的问题制定指导性建议并反馈给县公司营销部主任。当前主要包含采集成功率、工单完成情况、母线平衡、台

区线损等。

（四）畅通沟通渠道，实现市县所无缝链接

（1）以现有网讯通为基础，建立市监控中心、县监控中心、供电所专职维护人员为主体的技术交流群，达到管理一步到所、问题即时解决的效果。

（2）建立采集问题专人专区负责制，确保问题处理到位。

（3）实行经验共享，以周计量采集会、营销月度会为平台，不定期地发布县公司采集工作典型经验，提高整体采集维护水平。

三、实施效果

（一）继续提升采集指标

加大故障处理力度，设备故障日统计、日处理，提高故障处理效率。2017年中旬，专公变、低压智能表采集成功率99.5%以上；变电站采集成功率99.8%以上；采集管控任务完成率100%；用电信息采集数据准确率100%；智能表未接入率低于0.1%。

（二）加大实用化工作的推进力度

以工单为抓手，重点分析线损分析、计量异常、自动抄表核算工作中的异常问题，在提高采集数据准确率的基础上，确保采集数据满足各应用专业的要求。2017年年底，母线平衡率100%；10kV同期线损采集数据应用率100%；台区线损采集数据应用率99%；台区实时线损达标率80%；自动抄表核算率100%；BC类电压合格率99.994%。

（三）以监控中心为载体，做好专业配合

深度挖掘采集数据在各专业 的应用潜力，提高数据可用率，全面支撑营销及公司相关业务向实时管理的转变，推动营销业务智能化发展。

虽然采集工作已经取得一定进展，但仍面临诸多问题，采集工作任重道远，我们要不断完善采集体系，继续提升采集指标，提高公司精益化管理化水平。

加强学习　优化管理　降低电费风险　保护企业利益

班组：国网河北省电力公司新河县供电分公司营业班

一、产生背景

“三集五大”的改革，营业班组的成立，其工作是供电企业管理的主要内容之一，包括电价政策执行、电费计算、电费审核、电费出账等多项与客户利益紧密联系的工作内容，其工作质量和服务水平直接接受客户监督，关系到供电公司的社会形象，决定着供电公司的市场竞争力和最终的经济效益。创建班组建设标杆单位的目的是实现班组建设的全面升级，提高公司整体的管理水平，实现流程标准化，管理规范化，作风准军事化，实现无违章，达到指标先进。

二、主要做法

（一）坚持标准化管理原则

建立抄表、电量电费核算、电费收取、电费账务、营业稽查、营业责任事故追究等管理制度，制定抄核收业务流程规范、作业程序、工作标准，并完善质量监督管理体系。

（二）坚持精细化管理原则

优化整合抄核收工作流程，由抄表人员使用远抄系统执行抄表，电费审核人员对电量电费进行核算，对电费收缴、电费账务、电费资金实行集中监控，收费人员负责电费收取工作。通过抄表、核算、收费分离，有效地实现对抄核收管理过程的可控、在控。

（三）坚持信息化管理原则

积极推进营销现代化建设，采用信息技术提高抄、核、收作业及管理手段，逐步取消传统的手工作业方式，不断提高抄表、核算、收费工作的自动化管理水平。

（四）坚持人员业务素质培训原则

积极开展员工培训工作，对不断出现的新政策、新业务进行宣贯布置，在班组中培养出不断学习进步的好氛围，使得业务素质全面提升。

三、实施效果

（一）实现电费核算集约化管理

将供电所在内的所有客户核算工作全部纳入营业班，最大限度地实现了电费工作的规范化、程序化，确保了电费核算工作的统一、准确、高效。班组成员每月不分周六、周日，按时审核、发行653户高压户和70147户低压户电费，电费核算差错率为0。

（二）规范电价政策执行

将全公司的电费核算工作集中在营业班，配备专人负责电费核算，对电费数据统一进行计算和审核，从技术上和管理上规范了电价的执行，避免了超标准、超范围收费的现象。我班组始终按照物价局实时政策，完成相关电价修改；配合其他专业完成峰平谷电价的执行，高压峰谷电价执行率为100%。

（三）实现电费过程管理

通过对客户中心电费从应收、实收、缴纳、到账的全过程管理，使电费管理真正做到了可控、再控，提高了电费精细化管理水平。改变了传统电费账务管理薄弱、资金到账统计实时性差的被动局面，实现营业、财务一体化。2016年，我班组完成电费历史数据的清查工作，建立营业、务财一体化应用体系，顺利与财务部完成对接，达到营业、财务账务数据的一致性，工作人员每月月末加班到24时完成当月电费凭证传递，在时间紧任务重的情况下完成指标工作，获得市公司营销部的好评。

（四）规避防范电费风险

通过电费过程管理，实时掌握客户的缴费情况，评定客户的信誉等级，对信誉等级差的客户拟定不同的催收策略并采取不同措施来防范电费回收风险。及时响应政府政策，分析应对节能减排、产能过剩以及环境污染对电量电费带来的影响，确定电费风险用户，通过上门催收及安装购电装置方式降低电费回收风险。我公司每月月底实现了电费清零，电费回收率连续实现100%。

（五）加强了内部工作质量监控

稽查人员对电费核算审核过程实际也是对其他相关班组工作质量进行监督的过程，因为很多业扩报装、抄表等环节上出现的差错和问题最终在审核电费过程中体现出来，而此时稽查人员再派发工单到相应班组进行核实，因此审核也是发现问题、督促解决问题和监控问题执行结果的部门，一定程度上实现了对其他部门工作质量的监督。

（六）提高了管理水平，减少了营销差错

打破了原有的管理模式，实现了电费抄表、核算、收费3个环节职能分离，可以做到流程化管理，突出电费稽核和监督工作，提高电费管理水平。

加强团队建设　提升营销服务水平

班组：国网河北冀州供电公司小寨供电所

一、产生背景

班组是企业从事生产经营活动或管理工作最基层的组织单元，是激发职工活力的细胞，是提升企业管理水平，构建和谐企业的落脚点，员工是推动企业发展的原动力。优秀的基层组织是转变公司发展方式不可或缺的重要因素。作为基层供电所班组，全体成员以“你用电、我用心”的服务宗旨入心、入脑、入行，做好每一项服务工作，努力打造客户满意窗口。

二、主要做法

（一）团队建设方面

（1）重视员工思想教育工作。思想决定一个人的行为，以人为本进行思想教育工作是磨刀不误砍柴工。借全局重视传统文化的东风，小寨供电所例会上全体人员包括益民公司员工一起学习、诵读《弟子规》，在解析与诵读过程中，陶冶每个人的情操，潜移默化的转变每个人的思想，形成积极向上的正能量。

（2）注入“共好”的理念。站在员工的立场分析当前的形势，通过观看《共好》视频教育片，全所深化“共好的理念”，同舟共济，通过每个人的努力达到企业、员工、客户共赢。

（3）高度注重所里有限的人力资源的高效利用。在工作中善于发现员工优点并提供最佳发挥平台，根据个人特点合理安排工作岗位和工作内容，取长补短，促进个人能力得以最大限度的发挥，合理有效地利用人力资源，促进我所队伍整体能力的提升。

（4）树立我所共同的目标。围绕供电所各项工作树立了我所全体员工的共同目标——“业绩考核第一名”。让所有员工明白所做的工作不是为所长或某个人，而是为了全所共同的目标，工作中团结协作形成有凝聚力和战斗力的团队，全所心往一处想、劲往一处使，大大促进全所各项工作的顺利开展。

（5）设置“供电业务部员工绩效管理平台”。经过思想教育以后，下面所做的就是制度约束和经济考核，结合我所实际情况制定了一线员工认可的二次考核办法，并在修改完善《二次考核办法》的基础上，设置“绩效管理平台”，公开展示每个员工的工作量、工作质量和日常工作情况以及本月绩效考核收入情况，一方面突出了考核的公开透明，另一方面利用“契约精神”增强考核的实效，达到良性循环。

（6）保持供电所整洁环境和基础管理常态化。工作环境不仅影响我所的外部形象，还容易引起内部员工的“破窗效应”。保持供电所环境整洁，促进了我所企业形象和员工个人素质的共同提升。供电所的各类档案资料按专业责任到人，无论上级是否检查验收，每天都严格按照星级供电所资料整理的要求按部就班，形成了基础管理常态化的局面。

（二）营销服务管理方面

（1）线损治理。线损指标与考核挂钩。根据公司下达给我所的整体指标，制定每条线路及每个台区的线损指标，结合实际情况分别制定了一线员工认可的低压台区线损和高压线路线损二次考核办法，使其真正能影响每个人的思想，提高其降损工作的积极主动性。

（2）高损人员情况分析。分析人员是思想问题还是能力问题，思想问题通过谈话沟通、批评教育促进改正；有的实在没有能力的，成立了降损帮扶小组，协助转变该线路、该台区局面。

（3）建立线损监控机制。把每月线损异常的线路、台区列入《线损异常监督表》，安排专职人员每天利用采集系统实时监控线损情况，每天发现个别台区异常的电量深深触动我们的神经，激励着我们分析原因、拿出措施、深刻解剖、下村入户稽查，直到正常。

（4）充分运用营业普查“五步法”（一看主线、二看电表、三测火零、四停电数秒、五封箱记号）。不定期对经常反复的高损台区进行反窃电检查，“五步法”是我所在实际工作中总结出来的实战战术，通过实行反窃电“五步法”，各种窃电行为都能被避免和排除，使窃电者无处遁形，有效地打击了窃电现象，堵塞了经济漏洞，切实保障了企业的经济效益不受损失。

（三）投诉防范与应对

（1）主动发掘矛盾点并及时消除。要求每位员工积极和客户沟通，主动发现问题、挖掘问题，而不是打压问题、隐瞒问题，出现问题立即汇报所长，由所长根据情况分析，作出相应处理，避免矛盾激化造成投诉。

（2）风险客户回访。每季度对拨打过95598的客户进行回访、征求意见并送达温馨提示卡，上面印有所长及局领导电话，客户遇到问题会直接找所长或局领导反映，并且在传统节日利用短信平台送去节日祝福，最大限度地防范投诉的发生。

（3）客户情绪评估机制。就像领导在会上要求的要从灵魂深处提高优质服务的意识，我所全体员工无论接听客户电话还是见面接触客户，习惯性地对客户情绪进行评估，发现客户情绪激动时，一定要高度重视并上报所长，主动与客户沟通联系，解决问题，消除客户不良情绪，避免矛盾升级，引起不必要的麻烦。

三、实施效果

通过加强团队建设，提升营销服务水平，改变了传统服务理念，在每位员工心中牢固树立了“全心全意为人民服务”的意识，恪守“你用电、我用心”的理念，从服务手段、服务效率、服务态度等方面与先进行业看齐，使国家电网品牌形象更清晰，改变了客户对电力企业“电老虎”等看法，切实提升了优质服务水平，得到社会与客户的认可。